AF260295

24184

HISTOIRE
NATURELLE
DE L'AIR
ET
DES MÉTÉORES.

Par M. l'Abbé RICHARD.

TOME SIXIEME.

A PARIS,

Chez SAILLANT & NYON, Libraires,
rue Saint Jean-de-Beauvais.

M. DCC. LXX.

Avec Approbation & Privilege du Roi.

8°S. 6634 6

TABLE
DES TITRES
du Tome sixieme.

DISCOURS NEUVIEME. Premiere Partie. *Sur les Vents*,   1

§. I. *Qu'est-ce que le vent*,   4

§. II. *Premieres idées sur la matiere & l'origine des vents*,   9

§. III. *Maniere dont se forment les vents*,   18

§. IV. *Nature de l'air dans le voisinage des poles par rapport aux vents*,   34

§. V. *Vents généraux*,   41

§. VI. *Comment le soleil excite du mouvement dans l'air*,   51

§. VII. *Force des vapeurs pour exciter les vents & les produire*,   73

§. VIII. *Vents occasionnés par les nuages*, 83

§. IX. *Autres causes générales & particulieres des vents*, 104

§. X. *Différences des vents, & leurs divisions spécifiées*, 123

§. XI. *Vent alisé général d'Orient en Occident.* 133

§. XII. *Autres vents principaux, & leur origine*, 148

§. XIII. *Vents alisés ou moussons, & leurs causes générales*, 160

§. XIV. *Vents alisés des côtes d'A-frique par les Canaries, à la ligne, aux Antilles, & des deux côtés de l'équateur, de l'Afrique à l'Amé-rique, entre les tropiques*, 171

§. XV. *Vents alisés de la mer des Indes & de la mer Pacifique*, 182

§. XVI. *Variations des vents alisés, vents irréguliers & incertains*, 193

Au golfe de Darien, à Carthagene & dans le golfe du Mexique, 197

A la côte du Brésil, 201

Dans la mer du Sud, de la Nouvelle-Espagne ; aux côtes du Pérou par le travers du golfe de Panama, 208

Du cap de Bonne-Espérance à la côte orientale de l'Afrique, & de-là jusqu'aux Indes, 211

§. XVII. Causes des Moussons & leurs variétés particulières dans les différentes mers ; variations des vents au cap de Bonne-Espérance, 221

§. XVIII. Vents ou Brises de terre & de mer, 240

§. XIX. Autres Vents de terre & de mer, particuliers à certaines régions, 251

§. XX. Bonaces ou calmes de mer, & leurs causes, 262

§. XXI. Vents périodiques de terre ou Ethésiens généraux, 270

§. XXII. Autres variétés des vents. Semestres, 292

Périodiques de jours & de mois, 293

iv

Topiques ou locaux, 303
Libres, vagues, irréguliers, 306
De réflexion, 316
§. XXIII. Qualités générales des
vents, 124
Force des vents, id.
Hauteur à laquelle ils s'élèvent, 331
Étendue, vitesse, & durée, 338
Inégalité du mouvement, 343
§. XXIV. Qualités sensibles des
vents, 349
Chauds & froids, id.
Secs & humides, 355
Comment on peut les connoître, 360
§. XXV. Qualités qui distinguent
les vents généraux entre eux, 367
Vents du Midi, 368
Du Nord, 376
D'Orient, 386
D'Occident, 388
DISCOURS DIXIEME. Sur les
vents. Seconde Partie. 393
§. I. Vents de tourbillon. Leurs
causes générales, 395

§. II. *Ouragans & tempêtes, ou vents particuliers,* 412

§. III. *Suite des observations sur les ouragans,* 431

§. IV. *Especes particulieres d'ouragans, Tornados, Tiphons ou Dragons d'eau, Trombes de mer,* 468

§. V. *Trombes & Tiphons de terre,* 488

§. VI. *Autres especes de Trombes de terre,* 519

Fin de la Table des Titres.

HISTOIRE

HISTOIRE
NATURELLE
DE L'AIR
ET
DES MÉTÉORES.

DISCOURS DIXIEME.

PREMIERE PARTIE.
SUR LES VENTS.

E que nous allons dire des vents, doit être regardé comme une suite nécessaire de la théorie générale de l'air. Déja nous avons avancé en plusieurs occasions que ses qualités dépen-

doient de l'action des vents : nous
avons prouvé par les faits, que la
température de presque toutes les régions de la terre, étoit modifiée par
les vents, qui développent & rendent
plus sensibles les qualités de l'air & du
sol des lieux où ils prennent leur origine, & qui de-là, les dispersent plus ou
moins loin, relativement aux modifications différentes qu'ils reçoivent des
causes accidentelles, qui se joignant
dans leur cours à celle qui les a produit,
en changent les effets ou la fortifient.

Ces premieres indications annonçoient dès-lors ce que nous exécutons
aujourd'hui, une Histoire Naturelle
des vents, de leur origine, de leurs
causes différentes & de leurs effets.
Ce sont tous les mouvemens dont
l'air est susceptible, desquels nous
avons à rendre compte, les uns durables & généraux, les autres passagers
& propres à certains climats.

De tous les phénomènes de la nature, les vents paroissent les plus irréguliers & les plus incertains, dans
leur naissance, leur cours, leur durée
& leur force, au-moins par rapport

aux contrées que nous habitons : cependant chacun d'eux a une cause fixe
& déterminée ; & s'il étoit possible
de prévoir toujours le tems de son
action, on pourroit prédire avec assez
de certitude, le retour des vents, leur
degré de force, leurs effets, se dispo-
ser à mettre à profit les avantages qui
peuvent en résulter, ou se précautionner contre les dommages qu'ils causent. C'est ainsi que dans la Zone torride, les Navigateurs sçavent se servir à-propos des vents réglés & certains, dont le retour est fixé à des saisons & à des latitudes déterminées. Il
n'en est pas de même des Zones tempérées ; on n'y sçait que les causes des
vents sont en action que lorsqu'ils se
font sentir. Mais comme des observations exactes ont déterminé la nature
de ces causes, que l'on connoît les lieux
& les tems auxquels elles sont particulierement affectées ; que l'on peut même jusqu'à un certain point s'assurer
qu'elles existent avant qu'elles ne
soient sensibles ; il n'est pas impossible de se précautionner contre ce qu'elles ont de fâcheux. Dans les saisons

mêmes les plus irrégulieres, où les variations de l'air se succedent rapidement, un Observateur exact qui a suivi quelque tems la marche de la nature dans ses effets les plus incertains, peut former des conjectures utiles, dont les événemens lui démontrent souvent la vérité.

Cette premiere idée nous annonce déja que l'histoire de ces phénomènes variés doit être très-curieuse, & assez intéressante pour que l'on s'attache à s'en instruire par des détails circonstanciés.

§. I.

Qu'est-ce que le vent ?

Le vent est un mouvement de l'air, par lequel une quantité plus ou moins considérable de ce fluide qui nous environne, dans lequel nous vivons, est poussé d'un lieu à un autre. Ce mouvement est sensible, il a quelque force, tantôt il est plus doux, tantôt il est plus impétueux; mais pour avoir le caractere de vent, il faut qu'on le sente, & qu'il soit au-dessus de ce mouvement inteftin établi dans l'air, entretenu par l'action de la matière fubtile qui y circule continuellement, & dont on peut appercevoir l'exif- tence, quand on laiffe entrer les rayons du foleil par une petite ou- verture dans une chambre peu éclai- rée, à-travers un verre qui intercepte la communication avec l'air extérieur. Quoiqu'il n'y ait alors aucun vent fen- fible, on voit cependant une multitude d'atômes de formes diverfes, fe mou- voir en tout fens, par une efpece d'agita- tion irréguliere; or ce n'eft pas ce qu'on doit appeller vent, parce qu'on ne le fent pas. On pourroit plutôt comparer ce mouvement, à celui qui s'entretient dans le corps humain, pendant le fom- meil le plus profond, lorfque toute la machine eft dans le repos le plus par- fait que l'on puiffe imaginer; le mou- vement des fluides néceffaires à fa confervation, y conferve une circu- lation continuelle, de même que la matière fubtile entretient un mouve- ment non interrompu dans les fub- ftances différentes dont la maffe de l'air eft compofée, pour la maintenir dans

fon état de fluidité , & la rendre toujours pénétrable & refpirable.

Sous le nom de vent , nous conce-
vons donc le cours déterminé de l'air
d'un côté à un autre qui dure pendant
quelque tems. Quel que foit l'agent qui
force l'air à couler d'un point du globe
à l'autre , & de quelque maniere qu'il y
contribue , nous le regardons comme la
caufe du vent. Quand nous difons que
le vend tend d'un côté du globe à l'autre , nous confidérons fon mouvement
relativement à l'impulfion qui le force
à courir par une bande de l'horifon
diamétralement oppofée à celle d'où
il part. Cette direction de l'air nous eft
fenfible par fon action fur nos corps ,
& fur ceux qui font établis pour marquer fon cours d'une manière encore
plus précife , tels que les girouettes
placées fur les édifices les plus élevés ,
ou à la pointe des mâts des vaiffeaux ,
qui font tournées vers le point contraire à celui d'où le vent vient.

En obfervant alors l'état de l'air
dans un horifon fort découvert , il eft
aifé de s'appercevoir que ce mouvement n'eft pas toujours direct & conf-

rant, sur-tout s'il ne domine pas sur un grand espace dans l'atmosphère ; il se fait sur les côtés une espece de remoux, que l'on ne peut comparer qu'à celui qu'on obferve fur les grandes eaux qui ont un cours déterminé : mais quel que soit le vent, le mouvement de l'air, sujet en apparence à quelque iné-galité, tend d'ordinaire au même point; les parties qui femblent s'échapper par les côtés, se refondent ensuite dans le courant principal, & contribuent sans doute à entretenir sa force & sa vîtesse. Il en eft de même des especes de tourbil-lons qui femblent interrompre la direc-tion du vent, & qui sont occasionnés par quelque obstacle, soit sur la terre, soit dans l'air, ou par une éruption de matieres nouvelles : comme ils ne sont que momentanés, le mouvement cir-culaire cesse bien-tôt, l'espece de gouf-fre qui se forme dans l'atmosphère s'ap-planit, & le vent reprend son cours réglé ; parce que tout fluide, poussé en avant à la superficie de la terre, suit un grand cercle paralelle à l'hori-son, de maniere que la force de l'im-pulsion ne le détermine pas à s'éloigner

de cette direction. La raison la plus
senfible en eft, que la maffe de l'air
qui environne la terre, a la figure fphé-
rique, & que d'ordinaire la couche
d'air qui touche immédiatement à la
terre, eft mue au-tour dans un grand
cercle de la fphère, au milieu, plutôt
qu'en fe rapprochant des extrémités,
relativement à la premiere caufe des
vents, à l'action du foleil qui détermine le cours de l'air vers tous les
points du lieu où il eft vertical, ainfi
que nous ne tarderons pas à l'expliquer.

Des obftacles interpofés peuvent
faire changer les vents de direction,
de maniere qu'ils reviennent fur eux-
mêmes, & forment d'autres courans
ou des vents de réflexions, plus forts
& plus dangereux que les vents directs, ainfi qu'on l'éprouve fur mer &
fur terre ; nous en rapporterons plus
d'un exemple. De nouveaux agens
peuvent de même en changer le cours:
une forte évaporation locale, une
chaleur extraordinaire à quelque climat, deviennent des caufes fecondaires, changent le cours direct du vent,

fans pour cela détruire la premiere cause, qui ne fait qu'en recevoir une modification accidentelle. Mais aucune de ces variétés ne nous empêche de regarder la direction horifontale, comme celle que les vents fuivent d'ordinaire : c'eft celle dont nous parlerons toujours dans la fuite de cet ouvrage, à moins que nous ne défignions en particulier certains vents, dont la direction eft perpendiculaire à l'horifon, foit qu'il foufflent d'en bas ou d'en haut, directement ou obliquement; ainfi qu'il arrive, lorfque quelques nuages fe crevent ou fe diffolvent, ou qu'une fermentation dans le fein de la terre pouffe au dehors avec impétuofité les vapeurs & les exhalaifons qu'elle a raréfiées; ces vents font particuliers & locaux, & doivent être exceptés de la théorie générale.

§. II.

Premieres idées fur la matière & l'origine des vents.

Avant que d'aller plus loin, nous

devons expliquer comment se forment
en général tous les vents, quelle est
leur matière & leur cause ?

Le vent est un amas de vapeurs, qui
sortent des eaux, des nuages, des terres humides, des neiges en fonte, &
des végétaux. Ces vapeurs mises en
mouvement par la chaleur, se raréfient au point qu'elles se trouvent
pressées les unes contre les autres,
dans la région de l'atmosphère où elles
se répandent immédiatement : elles
prennent leur cours du côté où elles
trouvent le moins de résistance, & deviennent sensibles par le mouvement
qu'elles communiquent à l'air. Telle
est la matière des vents, celle dont
les anciens ont reconnu l'existence
& la réalité, quelques bornées que fussent leurs connoissances dans la partie
de la physique dont nous écrivons
l'histoire. Leurs observations n'étant
presque relatives qu'aux climats qu'ils
habitoient, ne pouvoient pas leur
donner de grandes lumieres sur la théorie générale de l'air & les mouvements
variés dont il est susceptible.

Le soleil & les autres astres, dit

Aristote, (*l. 2. Météor. c. 4.*) forment
les vents d'exhalaisons chaudes & sé-
ches, qui lorsqu'elles ont été fort
exaltées & portées à un certain degré
d'élévation, sont repoussées vers la
région inférieure de l'atmosphère,
par le froid de la moyenne région ;
mais leur légereté spécifique empê-
chant qu'elles ne vainquent la résistance qu'elles trouvent dans la région
inférieure, épaissie & chargée par
quantité de substances hétérogènes,
qui émanent des corps qui circulent
à la surface de la terre, de ceux qui y
sont fixés & du sol même ; tantôt elles
s'élevent, tantôt elles s'abbaissent, &
suivent la direction qu'elles reçoivent
du mouvement général de l'air. Le
chaud & le froid, ajoûte le même philosophe, concourent également à la
formation du vent, quoiqu'une violente chaleur raréfie & exalte les vapeurs, au point qu'elles deviennent
tout-à-fait insensibles, & n'ont aucun
effet : tandis qu'une grande intensité
du froid, resserre la terre à ses poles,
empêche l'effluence des exhalaisons,
& des vapeurs, ou les condense au

A v j

point de leur ôter tout principe de mouvement & d'élévation.

Sans connoître les calmes & les bonaces des mers de la Zone torride, ni les terribles phénomènes du froid de la zone glaciaie ; le pere de l'ancienne philosophie, placé entre les deux extrêmes, tiroit des conséquences aussi justes que naturelles des grands effets du froid & du chaud, relativement au cours de l'air. Il avoit encore observé fort à-propos, que les vents très-légers & à peine sensibles dans leur origine, devenoient plus forts à mesure qu'ils avançoient dans leur course, parce qu'ils se chargent de toutes les vapeurs, & des exhalaisons répandues dans l'hémisphère qu'ils parcourent : elles en accelerent le mouvement, en raison du poids qu'elles ajoûtent à la masse primitive des matières qui leur ont donné naissance. Il étoit facile de faire des observations aussi simples dans un pays coupé de montagnes, tel que la Grece, où le voisinage de la mer, & les eaux répandues dans le continent, fournissent la matière d'une grande évaporation, qui produisoit ensuite des vents locaux, dont il eſt aiſé de ſentir l'origine & les progrès, de les comparer à diverſes diſtances, & de juger des forces qu'ils acquierent, dans leur mouvement de progreſſion.

Seneque paroît avoir été auſſi bon Obſervateur qu'Ariſtote : ſoit qu'il parlât d'après ſes propres connoiſſances, ou ſur les lumieres qu'il tiroit de ceux qui avoient traité ces mêmes ſujets avant lui, ce qu'il en dit n'eſt pas moins conforme aux regles de la bonne phyſique, & à l'état ordinaire de l'air en Italie. Toutes les exhalaiſons, dit il, (*nat. queſt. l. 5. c. 8.*) qui s'élevent des marais & des fleuves, ſont raréfiées & exaltées pendant le jour par le ſoleil dont elles ſont l'aliment. La nuit elles ne ſe diſſipent point, mais reſſerrées par les montagnes & les hauteurs voiſines de leurs ſources, elles ſe réuniſſent dans un même lieu ; & lorſqu'il eſt rempli de maniere à ne pouvoir tout contenir, cet amas, comme s'il étoit mû par une cauſe étrangere, prend un mouvement de direction pour s'échapper par quelque endroit : alors le vent eſt produit, & il ſe porte

du côté où l'issue est plus facile, &
la route plus libre. La preuve en est,
qu'au commencement de la nuit, l'air
est tranquille, il n'y a point de vent,
parce que l'amas des exhalaisons commence à se faire alors. Il est complet
au retour de l'aurore, & en quelque
maniere surabondant : il faut qu'il s'é-
coule, & c'est du côté où il y a le
moins d'obstacle, où le champ est libre
& ouvert. Le soleil à son lever agissant sur l'air rafraîchi pendant son absence, donne une nouvelle activité à
ces vapeurs réunies : il a son effet sur
elles, même avant qu'il ne paroisse,
il n'a pas encore rempli l'air de l'éclat
de ses rayons, que déja il agite, il
raréfie, il met en mouvement ces exhalaisons : car dès qu'il est à quelque
hauteur sur l'horison, partie de ces exhalaisons sont élevées dans la moyenne
région, partie sont résolues par la chaleur naissante, & forment en retom-
bant cette douce rosée, qui rafraîchit
& humecte la terre, vivifie les plantes,
renouvelle & rajeunit la nature épuisée par la chaleur du jour précédent.
Voilà pourquoi ces vents ne soufflent

que dans la matinée, toute leur activité cede à l'action du soleil ; & quelque violens qu'ils soient d'abord, ils
s'abbaissent avant le milieu du jour,
& se font rarement sentir jusques-là.

Je puis, ajoûte-t-il plus bas (*ch. 16.*),
rapporter encore ici une idée qui se
présente. Les vapeurs séparées ont un
principe de fluidité qui se manifeste,
mais qui reste sans effet, tant qu'elles
sont seules. Rapprochées en grand nombre, elles tirent des forces de leur union :
alors elles coulent du côté où elles ont
plus de liberté pour s'étendre & suivre leur pente naturelle : ainsi tant
qu'il n'y a dans l'air que de légers mouvemens locaux, & séparés les uns des
autres, il n'y a point encore de vent.
Tel est l'état de l'air à la naissance de
l'aurore : le vent ne se forme, que
lorsque les causes diverses du mouvement se rassemblent & prennent toutes
la même direction.

Seneque n'avoit observé que dans
les campagnes voisines de Rome, où la
disposition de l'air est encore telle
qu'il nous la décrit ; mais il avoit bien
vu, & nous reconnoîtrons que les

principes qu'il établit sur la cause des
vents d'une région peu étendue, se
rapportent à la formation des vents
généraux, même de ceux qui regnent
dans la Zone torride, & dont il ne
pouvoit avoir aucune idée, non plus
que des vents alisés, si importans à
connoître, pour la sureté de la navigation, & les grands intérêts du commerce. Nous verrons encore que les
modernes dans leurs théories générale-
les des vents, n'ont rien dit de plus
lumineux & de plus précis. Ces anciens ne s'étoient donc pas trompés
dans l'étude des phénomènes de la nature; elle leur avoit ouvert son sanc-
tuaire, ils se contenterent d'y faire
quelques pas, n'imaginant pas qu'il
leur fût utile de pousser leurs connoissances plus loin.

Le célebre Pline (*l. 2. ch. 47.*) a
parlé des vents, tant généraux que
particuliers, plus en historien qu'en
philosophe, & toujours relativement
aux idées reçues, sans chercher à
démêler la vérité de l'erreur, & sans
donner aucune indication physique de
la cause des vents : il se contente de

dire que le soleil augmente & comprime leur souffle , qu'ils font plus forts & plus fenfibles à fon lever & à fon coucher, qu'ils ceffent prefque entierement à fon midi , qu'ils font également arrêtés au milieu du jour & de la nuit , par une chaleur véhémente, ou par un froid exceffif, que la pluie les abbat & les fait ceffer.

Le peu qu'il en dit , n'offre rien de fatisfaifant, & il femble que ce fameux Naturalifte craignît de fe livrer à toute l'étendue & à la fagacité de fon génie, lorfqu'il falloit entrer dans le détail des caufes & des effets des grands phénomènes de l'air ; il les annonçoit avec une forte d'enthoufiafme, & n'alloit pas plus loin, ainfi que nous avons déja eu plus d'une occafion de l'obferver.

Nous ne nous arrêterons pas plus long-tems à difcuter ce que les anciens ont écrit fur les vents ; leurs obfervations comme nous l'avons vu fe bornant à quelques régions particulieres, ne peuvent concourir à une théorie générale, qu'autant qu'elles font conformes aux regles qu'une phyfique

appuyée sur des observations plus étendues, plus générales, plus relatives à
tous les climats de la terre, a établies
par la suite des tems.

§. III.

Maniere dont se forment les vents.

D'abord pour tirer des choses qui
sont le plus à notre portée, des objets
de comparaison qui nous frappent, &
nous mettent sur les voies de la vérité;
on peut prendre une idée de la raréfaction qui produit les vents, par ce
qui arrive au bois verd jetté dans le
feu, ou aux fruits. On voit, on entend
avec quelle violence les vapeurs dont
le bois est pénétré, dès qu'elles sont
échauffées, agissent sur l'air, & prennent un cours déterminé : on s'en apperçoit au mouvement de la flamme, au
bruit & à la véhémence avec laquelle
elle suit la direction qui lui est communi-
quée, au point d'où les vapeurs font
éruption. Il en est de même de l'humidité que renferment les fruits, elle s'é-
vapore par l'action de la chaleur, &
excite dans l'air un mouvement sensi-

ble, tant par le bruit qui s'y fait, que
par l'odeur qui s'en répand assez loin.
Quelquefois même l'éruption est su-
bite, violente, tumultueuse, & jette
au loin les corps qui ne lui opposent
qu'une résistance légere ; c'est ce qui
arrive aux fruits dont l'écorce épaisse
& solide, peut résister quelque tems
au mouvement de raréfaction que la
chaleur excite dans la substance inté-
rieure du fruit.

Mais rien n'est plus capable de mettre
au fait des causes de la formation des
vents, que l'expérience de l'éolipile.
C'est comme l'on fait un globe de cuivre fort mince, percé d'un seul petit
trou ; après l'avoir assez échauffé pour
raréfier l'air qu'il renfermoit & le faire
sortir, on le remplit d'eau, d'esprit-
de-vin, ou de quelque autre liquide
semblable, susceptible d'une grande
raréfaction: on le met ensuite sur un
feu assez vif. La liqueur raréfiée & réduite en vapeurs par l'action de la chaleur, fait un si grand effort pour sortir,
que l'éolipile creveroit, si elle ne trou-
voit une issue par où elle fait éruption ;
agissant sur l'air avec violence , de

même que sur les corps qui ne sont
pas assez pesants pour faire obstacle à
son cours, & qu'elle entraîne. Si le
courant direct formé par les vapeurs
trouve quelques corps trop pesants
pour qu'il puisse les emporter ; alors
il se divise, ou se détourne & s'échappe par les côtés, ou même il se réfléchit.

La même chose arrive sur notre
globe où il se trouve des amas d'eaux,
des terres humides, des nuages qui
mis en mouvement par la chaleur du
soleil, ou par le feu renfermé dans le
sein de la terre, s'atténuent en vapeurs
légeres & presque insensibles. L'air
grossier qui environne la terre, remplace le petit orifice de l'éolipile, & a
le même effet sur les vapeurs raréfiées
qu'il comprime. Sa force est souvent
accrue par d'autres vapeurs & des petits nuages qui se succedent & accélerent le mouvement du courant principal de l'air : les inégalités de la surface du globe, les nuages qui pressent
sur la région inférieure de l'atmosphère, d'autres vents qui s'élevent dans
la même direction, & qui se joignent

au premier ; toutes ces forces combinées, augmentent celles du courant principal, qui fuit fa même direction, fe partage quelquefois contre les terres hautes & les montagnes, fe réfléchit & prend un cours tout-à-fait oppofé, entraîne les corps qui lui font obftacle, ébranle les uns, renverfe les autres, & ne fe détourne qu'après de violents efforts réitérés, pour continuer dans fon cours direct.

Ainfi l'on voit déja que la violence des vents doit être rapportée à la quantité des vapeurs ; que c'eft de-là qu'ils tirent leur force étonnante, & qu'ils ne durent qu'autant que cette matière modifiée de même, fournit à leur entretien. Les vents libres & irréguliers qui fe font fentir dans nos climats, ne peuvent pas avoir une autre caufe. C'eft fur-tout après les neiges abondantes, que l'on éprouve dans quelques régions les vents les plus impétueux. Le vend de fud qui régna en Bourgogne pendant le mois de Février 1767, fut conftant & très-violent par intervalles. Il devoit certainement fon exiftence & fa continuation,

tant à la fonte des neiges qui se faisoit
dans nos provinces , qu'à celle qui
se faisoit sur les Alpes d'où il venoit.
Les grandes neiges qui étoient tom-
bées sur la chaîne des Apennins &
dans la Lombardie , avoient donné la
premiere direction à ce vent, qui venant frapper contre les Alpes , & joignant son impression à celle du soleil,
auquel son retour à l'équateur donnoit déja plus d'action sur nos climats,
commença à dissoudre les neiges &
les glaces dont les Alpes étoient alors
couvertes. Leur atmosphère se chargeant alors d'une très-grande abondance de vapeurs raréfiées , & trouvant dans le cours établi dans l'air du
sud au nord , un obstacle pour s'échapper du côté de l'Italie , elles céderent
à l'impulsion de ce même vent, & prirent leur direction sur la France , où
elles porterent ce courant impétueux,
qui coula avec la même force pendant
plusieurs semaines , sans être interrompu par les pluies qui tomboient de
tems en tems : les nuées au contraire,
en comprimant l'air davantage , redou-
bloient la véhémence du vent, le bruit

& la force avec laquelle il heurtoit contre les corps qui l'arrêtoient dans la course, avant que de les surmonter & de s'échapper plus loin.

Comme il est presque démontré que relativement à notre position, la température qui prend son origine dans l'état de l'atmosphère immédiate des Alpes, influe sur celle du reste de l'Europe, & même se porte jusqu'aux terres Arctiques : ces montagnes étant presque toujours chargées de neiges abondantes, qui fournissent la matière à une forte évaporation ; il n'est pas étonnant que les vents les plus violens, & les plus durables que nous éprouvions, se fassent sentir dans le tems de la fonte des neiges.

Souvent encore les nuages se résolvent en vapeurs insensibles & produisent des vents de tourbillon dangereux & violens : les fleuves, les mers, les grandes cavernes de la terre, donnent naissance aux vents ; les premiers Observateurs ne paroissent pas avoir imaginé qu'ils pussent sortir d'ailleurs que des antres ; & comme les vents du nord sont les plus violens, c'est de

ce côté du globe qu'ils avoient placé
la caverne d'Eole. Ils n'avoient pas
pénétré affez loin dans les terres arctiques, pour avoir connoiffance de ces
brumes éternelles qui les couvrent:
ils en fentoient l'effet , mais ils ne
pouvoient qu'en conjecturer la caufe , qu'ils plaçoient dans les cavités
de ces montagnes couvertes de glaces
& de neiges, dont ils croyoient toutes les régions feptentrionales hé-
riffées.

Il y a donc des vents qui viennent
du ciel, de la terre, de la mer , des
fleuves, & des grands amas d'eaux ,
ou permanens tels que les lacs , ou
accidentels & produits par les inon-
dations. Un feu très-actif quoiqu'in-
vifible, eft le principe de la raréfaction des vapeurs qui s'en élevent : la
chaleur du foleil ne produit pas feule
ces grands effets, elle eft toujours fe-
condée par le fluide ignée renfermé
dans les entrailles de la terre , qui excite l'évaporation générale , & occafionne des fermentations fouterraines
& locales , affez véhémentes pour at-
ténuer & mettre en mouvement la matière

tiere du vent, & la déterminer enfuite à un cours dont l'impétuofité &
la durée font proportionnées à la
quantité de vapeurs, & au principe
d'accélération qu'elles reçoivent à
l'endroit même d'où elles font éruption. Car plus l'action de la chaleur
eft violente, plus le vent eft fort, tant
que la matiere raréfiée fournit à fon
entretien, ce qui eft prouvé par l'expérience de l'éolipile : la liqueur qu'il
renferme fe raréfie & fort avec d'autant plus d'impétuofité, qu'elle eft expofée à un feu plus violent.

Dès que les vapeurs font échauffées à un certain point, peu de matiere s'étend beaucoup en furface.
Chaque particule agitée par un mouvement circulaire qu'elle reçoit dans
l'acte de la raréfaction, tournant fur fon
centre, preffe fur les particules femblables qui la joignent, & les pouffe
avec violence. Elles agiffent de cette
maniere les unes fur les autres, s'éloignent & occupent le plus grand efpace poffible avec une vîteffe proportionnée au mouvement qui leur a été
d'abord imprimé, à leur quantité rela-

Tome III.   B

tive, à leur action réciproque, en suivant la direction sous laquelle elles
s'échappent. C'est encore ainsi que les
vapeurs se raréfient dans l'éolipile,
& se dilatent par la seule issue qui
leur soit ouverte : il en est de même
du point où se rassemblent les vapeurs qui doivent former les vents.
Portées au plus haut dégré de raréfaction, resserrées dans un espace trop
étroit par les obstacles qu'elles trouvent dans la solidité du globe, la hauteur des montagnes, la pression des
nuages, les vents contraires qui les
empêchent de se répandre de tous côtés ; elles prennent suivant les loix du
mouvement, leur direction du côté
où la résistance est la moindre, avec
une impétuosité & une action proportionnées à leur quantité & au principe
de raréfaction.

Ce qui fait donc que la cause des
vents a été jusqu'à présent si difficile à
assigner, & qu'elle restera peut-être
toujours dans la même obscurité, c'est
qu'il paroît impossible de prévoir la
quantité plus ou moins grande de l'é-
vaporation, & d'acquérir sur le de-

gré de chaleur ou de condensation dont elle est susceptible, des connois-sances aussi précises que celles que nous avons sur l'éolipile, la liqueur qu'il renferme, & la chaleur capable de la porter à une extrême raréfaction. L'action du fluide ignée terrestre sur les vapeurs, & celle du soleil, peuvent être variées par une multitude d'acci-dens, qui rendront toutes les conjec-tures incertaines, quoique formées à la lumiere de la vérité même.

On sait par exemple que les vents sont plus continus & plus forts, au printems, en automne, & dans le tems des solstices que dans les autres saisons. On en trouve la raison dans l'abon-dance des vapeurs qui s'élevent à la suite de la fonte des neiges ou des pluies de l'automne, ou parce que les vapeurs sont alternativement raréfiées ou condensées, autant qu'elles puis-sent l'être par le froid ou le chaud, oc-casionnés par la distance ou la proxi-mité du soleil. Ces causes sont con-nues, elles sont ordinaires, & cepen-dant fort incertaines : on ne peut for-mer que des conjectures douteuses sur

leurs effets à venir, au-moins relativement aux regions situées dans les
Zones tempérées. Par-tout la fonte des
neiges est suivie de vents impétueux ;
mais qui oseroit assurer quelle sera leur
direction, & en quel tems ils se feront
sentir ? Toutes les observations mété-
réologiques nous apprennent que la
quantité de l'évaporation est à-peu-près
la même chaque année ; mais elle n'est
pas distribuée également dans toutes
les saisons ; & le vent qui a dominé une
année pendant l'été, qui en a rendu la
température très-désagréable, s'il ré-
gne pendant l'hiver, en adoucit la rigueur, y occasionne de beaux jours ;
parce que la chaleur n'est pas assez forte pour exciter une évaporation abondante, ni le froid assez violent pour
condenser les vapeurs, épaissir l'air,
& le remplir de brouillards incommodes, ni l'obscurcir de ces nuées épaisses, d'où sortent la neige & les pluies.

Cependant à-travers toutes ces in-
certitudes, on entrevoit que le cours
des vents est assujetti à certaines loix,
que l'air a un mouvement réglé en
pleine mer, dans la Zone torride, dans

cette large bande, qui s'étend de l'est
à l'ouest, à une distance à-peu-près
égale des deux poles. S'il y a quelques variations dans le mouvement,
c'est auprès des côtes, vers les endroits
où l'Océan est resserré par les terres,
à cause du reflux de l'air & des vents locaux ou de réflexion, qui agissent quelquefois très-violemment sur un certain
espace de l'atmosphère, toujours relativement à son état de condensation
ou de raréfaction, ainsi qu'on le verra
dans la suite, lorsque nous parlerons
des vents particuliers à certaines côtes.

Ainsi parmi les différentes causes,
il y en a au-moins une, dont l'action
suit un ordre uniforme & invariable,
dont les effets, lors même qu'ils semblent les plus irréguliers, ne font que
modifiés, & pour ainsi dire déguisés
par des causes accidentelles. C'est cette
cause générale qui produit le seul vent
constant que l'on connoisse, celui d'O-
rient en Occident, dont nous parlerons dans peu. Il y en a d'autres encore, moins généraux, dont la cause
est aussi sensible, à en juger par son
action & les effets qui en résultent.

Ce font ces caufes qu'il faut s'attacher à connoître pour juger des autres par leur moyen ; & on y parviendra peut-être plus sûrement par les obfervations que par le calcul ; attendu que cette action, même dans les lieux du globe où elle eft plus conftante, eft fujette à des variations, à des accidens qu'il eft impoffible de foumettre aux regles du calcul, qui ne peuvent jamais être qu'hypothétiques : or la nature agit-elle fuivant les fuppofitions que nous fommes obligés de faire, pour rapprocher fes grandes opérations des bornes étroites de notre conception ?

On prétend encore que la lune a une très-grande force pour agiter l'air dans lequel nous vivons, & en changer la température. On peut concevoir comment ce fatellite de la terre communique quelque mouvement à l'atmofphère, par fon impulfion fur la matière fubtile éthérée, qui remplit l'intervalle qui fe trouve entre fon atmofphère & celle de la terre ; mouvement réglé, & qui ne paroît capable de changer réellement la température générale, que dans le tems des éclipfes, lorsque cette planete nous dérobant la lumiere du soleil & la chaleur de ses rayons, est une cause ocasionnelle de la condensation de l'air & de son refroidissement.

Il n'est pas aussi aisé de voir quelle parité d'action on peut supposer à la lune sur l'air, & les mouvemens variés dont il est susceptible, de ce qu'elle est regardée comme la cause principale du flux & du reflux de la mer. Car en lui attribuant avec l'illustre Newton ce phénomène journalier, produit par le mouvement d'impulsion qu'elle communique au fluide qui environne notre globe, & qui agit immédiatement sur les eaux de l'Océan : il faudroit pour rendre cette cause commune à la génération des vents, & à leur régularité sur mer, qu'ils fussent sujets à des révolutions aussi fréquentes, aussi réglées & aussi peu durables que celles qui accompagnent le flux & le reflux. Sans doute que les plus habiles Géometres n'admettent cette cause, que comme celle qui peut le plus aisément être soumise au calcul ? Mais est-elle aussi vraie qu'elle eſt ſatisfaiſante ? c'eſt ce dont on pourra juger, en admettant d'autres hypothè-ſes, & un mouvement général d'im-pulſion relatif aux divers degrés de condenſation & de raréfaction dont le fluide dans lequel nous vivons eſt ſuſceptible.

« Si nous ne pouvons pas, diſent-
» ils, ſoumettre au calcul les vents
» que la chaleur du ſoleil fait naître,
» quoique réguliers & conſtans en
» eux-mêmes ; à plus forte raiſon ne
» devons-nous pas entreprendre de
» chercher quels dérangemens peu-
» vent exciter dans l'air, les varia-
» tions accidentelles du chaud & du
» froid, produites ou par l'élévation
» des vapeurs & des nuages, ou par
» d'autres cauſes inconnues qui n'ont
» aucune loi certaine (*a*). »

Quand même cette entrepriſe feroit poſſible, pourroit-elle conduire à la vérité ? Eſt-on bien fondé à regarder la chaleur, plutôt comme le principe,

---

(*a*) Réflexions genérales ſur la cauſe des vents, par M. d'Alembert. 4º. Paris, 1747. Introduction.....

que l'occasion des vents ? L'action du soleil ne les fait-elle pas naître, en ce qu'elle facilite le cours de l'air, en occasionnant le développement du fluide ignée répandu dans sa masse ? Quand une fois l'air a pris un cours déterminé, il le suit constamment, parce que les causes de raréfaction étant toujours les mêmes dans une partie du globe, dans les grandes mers de l'est à l'ouest par le sud, les vents doivent y être plus réglés & plus constans qu'ailleurs. L'impulsion dont la cause existe dans la condensation de l'air aux deux poles & dans sa pesanteur, est le principe toujours présent d'un mouvement réglé du sud au nord dans l'hémisphère austral, & du nord au sud dans l'hémisphère boréal, jusqu'au courant d'air établi entre les tropiques ; il divise la masse totale de ce fluide en deux parties distinguées l'une de l'autre.

§. IV.

Etat de l'air dans le voisinage des poles, par rapport aux vents.

Rappellons-nous ici ce qui se passe à l'extrémité des deux hémispheres, dans les climats où la condensation de l'air est la plus forte, où ce fluide n'a pas encore un cours réglé, & paroît être dans un mouvement habituel de tourbillon, où les mouvemens opposés produisent ces tempêtes continuelles, qui jusqu'à présent ont arrêté les plus hardis navigateurs dans le projet qu'ils avoient de faire de nouvelles découvertes dans ces mers inconnues : nous y voyons le principe de l'impulsion générale, premiere cause des vents, se développer & agir avec d'autant plus de force, qu'il faut qu'il ébranle une masse d'air d'une pesanteur énorme. Le fluide ignée agissant de toute part sur des vapeurs épaisses & condensées, est forcé de se replier sur lui-même par l'opposition qu'il trouve dans leur poids.

Son mouvement naturel qui eſt celui de tourbillon, ſe communiquant à la maſſe de l'air, devient d'autant plus ſenſible qu'il trouve plus d'obſtacle à ſe développer, à prendre un cours di-rect, à ſe porter dans la route que la chaleur du ſoleil lui ouvre par la ra-réfaction qu'il entretient dans l'atmo-ſphère de la Zone torride. Ce n'eſt que lorſqu'il eſt arrivé à ce terme, que ſon cours eſt reglé, que les vents ſont déterminés & certains.

Les obſervations que nous avons rapportées dans la théorie générale de l'air ſur l'état de l'atmoſphère de la partie la plus orientale de l'Univers, environ le ſoixantieme degré de lati-tude ſeptentrionale, nous apprennent que les mers y ſont impraticables par la continuité des tempêtes, l'impé-tuoſité des vents de tourbillon qui y regnent, les brumes épaiſſes où les navigateurs vont ſe perdre, & périr enſuite ſur quelque côte inconnue & déſerte, forcés de s'abandonner au caprice des vents qui rejettent les uns aux points d'où ils étoient partis, & emportent les autres dans leurs tourbillons auxquels ils ne réſiſtent pas long-temps. Il en eſt de même dans les mers Auſtrales, on ſçait combien la navigation eſt dangereuſe au-delà du Cap Horn à une latitude à-peu-près égale. Les vents ſont ſi incertains, les orages ſi violens, les brumes ſi noires, que l'on n'a pu y faire aucune découverte ſur laquelle on pût compter; les navigateurs n'étant occupés qu'à ſe dérober aux fureurs d'une mer ſans ceſſe irritée, & ne déſirant que de rejoindre la terre qu'ils croyoient toujours voir près d'eux, & qui n'exiſtoit que dans leurs deſirs.

Dans l'autre hémiſphère, au ſud du Cap de Bonne-Eſpérance, à une latitude beaucoup moins avancée, les vents ſont encore plus impétueux; & quoique l'on ſoupçonne de ce côté des terres immenſes à découvrir, & un nouveau continent peut-être plus étendu que toute l'Amérique, on n'a pu encore y arriver, au-moins par la route que l'on a tenue juſqu'à préſent : on tombe dans la région des tempêtes d'où on ne s'échappe que difficilement; ou l'on eſt repouſſé par les vents qui portent au nord , sans pouvoir aller plus loin : quelquefois on tombe dans des calmes, plus dangereux encore que les ouragans qui les précedent.

On connoît mieux l'état de l'air dans les mers & les terres qui s'étendent au Pole Arctique. On y a pénétré bien au-delà du 80e degré de latitude. Toutes les observations que l'on y a faites, s'accordent & nous apprennent que les mers & les terres y sont chargées de neiges & de glaces ; que souvent on n'y peut traverser des brumes épaisses & glaciales qui transmettent à peine la lumiere du soleil. Ces climats horribles où la nature est expirante , ne sont ils pas le lieu même de l'origine de ces vents fougueux , si durables quelquefois, si impétueux , qui soufflent du Nord, sont toujours froids , & répandent souvent, même dans nos climats tempérés , ces exhalaisons glaciales & pénétrantes qui nous font partager malgré nous, les horreurs des régions affreuses d'où ils sont partis ?

Malgré leur froid extrême , les vapeurs y sont dans un état sensible de

fluidité ; elles font épaiffes & abondantes, mais elles font divifibles, pé-
nétrables, & prefque toujours agitées ; on n'en peut pas douter après les
mouvemens qu'on leur voit faire. Tantôt elles s'avancent dans les mers, &
cachent de fort loin la vue des côtes,
tantôt elles femblent s'élever, être
moins obfcures, & fe retirer fur les
hauteurs, pour laiffer aux navigateurs
la liberté de découvrir & de reconnoître les terres : mais très-rarement
elles font en affez petit volume pour
que les rayons du foleil puiffent en
pénétrer l'épaiffeur, & faire fentir fa
chaleur bienfaifante à ces climats,
qu'un hiver perpétuel accable du
poids de fes glaces.

A la vûe de ces phénomenes conftans dans tous ces parages, on ne peut
pas douter que l'atmofphère inférieure ne foit fort condenfée & chargée
de vapeurs & d'exhalaifons de toute
efpece ; qu'elle ne foit beaucoup plus
pefante & plus froide que la moyenne
région, & la région fupérieure éclairée par les rayons du foleil qui y répand quelque chaleur ; où les vapeurs

les plus légères s'élevent , font raréfiées & acquièrent un mouvement
d'expanfion qu'elles ne peuvent avoir
en bas. Sans doute que la denfité de
l'air dans les climats plus voifins des
poles , eft encore plus forte que celles
des régions où l'on a pénétré : les vapeurs raréfiées & mifes en mouvement , ne pouvant s'échapper de ce
côté , elles prennent néceffairement
un cours précipité par le plan-incliné
du globe à l'équateur , où elles trouvent moins d'obftacle à mefure qu'elles s'éloignent du Nord. Telle doit
être la caufe de ces vents froids, pénétrans & fi impétueux qui viennent du
Nord , & dont la matière eft répandue dans tout le vafte efpace qu'occupe la Zone glaciale : les brumes dont
j'ai parlé , entretenues par une évaporation abondante , en font la fource
inépuifable.

Peut-être régneroient-ils fans interruption , s'ils n'étoient arrêtés dans
leurs cours par d'autres vents contraires
res , par des colonnes épaiffes de vapeurs , qui s'élèvent des mers , des
lacs, des fleuves intermédiaires , ou

qui sortent par intervalles des profon-
deurs de la terre. N'est-il pas probable encore que ces vents perpétuels étant arrêtés ou réfléchis par les inégalités de la terre, & souvent par cel-
les que les nuages établissent dans la région inférieure de l'atmosphère, & s'échappent à la manière des autres fluides par les espaces libres, produi-
sent d'autres vents connus sous des noms qui répondent à leur direction locale, tels que sont souvent les vents d'Est & de Nord-Est, aussi froids & aussi violens que ceux du Nord. La réflexion même ne servant qu'à les rendre plus impétueux, ainsi que nous l'apprendront quantité d'observations particulières que nous rapporterons dans la suite de ce discours.

S'ils paroissent cesser quelquefois, c'est qu'il y a des temps où les vapeurs font condensées à un tel point, qu'elles acquièrent difficilement le degré de chaleur, de raréfaction & de légé-
reté nécessaires pour prendre un cours déterminé, & produire des vents d'autant plus froids & plus actifs, qu'ils se chargent dans l'espace qu'ils parcou-

rent d'une plus grande quantité de particules falines, nîtreufes, glaciales,
très-pénétrantes & qui réduifent les
corps qu'elles attaquent immédiatement à cet état d'engourdiffement,
d'inertie & de mort apparente, où eft
la nature dans les triftes régions d'où ils
partent ; fur-tout quand les rayons
du foleil ne frappent plus que très-
obliquement les pays infeftés par les
vents du nord, & qu'ils ne les éclai-
rent que pendant quelques heures de
la journée.

§. V.

Vents généraux.

Il femble que de tous les vents de
terre, au-moins de ceux qui regnent
dans l'Europe, il n'y en a point dont
l'origine foit fi connue, & s'explique
d'une maniere plus vraifemblable que
celle des vents du nord : relativement
à notre pofition, ce font ceux qu'il
nous importe le plus de connoître :
quant à ceux qui foufflent dans l'autre
côté de notre hémifphère, & qui viennent du pole auftral, on peut croire

qu'ils ont les mêmes caufes, dans une difpofition femblable de l'air : ainfi voilà les deux vents généraux des Zones tempérées établis & conftans, qui viennent eux - mêmes en former un troifieme, que l'on croit le plus fixe & le plus durable de tous.

On a reconnu dans l'air un mouvement naturel & déterminé d'Orient en Occident, que l'on a attribué à la raréfaction que le foleil excite dans l'atmofphère par fon mouvement diurne ; mais cette raréfaction en rendant l'air plus léger & plus chaud , feroit-elle capable de lui donner une direction réglée , fi une autre caufe n'agiffoit conftamment fur cet air ainfi modifié ? Ce degré de chaleur & de raréfaction , ne feroit-il pas plus propre à entretenir un calme conftant qu'un mouvement perpétuel ? puifque les calmes dangereux dont on eft furpris dans quelques parages de l'Océan Atlantique, ne font occafionnés que par un excès de chaleur & de raréfaction, & qu'ils ne ceffent que lorfque de nouveaux agens viennent rendre à ces parties de l'atmofphère , leur fluidité ;

leur confiftance & leur mouvement.

Il faut prendre cette caufe dans l'air froid, toujours condenfé, & plus pefant des terres polaires, qui formant avec l'air plus raréfié des tropiques & des régions voifines, une atmofphère continuée, ou une zone qui enveloppe le globe à une certaine hauteur, preffe également des deux côtes fur l'air répandu entre les poles & la ligne, & excite deux vents principaux, l'un de nord qui domine continuellement dans la latitude boréale, l'autre de fud qui regne de même dans la latitude auftrale. Plus le foleil eft éloigné de l'un ou de l'autre des poles, plus ces deux vents principaux font impétueux & ont d'action. Or fuivant les loix de la ftatique, l'air qui eft le moins raréfié par la chaleur, le plus épais & le plus pefant, doit prendre naturellement fon cours fur l'air le plus chaud & le plus léger : ainfi quand le foleil dans fon mouvement diurne apparent, parcourt certaines parties du ciel, qui répondent à des régions déterminées du globe ; ou plutôt quand la terre tournant fur fon axe, préfente fucceffivement fes parties au foleil, l'hémifphère oriental fur lequel le foleil a déja paffé eft enveloppé d'un air plus chaud & plus raréfié que l'hémifphère occidental ; c'eft pourquoi cet air en fe dilatant de l'Orient à l'Occident, donne lieu à un air plus denfe qui agit fur lui, de le pouffer conftamment dans la même direction. C'eft ainfi que le vent général d'Orient en Occident peut être formé dans l'atmofphère, & regner fans ceffe fur le grand Océan, entre les deux tropiques : parce que les particules de l'air agiffant les unes fur les autres, s'entretiennent en mouvement jufqu'au retour du foleil, qui leur rend toute l'activité qu'elles pouvoient avoir perdu dans fon abfence.

Le vent alifé général d'eft, eft donc entretenu dans fa continuité, parce que la direction générale de l'air refte toujours à-peu-près la même, foit en vertu de l'action immédiate du foleil, foit en vertu de la chaleur dont l'atmofphère refte pénétrée, lorfque le foleil parcourt une autre hémifphère. Quoiqu'à parler en rigueur, les particules de l'air n'aient pas conftamment le même mouvement ni la même vîtesse, eu égard à la différente distance où elles se trouvent de cet astre ; cependant elles ont toutes ensemble une force d'accélération, dont les différens degrés correspondant les uns aux autres en divers points, établissent un mouvement égal dans toute la masse de l'atmosphère la plus voisine de l'équateur.

Par-tout ailleurs la rotation de la terre, ainsi que l'a remarqué un de nos plus célebres Académiciens, ne doit pas influer dans la production de ce mouvement réglé de l'air, qui ne peut subsister que dans une région de l'atmosphère, dont la modification est toujours à-peu-près égale. Car la masse de l'air se chargeant & se déchargeant continuellement d'une infinité de vapeurs & de corps étrangers, qui passent d'un endroit dans un autre : la chaleur du soleil en raréfiant certaines parties, pendant que d'autres se condensent par le froid, il est facile de concevoir que les colonnes verticales, ou les couches horisontales de l'air sont continuellement altérées dans leur poids ou leur denfité ; & qu'ainfi la rotation du globe terreftre doit fréquemment caufer dans notre atmofphère des mouvemens locaux, qui pourront être confidérables, & même très-violens, furtout dans les endroits où le cours de l'air fera libre. Mais comme ces mouvemens dépendent des difpofitions momentanées & accidentelles de l'atmofphère, il n'eft pas poffible de les déterminer : il ne peut en réfulter que des vents irréguliers, auffi incertains dans leur durée que dans leur origine, quoiqu'ils foient l'effet de la même caufe générale qui produit le vent réglé d'Orient en Occident (*a*).

La raifon en eft, que près de la ligne, l'air eft dans un état habituel de raréfaction, tant parce que le foleil y eft vertical deux fois l'année, que parce qu'il ne s'éloigne jamais du zénith de plus de 23 degrés ; & à cette diftance, la chaleur qui eft comme le quarré du finus de l'angle d'incidence,

---

(*a*) Voyez les réflexions fur la caufe générale des vents, par M. d'Alembert, page 84 *in*-4°. Paris. 1747.

n'eſt gueres moindre , que lorſque les rayons ſont verticaux : au lieu que ſous les tropiques , quoique le ſoleil y frappe plus long-tems verticalement , il reſte un tems aſſez conſidérable à 47 degrés de diſtance de leur zénith ; ce qui fait alternativement pour chaque tropique une ſorte d'hiver , pendant lequel l'air ſe refroidit aſſez , pour que la chaleur de l'été ne puiſſe pas lui donner le même degré de mouvement que ſous l'équateur. C'eſt pourquoi l'air du nord & du ſud ou des deux côtés de la ligne , étant moins raréfié que celui du milieu , il s'enſuit qu'il doit tendre également vers l'équateur , & y porter la matière de ce vent pérenne qui ſuit le cours du ſoleil , qui s'étend un peu plus au nord dans la partie boréale , comme il ſe porte au ſud dans la partie auſtrale , parce que le mouvement eſt plus fort & plus marqué dans les parages voiſins de ſa ſource.

Il ne faut pas encore s'étonner que ce vent ſoit quelquefois plus ſenſible dans une bande que dans l'autre. Les diverſes obſervations que nous avons rapportées dans la théorie générale de

l'air, nous ont appris qu'il ne se raréfioit dans le voisinage des terres polaires, que lorsque le soleil est dans
l'un ou l'autre des solstices : alors la
violence des deux vents principaux
diminue un peu ; & ceux du pole opposé qui suivent le cours du soleil & la
raréfaction qu'il établit dans la masse
de l'atmosphère, s'y font quelquefois
sentir. En tout autre tems, lorsque ces
vents sont dans toute leur force, dans
la saison des équinoxes ; ces deux vents
principaux près du lieu de leur origine,
agissant sur un air condensé, sont d'une
violence proportionnée à la résistance
qu'ils y trouvent, & semblent accélé-
rer les progrès de l'évaporation, par
laquelle sont produites les brumes
épaisses, du sein desquelles sortent ces
tourbillons & ces tempêtes continuelles qui regnent dans un vaste espace
de l'atmosphère, avant que les vents
qui sont retenus par ces barrieres mobiles, ne puissent s'en échapper & suivre un cours réglé. Ainsi les mers Arctiques sont inabordables en tout autre
tems que dans les mois de Juin, de
Juillet & d'Août, comme les mers
Australes,

Auſtrales, & même le détroit de Magellan ne ſont pas tenables avant le
mois de Décembre, & en Janvier &
Février ; ce qui eſt relatif aux poſi-
tions du ſoleil, & aux modifications
qu'il imprime à l'air.

Cependant les vents de Nord & de
Sud, ou ceux d'Eſt & d'Oueſt qui relativement aux grandes mers, ne doivent être conſidérés que comme une
modification des deux premiers, ne
ſont jamais interrompus dans les latitudes où ils dominent. Des deux côtés oppoſés de la ligne, l'air a toujours un courant fixe entretenu par le
poids de l'atmoſphère des régions polaires, dont les deux directions aboutiſſent aux Tropiques où ils deviennent
preſque inſenſibles, à moins que des
cauſes particulieres ne prolongent le
cours de l'un ou de l'autre. Car, comme nous le remarquerons, une évaporation locale, une condenſation extraordinaire, l'éruption de quelques
matieres du ſein de la terre qui changent
le degré du froid ou du chaud de l'atmoſphère, peuvent produire des vents
à toutes diſtances entre l'Equateur &

les Poles, & changer en quelque maniere l'ordre des ſaiſons. Ainſi il arrive pendant l'hiver que le ſoleil étant
au ſolſtice, nous avons des vents de
l'Eſt au Sud plus chauds que froids,
qui font ſuccéder une température
douce & agréable aux froids rigoureux qui l'avoient précédée, parce
que l'origine de ces vents n'eſt pas
éloignée, ou que la quantité de vapeurs & d'exhalaiſons plus chaudes
qu'ils répandent dans l'air, en changent la diſpoſition, qu'ils rendent d'une
douceur à laquelle on ne devoit pas
s'attendre ; ce que l'on ne peut pas
attribuer à l'action du ſoleil qui eſt
alors auſſi diminuée qu'elle puiſſe l'ê-
tre par rapport à nous. C'eſt donc à
la chaleur de la terre & à ſes émanations particulieres, que l'on doit rapporter ces températures extraordinaires, dans une ſaiſon où des gelées précédentes nous faiſoient craindre un
plus grand froid. La douceur de l'air
à la fin de Décembre 1768, ne fut
produite dans nos climats que par les
effluences du fluide ignée terreſtre,
qui ſe faiſoient librement à travers un

fol encore humecté par les longues
pluies de l'automne ; & qui n'étoient
arrêtées ni par l'épaiſſeur des neiges,
ni par des reſſerremens occaſionnés
par de fortes gelées.

Il y a donc des cauſes immédiates
& des cauſes accidentelles des vents :
les premieres établiſſent par elles-mêmes un mouvement quelconque dans
l'air ; les autres font ce qu'il faut pour
le faciliter, mais ne le produiſent pas ;
telle eſt l'action du ſoleil ſur l'air dont
nous avons déjà parlé, mais qui exige
encore plus de développement.

§. VI.

Comment le ſoleil excite du mouve-
ment dans l'air.

Pour concevoir comment le ſoleil
peut être cauſe éloignée ou accidentelle des vents, il faut ſe rappeller ici
ce que nous avons dit plus haut (*Tome
2, Diſc. 3, §. 2.*) de la propriété élaſtique de l'air, & conſidérer combien
ce fluide ſi ſouple peut être raréfié par
la chaleur, ou condenſé par le froid:

examiner enfuite ce qui doit arriver à une partie de l'atmofphère, fuppofée dans toute fa profondeur auffi denfe & auffi pefante qu'elle puiffe l'être, tandis qu'une autre partie voifine extrêmement raréfiée, devient plus légere. Ces difpofitions de l'air y occafionnent des révolutions, des changemens de place, des tourbillons, des courans : le foleil en eft la caufe principale par les différences qu'il met dans la denfité & la pefanteur de l'atmofphère.

Il eft évident que la préfence de cet aftre fur l'horifon, & la chaleur qu'il y répand, rendent l'air plus rare, & que dès-lors fa pefanteur & fa réfiftance diminuent en proportion avec le degré de raréfaction où il eft porté. Mais comme il ne peut être raréfié fans s'étendre, il fe jette d'abord fur les colonnes voifines d'air, où il cherche à pénétrer, dont il augmente par fon impulfion fubite le poids & la réfiftance. C'eft ce qui fait que dans certaines faifons, lorfque l'action du foleil fe trouve jointe à celle du fluide fubtil dans des lieux où l'évapora-

tion eſt abondante, & où l'air eſt fortement condenſé, il en réſulte des
tempêtes preſque continuelles. On
l'éprouve dans les mers de l'Eſt au
Nord du 50ᵉ au 60ᵉ degré de latitude,
& dans celles du Sud en s'approchant
des terres Auſtrales, dès qu'on eſt à
la hauteur du Détroit de Magellan.
Dans tous ces parages il y a un combat perpétuel entre la condenſation de
l'air & ſa raréfaction : dans la partie
de l'atmoſphère où la matiere ſubtile
ſe déploie, ſe raréfie, & agit ſur l'air
ambiant plus épais & plus froid, que
ſon propre poids force à refluer à ſon
tour ſur l'eſpace où la rarefaction s'eſt
faite, le plus grand mouvement y eſt
excité, mais ne pouvant ſe porter au
loin, il devient circulaire & produit
des tempêtes qui ſe ſuccedent rapidement. Ces ſortes d'ouragans ne font en
quelque maniere que changer de place, parce que l'action du ſoleil étant
néceſſaire, & l'eſſence de la matiere
ſubtile étant le mouvement & l'action,
elle ne ceſſe d'agir dans un endroit,
que pour ſe porter dans un autre où

les caufes de réfiftance font moindres
pour l'inftant.

Nous ne connoiſſons ces grands
effets de la nature que fur des relations fouvent peu aſſurées. Les Navigateurs eux-mêmes, dans les embarras
& le défordre où ils fe trouvent, lorfqu'ils font dans ces mers toujours em-
brumées, ne font gueres en état d'en
étudier les caufes ; ce n'eft qu'après
qu'ils en font délivrés, lorfqu'ils fe
trouvent dans une fituation plus tranquille, qu'ils peuvent nous inftruire
de ce qu'ils ont obfervé, & nous rapporter quelques faits, à l'aide defquels
nous nous faifons une idée de l'état de
l'air fur ces mers, & de l'effet des vents
avant qu'ils ne fe foient développés &
répandus dans des régions de l'atmofphère plus libres & plus ouvertes. Ce
que nous pouvons feulement en conclure, c'eft qu'un degré extrême de
froid eft un obftacle à la condenfation
des vapeurs, & à l'évaporation qui
les répand dans l'atmofphère. Les tempêtes & les brumes ne font bien établies que dans les latitudes où le froid

& le chaud se disputent l'empire de
l'air : en s'avançant davantage vers les
Poles, on y trouve une égalité de mouvement & une sureté pour naviger, plus
grande encore que dans le voisinage
de l'Equateur ; l'évaporation y a peu
d'effet , le froid seul s'y fait sentir
constamment , presque sans variations, & le cours de l'air y est réglé.
Dans les latitudes voisines de la terre
de Feu, au-delà du Cap Horn, les Navigateurs qui cherchent à pénétrer par
ces parages dans la mer du Sud, doivent, selon le rédacteur du voyage
d'Anson, se porter au 60ᵉ ou 62ᵉ degré de latitude avant que de courir à
l'Ouest. « .... On y trouve des vents
» moins tempétueux, une mer moins
» mâle ; l'air à la vérité y est vif &
» froid , & les vents assez forts, mais
» constans & uniformes avec un beau
» ciel & un temps clair : au lieu que
» dans les latitudes moins hautes, les
» vents ne diminuent que pour reve-
» nir avec une violence à faire crain-
» dre tout-à-coup de voir tous les mâts
brisés ». (v. *le voyage d'Anson, l. 1,
ch. 9*).

C iv

Il en eſt de même dans les mers du Nord, comme les tempêtes y commencent à des latitudes plus avancées que dans les mers du Sud, il faut aller plus haut du coté du Pole pour y trouver la même facilité à naviger ; ce n'eſt qu'après avoir paſſé le 70ᵉ degré que l'on rencontre une mer libre & ouverte, dégagée de glaces, & une navigation ſûre, dans la faiſon où la rigueur du froid eſt un peu tempérée par la préſence continuelle du ſoleil.

Ces obſervations nous ſervent déjà à fixer le lieu de l'origine des vents principaux, où l'évaporation devient ſenſible par les brumes dont l'air eſt continuellement obſcurci, & où les mers ſont ſi dangereuſes, quand on s'y engage dans les ſaiſons où elles ſont hériſſées des glaces qui coulent des terres voiſines. En tout autre temps, même les plus favorables à tenir ces parages & à y faire des obſervations, on voit par les Journaux les plus exacts, que dans ces latitudes avancées, ſoit au Sud, ſoit au Nord, le beau temps eſt toujours de fort courte du-

rée, & que lorsqu'il est extrêmement beau, c'est un préfage certain
de tempête. Le temps calme & ferein
de la foirée aboutit à une nuit orageufe,
fur-tout quand de petites brifes de vent
ont précédé ce calme. (v. *le voyage
d'Anfon, l. 1, ch. 7*).

Ces mêmes effets de raréfaction &
de condenfation, fans être auffi fréquens, fe font fentir dans les autres
mers. Un nuage compofé de matieres
froides & fortement condenfées, qui
gravite fur une partie de la mer où
l'évaporation eft forte, excite dans un
efpace ordinairement peu étendu de
fon atmofphère, un mouvement impétueux prefque toujours de tourbillon, très-dangereux pour les Navigateurs qui s'y trouvent pris, ainfi qu'ils
l'éprouvent fur quelques côtes d'Afrique & dans les mers du Japon plus fréquemment que dans les autres ; quoique prefque toutes les côtes foient expofées à des orages, même à des tempêtes qui font propres à chaque faifon, & dont il eft utile d'être prévenu
pour ne pas s'y rifquer imprudemment.
Une partie de la côte Orientale de l'A-

mérique Septentrionale, depuis le Cap-Blanc juſqu'au Cap S. Lucar, le long de la Nouvelle-Eſpagne & du Mexique, dans un eſpace de plus de vingt degrés, depuis le 3ᵉ ou 4ᵉ degré au Nord de l'Equateur juſqu'au Tropique du Cancer, n'a aucun danger depuis le milieu d'Octobre juſqu'au commencement de Mai, quoique dans le reſte de l'année, il y ait des tourbillons violens, des pluies abondantes & des vents forts qui tournent rapidement à toutes les pointes du compas. Nous verrons que les mêmes phénomènes ſe montrent ſur terre avec les mêmes effets, plus rarement que ſur mer, mais dans toutes les régions, même dans nos provinces.

Quelquefois ce mouvement eſt général dans une très grande étendue des terres. Si l'atmoſphère de la France ſe trouve très raréfiée, il faudra néceſſairement que l'air qui la couvre ſe répande de tous côtés ſur l'atmoſphère des régions voiſines, dont il augmentera le poids, & déterminera le mouvement ſur l'eſpace où ce même air préſentera le moins de réſiſtance. Il en résultera d'abord des courans ou des vents en direction opposée, qui souffleront avec une force proportionnée au poids de l'air qui les excitera, & à l'activité des principes de raréfaction ; mais venant à se rencontrer, il y aura combat entr'eux : plus les forces seront égales, plus la résistance sera forte & le choc violent, à l'endroit où ils se feront obstacle réciproquement ; il se formera des ouragans plus ou moins nuisibles. C'est par ces causes qui se succedent en différentes contrées, que sont produites les tempêtes que l'on voit passer successivement d'une province à l'autre, ainsi que nous l'avons prouvé dans la théorie générale de l'air (*a*).

Cependant ce principe de raréfaction n'excite souvent qu'un vent général qui occupe une très-grande étendue de pays, si l'air étant modifié de même, ne trouve aucun empêchement à s'écouler du pole d'où il part jusqu'à l'équateur ; comme dans le tems

----

(*a*) Voyez le t. 2. Disc. 3. §. 9.

des solstices, lorsque la région moyenne entre la sphère oblique & la sphère
droite, se trouvant échauffée par l'action du soleil, le cours de l'air peut
avoir une direction générale du sud
au nord, ou du nord au sud, & s'é-
tendre même jusques dans les terres pô-
laires, où il trouve le moins de résistance à pénétrer qu'il est possible. S'il
est repoussé sur lui - même, il en résulte des vicissitudes dans l'état de
l'air & sa température, sous lesquelles
l'ordre des saisons est presque anéanti:
on a des froids extraordinaires, des
vents irréguliers, des neiges, des
pluies, des grêles & mille autres phénomènes de ce genre, auxquels on ne
devoit pas s'attendre : parce que l'air
ayant par lui-même dans cette saison,
une disposition constante à se raréfier
& à s'étendre, à dissiper les exhalaisons & les vapeurs dont il est chargé
en les portant au loin, se trouve gêné
dans son cours & embarrassé de nouvelles exhalaisons, & d'autres vapeurs qui lui viennent des lieux mêmes
sur lesquels sa direction le portoit,
qui changent la température, la ren-

dent indécife entre le froid & le chaud, & y entretiennent les caufes de ces variations incommodes & nuifibles.

Il nous refte à expliquer comment, & jufqu'à quel point, le foleil par fa chaleur peut contribuer à la produc- tion des vents. Pour cela, il faut d'a- bord fuppofer toute la fuperficie des régions fituées au milieu du globe, & l'atmofphère inférieure qui les couvre immédiatement, également modifiées, & à une même hauteur, ne recevant de changemens fenfibles que de l'ac- tion du foleil, faifant abftraction de tout ce que les autres agens connus peuvent y mettre de variété : par ce moyen on pourra fe faire une idée affez jufte de l'action du foleil fur le cours de l'air & la production des vents.

Les régions de la terre fur lefquel- les cet aftre commence à fe faire fen- tir auffi-tôt qu'il paroît fur l'horifon, & qu'il continue d'éclairer de même pendant la plus grande partie du jour, doivent être les plus échauffées, lorf- qu'il eft à fon midi, tems où il a le plus de force ; parce que fes rayons, relativement à ces parties de la terre , approchent le plus de la direction perpendiculaire. Cependant dans ces endroits mêmes , la chaleur augmente encore pendant deux ou trois heures, quoique les rayons deviennent plus obliques & par conséquent plus foibles ; ce qui vient de ce que les vibrations des parties élastiques de l'air , & l'agitation des corpuscules quelconques répandues dans sa masse, une fois commencées, sont soutenues au même degré de mouvement par une force médiocre , & moindre de beaucoup, que celle qui l'a d'abord produit. Car c'est moins la véhémence que la fréquence avec laquelle les rayons du soleil frappent sur l'atmosphère inférieure & sur la terre, qui en augmente l'agitation & la chaleur , jusqu'à ce qu'elles ne soient parvenues au point qu'une impulsion plus foible ou plus lente , puisse encore les soutenir au même état. Mais enfin , lorsque ces mêmes rayons partent d'un point plus incliné à l'horison , à mesure que le soleil s'approche du couchant , ils n'ont plus assez de force pour maintenir la chaleur excitée par leur incidence au midi, & ne la conservent plus dans ces mêmes parties de la terre, sur lesquelles leur impulsion n'a plus d'effet.

Le tems de la plus grande chaleur de certaines parties de la terre & de l'atmosphère, qui les couvre immédiatement, est donc depuis midi jusqu'à deux & même trois heures. Alors l'air se raréfiant en proportion du degré de chaleur dont il est pénétré, il doit occuper plus d'espace sur ces régions, & s'étendre plus loin qu'il ne faisoit auparavant, avoir un cours déterminé, sensible, relatif à l'intensité de la chaleur qui se fait sentir, par laquelle on peut juger de la raréfaction de l'air, & qui est démontrée sous l'équateur & dans les bandes paralelles, par la force du vent d'Orient en Occident, qui dans ce tems est plus vive de beaucoup, que le matin & le soir.

Comme la terre s'échauffe par la présence du soleil de la maniere que nous l'avons indiqué, de même elle se refroidit par son absence, ou d'elle-même, & par les qualités qui lui sont propres, ou par la pression de l'atmos-

phère, dans laquelle se rétablit insensiblement le premier froid, par le mêlange de l'air de la région supérieure
avec celui de la région inférieure ; ce
qui fait que l'air d'en bas, après la
retraite du soleil, se condense & se refroidit plutôt que la terre. Les dispositions de l'air étant en proportion
avec le cours du soleil, elles devien-
dront d'autant plus froides & plus propres à la condensation, que cet astre
fera plus de tems sans paroître : elles
occasionneront dans le mouvement de
l'air des changemens relatifs au degré
de chaleur, & à son état de raréfaction ou de condensation qui feront
alternatifs & sensibles, sur-tout dans
les régions où la nature développe ses
forces & son action générale par des
effets plus marqués. Déja on peut en-
trevoir l'origine des brises ou des vents
de terre & de mer, si salutaires, dans les
pays situés entre les tropiques, & la
raison de leur durée alternative ; sujet
intéressant dont nous parlerons plus
en détail. (§. 18. *de ce Discours.*)

Au reste, tout ce que nous venons
de dire, n'a rapport qu'à la région

inférieure de l'atmofphère, où l'action combinée du foleil & du fluide ignée, produit une chaleur plus ou moins grande, fuivant qu'elle fe développe avec plus ou moins de facilité : cette chaleur eft fixée dans un efpace dé- terminé, & ne s'étend pas à la ré- gion fupérieure de l'atmofphère où le froid, les glaces & les neiges font per- pétuelles : ce n'eft qu'à une élévation médiocre, que la chaleur conferve affez de force pour réfoudre les va- peurs & les nuages en pluie ; c'eft-là auffi, que les plus grands vents ont leur effet. Nous avons déja rendu raifon de ces phénomènes différens dans la théorie générale de l'air, au- moins relativement aux caufes de la chaleur & du froid, d'après lefquelles on a pu fe faire une idée de la con- denfation de l'air ou de fa raréfaction ; & même des modifications différentes qu'il reçoit à diverfes hauteurs, de ces deux qualités générales. De-là nous apprenons encore pourquoi le vent eft d'autant plus fenfible dans une ré- gion, que le poids de fon atmofphère se porte sur le cours du soleil d'Orient en Occident.

Cet astre étant emporté assez rapidement en cette direction, & les progrès de la raréfaction de l'air étant proportionnés à la chaleur de ses rayons, si rien ne lui fait obstacle, il s'établit dans la masse de l'air un mouvement réglé & continuel, par lequel les parties différentes coulent successivement les unes sur les autres, les plus élevées sur les plus basses par un plan incliné : méchanique simple dont l'agent principal est le soleil qui la fait mouvoir. On pourroit trouver quelque difficulté à concevoir nettement la raison qui conserve cette direction perpétuelle qui forme le vent d'Orient, sur ce qu'une partie des vapeurs & des exhalaisons, dont l'atmosphère est chargée, retombent à leur centre pendant la nuit, & diminuent d'autant le poids de l'air dans lequel elles flottoient, lorsque son mouvement se rallentit, à proportion du décroissement de la chaleur. Mais dès que l'air commence à se raréfier de nouveau, d'au-

tres exhalaisons & des vapeurs s'élèvent de la terre & des eaux dans l'atmosphère, & rétablissent toutes choses dans leur état ordinaire ; c'est ainsi
que l'harmonie de l'Univers est entretenue par une circulation non interrompue, dont l'évaporation qui se fait
de tous les corps, est le moyen le plus
sensible. Par rapport au sujet que nous
traitons, comme que la chose arrive,
la célérité de l'expansion de l'air suffit
pour déterminer son cours de l'Orient
à l'Occident : & si dans les parties, où
la fraicheur a excité une plus grande
condensation, il survient une augmen-
tation de pesanteur & de résistance,
elle ne sera pas assez considérable pour
que son immobilité fasse obstacle au
cours de l'air rarefié ; ou s'il arrive
qu'elle l'interrompe, il en résultera
un ouragan passager, produit par le
combat entre la chaleur & le froid, la
raréfaction & la condensation, & dont
la suite sera de rétablir les choses dans
l'ordre ordinaire. C'est à-peu-près ainsi
que le cours de l'air est déterminé par
celui du soleil dans les deux bandes
voisines de l'Equateur où les vents

d'Orient & d'Occident foufflent à l'alternative.

Le mouvement du foleil fe faifant tout & continuellement dans la Zone torride, & fes rayons y étant perpendiculaires à la terre, il s'enfuit qu'elle s'échauffe beaucoup plus que dans les autres Zones, tellement que même pendant la nuit, il lui refte une partie de la chaleur qu'elle a reçue pendant le jour, & qu'elle communique à l'air qui l'enveloppe immédiatement ; ce qui fait que dans ces régions, tant de jour que de nuit, l'air eft plus chaud, plus rare, plus élevé que dans les autres, où la chaleur diminue en raifon de leur diftance de l'Equateur. Il en eft de même, toute proportion gardée, des autres Zones, lorfque le foleil s'approche davantage de leur zénith, & les éclaire plus long-temps, ainfi qu'il arrive lorfque le foleil eft par rapport à nos climats au folftice d'été.

Il femble que l'on pourroit conclure de-là, que l'atmofphère varie dans fa hauteur, du centre aux deux points oppofés, & qu'elle devroit s'abaiffer à mesure que l'on s'approche des Poles, ce qui faciliteroit le cours de l'air de la Zone torride aux Zones glaciales, & établiroit des deux côtés de la ligne des vents opposés à ceux qui regnent d'ordinaire des Poles aux Tropiques. Mais l'air dans les Zones froides, non-seulement par rapport à sa densité, mais encore par rapport à la hauteur des terres à ces deux extrémités, doit être plus dense & plus pesant que par-tout ailleurs, ce qui lui donne assez de force, non-seulement pour résister à l'expansion de l'air de la Zone torride, mais encore pour la vaincre & repousser en sens contraire un air rarefié & léger autant qu'il puisse l'être ; ce qui fait qu'à midi, dans le temps de la plus grande raréfaction de l'atmosphère, au centre de la Zone torride, celui des Zones froides s'y porte avec plus de célérité, & excite des deux côtés le vent Boréal & le vent Austral, dont le concours aboutissant au même terme, est la vraie cause du vent perpétuel d'Orient en Occident, dont la chaleur du soleil n'est que l'occasion.

Tel eſt le mouvement ordinaire de l'air dans la chaleur du jour. Pendant la nuit il devroit être contraire , & ſe porter de la Zone torride vers les Poles, à cauſe du changement de diſpoſition de l'atmoſphère & de l'affoibliſſement de la chaleur par l'abſence du ſoleil ; mais parce que la terre conſerve une partie de la chaleur dont elle a été pé- nétrée pendant le jour , & que les ſucs échauffés qu'elle renferme, ſont dans une fermentation entretenue par le fluide ignée terreſtre, il s'en élève des vapeurs & des exhalaiſons inſenſibles, qui ſe répandent dans l'air, en aug- mentent le poids, en rapprochant les parties rarefiées , & diminuent ſon vo- lume & ſa hauteur : cette augmenta- tion de matiere le fixe , l'empêche de s'écouler par les côtés , & de s'élever aſſez pour prendre ſa direction ſur les Zones froides : il continue donc de ſe porter ſur l'Equateur où il trouve moins de réſiſtance, & un écoulement déterminé par l'air, qui y a pris ſa di- rection pendant le jour.

Cependant, comme il y a une com- munication générale établie dans toute

la maſſe de l'air qui environne le globe, ainſi que nous l'avons expliqué
dans la théorie générale (*Tome 1,
diſc. 2, §. 3.*), & que le mouvement
& la chaleur ſe répandent dans l'atmoſphère du centre à la circonférence ; il faut qu'il y ait un cours d'air de
l'Equateur aux Poles, dont la direction ne peut être ſuppoſée qu'oblique
de bas en haut, ſuivant la force d'impulſion que lui donnent les vapeurs en
s'élevant & en ſe dilatant : mouvement double qui le détermine par la
ligne oblique dans la région la plus
haute de l'atmoſphère, par laquelle il
s'échappe, & où il ſe réfroidit au
point de devenir tout-à-fait glacial ;
quoiqu'il conſerve un principe de
mouvement plus actif, & une force
plus pénétrante que lorſqu'il eſt ou
très-chaud ou tempéré. Ainſi il ne
change rien à la température habituelle des terres polaires, il ne paroît
deſtiné qu'à entretenir le mouvement
de leur atmoſphère, à la renouveller,
à la réfroidir encore, à moins que les
émanations du fluide ignée terreſtre &
l'action du ſoleil ne l'adouciſſent. C'eſt

ce mélange de qualités opposées qui excite dans ces climats reculés, ces tempêtes horribles & presque continuelles, qui ne paroissent être que la suite du combat des qualités opposées du chaud & du froid. Par la raison contraire, l'air qui coule des Poles à l'Equateur a sa direction oblique de haut en bas, qu'il reçoit de sa pesanteur, de sa densité, de l'élévation même des terres d'où il part, dont il suit la pente qui le porte vers les Tropiques, à travers un air rare & léger, dans lequel il ne trouve presque aucune résistance.

C'est dans ce cours réglé de l'air que l'on trouve l'origine des vents principaux. Il ne faut néanmoins pas s'imaginer que tous les vents septentrionaux & méridionaux, chauds ou froids, viennent directement des Poles ou de l'Equateur, & ne naissent pas ailleurs à différentes distances, dans les Zones torride & tempérées. L'élévation des vapeurs & des exhalaisons des terres & des eaux peuvent produire les vents qui se portent alternativement de l'Equateur aux Poles, ou de l'Orient à l'Occident l'Occident dans toutes les régions qui s'étendent des Poles à l'Equateur, dans l'un & l'autre hémisphere.

§. VII.

Force des vapeurs pour exciter les vents & les produire.

Pour concevoir quelle est l'action des vapeurs dans la production des vents, il faut d'abord considérer quelle expansion elles peuvent acquérir par la raréfaction, les changemens que cette expansion occasionne dans l'état de l'air, & quelle disposition les vapeurs ainsi atténuées ont à se mouvoir, ou à être mues. Diverses expériences que nous avons rapportées, nous ont appris que l'eau est environ 800 fois plus dense que l'air de l'atmosphère inférieure ; il est également certain que les vapeurs les plus épaisses, qui ne font autre chose que de l'eau divisée en petites molécules, font plus de 800 fois plus rares que l'eau, puisqu'elles se soutiennent dans l'air avec lequel elles font d'une même pesanteur spécifique. Les vapeurs atténuées par la chaleur ou de toute autre maniere, deviennent beaucoup plus légeres & plus rares encore dès qu'elles s'élevent à la région supérieure de l'atmosphère, à cette hauteur où l'air est dix fois plus rare qu'à la superficie de la terre, d'où il suit qu'elles acquièrent un degré de raréfaction qui les rend 8000 fois plus ténues qu'elles n'étoient dans leur état naturel. La seule expérience de l'éolipile fait aisément concevoir comment l'eau peut se dilater aussi prodigieusement.

La raréfaction que la chaleur excite dans l'air est donc bien au-dessous de celle qu'elle produit dans l'eau : la cause de cette différence se tire de la configuration de leurs particules élémentaires respectives. Les fibrilles ou les molécules de l'air sont supposées rondes ou tendantes à prendre cette figure, très-flexibles & fort élastiques, ce qui est prouvé par la grande compression dont elles sont susceptibles, & la promptitude avec laquelle elles se rétablissent dans leur état naturel ; par cette raison elles peuvent se mouvoir aisément autour de leur axe sans s'étendre beaucoup, & se prêter même à un très-grand mouvement dans peu d'espace. Au contraire les particules de l'eau étant fort roides, ne peuvent être mues rapidement autour de leur centre sans occuper un grand espace, d'où elles s'efforcent continuellement à s'exclure les unes les autres, ce qui occasionne un très-grand mouvement, & même le bruit qu'elles produisent dans l'air où elles sont répandues.

Nous avons déjà parlé des sources intarissables de l'évaporation généralement établie dans la nature & des causes qui la procurent. Ces sources étant si abondantes, & ces causes si actives, il est évident que l'air doit être rempli des matieres qu'elles produisent, cependant en quantité différente, relativement aux saisons & à l'énergie des causes. Ce que nous pouvons dire encore à ce sujet, c'est que la grande effluence des vapeurs & des exhalaisons, se fait non-seulement par l'action du soleil, mais plus encore par celle du fluide ignée subtil qui les tire des profondeurs de la terre par

les fermentations qu'il y excite, par
lesquelles l'eau est portée au plus haut
degré de raréfaction, & divisée en
molécules insensibles qui s'échappent
par tous les pores de la terre, &
y occasionnent ces grands desséche-
mens qui suivent les fortes évaporations. La même chose arrive dans les
mers, & dans tous les amas d'eau,
non-seulement ceux qui sont à découvert, mais ceux qui sont renfermés dans les cavités de la terre & inconnus.

Que les émanations de la terre &
des eaux soient très-propres à produire les vents, on en a la preuve
dans une petite quantité de liqueur
échauffée dans l'éolipile & réduite en
vapeurs. Le peu d'effet de l'évaporation qui se fait d'une maniere insensible dans chaque partie séparée de la
terre ou des eaux, ne doit faire naître
aucun doute à ce sujet. Cette cause si
légere en apparence, produit les plus
grands phénomenes; comme les fleuves les plus majestueux sont formés
par la réunion d'une multitude de petits ruisseaux la plupart inconnus : il

n'y a donc point de contradiction à ce que les vents les plus impétueux foient produits par une multitude de petits foufles raffemblés s'ils font en grand nombre, & s'ils fe condenfent les uns avec les autres dans l'efpace qu'ils ont à parcourir. Ces petits vents légers & prefque infenfibles, qui fe jouent à la furface des mers les plus orageufes, dans ces calmes trompeurs que l'on y éprouve quelquefois, ne doivent-ils pas être regardés comme le germe de ces vents furieux qui ne tardent pas à s'élever, & qui excitent les tempêtes horribles dans lefquelles la matiere femble prête à rentrer dans l'ancien chaos.

Nous comprendrons aifément comment les vents acquièrent cette force violente d'impulfion par le mouvement & la condenfation des vapeurs, fi nous confidérons quel doit être l'effet de l'évaporation dans quelque région déterminée. Lorfque les émanations divifées en ruiffeaux particuliers ou en colonnes, commencent à s'élever du fol ou des eaux, non-feulement leur direction les porte de bas en

haut , mais elles s'étendent latérale-
ment , se preffent les unes les autres
de maniere à tendre du centre à la circonférence , fi elles peuvent s'écouler
également de tous les côtés : dès-lors
le mouvement fera plus fenfible à la
circonférence qu'au centre , parce que
c'eft-là où fe porte toute la force d'impulfion , qui agit du milieu fur les extrémités du cercle. Comme la plus grande
partie de celles qui s'élevent d'abord
droit de bas en haut , prennent enfuite
le mouvement horifontal , elles fe
condenfent en s'étendant les unes fur
les autres , & conféquemment leur
force d'impulfion croît proportionnellement à leur accélération & à leur
denfité ; ce qui fait que les vents ordinaires & réglés ne font pas toujours
auffi violens à l'endroit où ils naiffent ,
qu'à quelque diftance.

Mais fi dès leur fource , les vapeurs
font raffemblées & déterminées tout
de fuite au mouvement horifontal , les
vents auront toute leur véhémence à
leur origine ; c'eft ce que l'on éprouve
des vents locaux , pérennes ou périodiques , qui fortent de quelque ouver-

ture de montagne, ou de paſſages reſ-
ſerrés , tels que le vent Pontias en
Dauphiné, qui eſt produit par une
certaine quantité de vapeurs raſſemblées à un point fixe , & qui ont leur
cours ſur une étendue d'environ quatre
lieues. Les vents impétueux & froids,
qui ſortent des Alpes , des montagnes
de Hongrie & de Perſe, lors de la forte
évaporation qui accompagne la fonte
des neiges dont elles ſont chargées ,
ont une cauſe ſemblable. C'eſt donc
une abondante évaporation & l'expanſion ſubite des vapeurs dans la direction qu'elles trouvent libre , qui produiſent les vents.

Pour ſçavoir ſi les vapeurs qui ſe
répandent doucement dans l'air , doivent également y exciter des mouvemens ſenſibles ; il faut examiner ſi le
mêlange qui s'en fait dans l'atmoſphère
augmente ou diminue ſa peſanteur ou
ſa légereté. Quand les vapeurs qui s'é-
levent dans l'atmoſphère ne ſe dilatent
point, & reſtent à une hauteur déterminée, elles n'ajoutent rien à la rareté
de l'air ou à ſa peſanteur , elles n'en
diminuent rien ; parce que dès qu'el-

les ſe tiennent à une même hauteur,
elles ſont cenſées avoir une même peſanteur ſpécifique avec l'air qui les
environne , autrement elles monte-
roient ou deſcendroient : car un liquide
ajouté à un autre liquide d'un poids
égal, fait avec lui un tout de même
peſanteur ; d'où l'on conclut que dans
ce cas , le mêlange des vapeurs ne
change rien à l'équilibre établi entre
les colonnes d'air où elles ſe diſper-
ſent , & celles de l'air voiſin ; ſi ce
n'eſt que l'on conçoive que la maſſe
de l'air étant augmentée par la quantité de ces vapeurs, il paroît néceſſaire
que l'atmoſphère des endroits où ſe
fait l'évaporation, devenant plus élevée , eu égard au volume des matières
dont elle eſt formée , acquiere une
plus grande peſanteur abſolue. Mais
la colonne d'air ne recevant les vapeurs que lentement, & d'un mouvement égal & preſque inſenſible, s'é-
leve & agit de même ſur les colonnes
latérales : comme elle y trouve de tous
les côtés une ſemblable réſiſtance, ſon
action diviſée devient la même à tous
les points : la diſpoſition de l'une ſe

communique aux autres ; & tant la colonne qui est pénétrée des effets d'une évaporation nouvelle, que ses voisines, s'élevent d'un mouvement égal, de sorte qu'il n'arrive aucun changement dans leur équilibre respectif, qui soit de quelque importance ; & quand même on supposeroit qu'une colonne s'éleve plus que les autres, elle s'accroîtroit si lentement, que ce qu'elle auroit de plus en matière s'écouleroit par le haut, sur les parties voisines, sans aucun effet sensible d'une pesanteur plus considérable.

Si les vapeurs, dès qu'elles sortent des corps, sont tellement atténuées, qu'elles soient spécifiquement plus légeres que l'air de la région où elles se répandent, ce même air en les recevant, deviendra plus léger qu'il n'étoit ; elles y établiront les causes de raréfaction dont elles sont pénétrées. La même chose arrivera, si des vapeurs plus grossieres se trouvent dans un air plus chaud & mêlé d'exhalaisons disposées à une effervescence qui les atténue promptement. Dans tous ces cas, il est évident que le mélange

D v

des vapeurs rendra certaines colonnes
d'air plus rares & plus légeres : dès-
lors l'équilibre ne subsistant plus avec
le reste de l'atmosphère, les colonnes
plus pesantes s'abaisseront, & l'air
prendra un mouvement horisontal, des
plus pesantes sur les plus légeres. Il s'é-
levera un ou plusieurs vents, suivant
que l'air coulera d'un ou plusieurs
points vers les endroits où il pourra
s'échapper librement. Ainsi la raréfaction une fois établie & connue dans
une région, si l'on est à portée de juger des obstacles que l'air peut trouver dans son expansion, on sçaura sous
quelle direction le vent courra, &
d'où il partira. C'est par ce moyen
que l'on peut s'instruire de la cause,
du tems, du retour, & de la durée
des vents alisés.

Cette théorie n'a rapport qu'aux
régions inférieures de l'atmosphère,
où le mouvement de l'air est des colonnes les plus pesantes aux plus légeres ; mais dans la région supérieure la
direction est différente, elle se fait des
plus rares & des plus légeres sur les
plus denses. Leur action qui détruit

également l'équilibre, occafionne des mouvemens circulaires ou de tourbillon, qui s'exercent dans les parties de l'atmofphère, où l'air le plus léger, le plus actif, trouve plus de facilité à s'infinuer & à agir fur l'air le plus épais, qui réagit à fon tour avec un effort encore plus marqué. Ce font ces actions contraires qui produifent les tempêtes fi fréquentes & fi dangereufes, dans les mers où les brumes font ordinaires & épaiffes.

§. VIII.

Vents occafionnés par les nuages.

Si les vapeurs font la caufe des vents, les nuages qui en font formés doivent produire les mêmes effets. Ces météores par leur volume, la qualité des exhalaifons & des vapeurs dont il font compofés, leur pefanteur & leur élévation différentes, occafionnent des vents quelquefois très-impétueux, mais ordinairement de peu de durée. Un nuage comprimant fortement l'atmofphère, chaffe devant lui l'air inférieur, & le détermine à courir sous la direction qu'il lui donne. De-là naissent des vents très-forts, mais irréguliers, qui durent peu, & annoncent les pluies après lesquelles ils cessent.

Souvent encore les exhalaisons & les vapeurs sont trop raréfiées & trop agitées, pour qu'elles puissent se réunir, se condenser & retomber en pluie: le vent n'en est pas moins impétueux, parce qu'alors ces matières communiquent leur principe de raréfaction & de mouvement à l'air qu'elles agitent en tourbillon ; mouvement qui est accéléré & redoublé par la quantité de corps hétérogenes & pesants que l'atmosphère inférieure emporte dans son tourbillon, qui agissant à leur tour sur les vapeurs & les exhalaisons déja mues avec violence, augmentent encore leur force d'impulsion ; aussi les effets de ces vents sont-ils les plus forts & les plus dangereux que l'on connoisse.

La maniere dont on se procure des cours d'air artificiel, par la pression de l'eau, pour la fonte des mines, peut

donner une idée de ce qui se fait dans
l'air par la pression des nuages, qui
donnent lieu à ces vents irréguliers &
de tourbillon. L'eau tombant avec
force dans un long tuyau qui reçoit
l'air par les côtés, condense ce même air qui s'échappe avec violence,
par l'issue horisontale qu'on lui ména-
ge, & sert plus utilement que le soufflet le plus fort & le plus actif à entretenir le feu du foyer, sur lequel il est
dirigé : son effet se porte sur un même
point, parce qu'il ne peut s'échapper
ailleurs. S'il est si marqué, eu égard à
son petit volume, que l'on juge de ce
qu'il doit être dans les grands mouvemens d'un air libre, lorsque la nature
déploie ses forces avec cette énergie
toujours surprenante, & quelquefois
terrible dont elle est capable !

Il ne faut donc pas s'étonner si les
nuages s'abaissant de la moyenne région de l'air ou d'un espace encore
plus éloigné, excitent des vents impétueux & des tempêtes horribles. Ces
nuages, si élevés qu'ils ne paroissent
pas plus larges qu'un œil de bœuf,

dont on leur a donné le nom, dans les parages où ils font les plus fréquens, doivent avoir été formés des vapeurs qui se font élevées par une chaleur véhémente, dont l'action a emporté avec elles une quantité d'exhalaisons qui s'y font mêlées. Ces matières de différente nature, ne pouvant rester long-tems resserrées & unies, sans fermenter & produire un mouvement intestin par leur choc mutuel, elles échauffent & mettent en fusion les molécules aqueuses condensées qui les renferment : les diverses couches de matière qui composent les nuées se rapprochant, deviennent plus pesantes & s'abaissent précipitamment : leur poids s'augmente d'autant plus, que la dissolution de leurs parties intégrantes commence par le côté exposé aux rayons du soleil : le nuage conserve sa forme apparente ; mais les exhalaisons qu'il renferme ayant plus de jeu, en précipitent le mouvement & la chûte.

Si dans la direction accélérée du nuage de haut en bas, l'effervescence des exhalaisons augmente, il se dissout

d'autant plus vîte ; fa marche eſt plus rapide, elle produit un vent violent &
tout d'un coup une pluie d'orage. La
véhémence du mouvement eſt accrue,
& par la preſſion de la nuée qui deſ-
cend, & par l'expanſion des exhalaiſons enflammées. Alors l'aſpect de l'atmoſphère eſt terrible ; on voit ſortir
du ſein d'une épaiſſe obſcurité des torrens d'eau & des traits d'un feu vif &
perçant, on redoute également l'inondation & l'incendie.

C'eſt ainſi que ſe forment ces terribles orages, ſi fréquens dans la mer
d'Ethiopie ou l'Océan méridional,
principalement autour du Cap de
Bonne-Eſpérance ; de l'autre côté de
l'Afrique, près de la terre de Natal, &
dans les mers qui baignent les côtes
de la Guinée près de l'équateur. « Un
» petit nuage & quelquefois pluſieurs
» ſont apperçus des gens de mer qui
» les voient aller enſemble & s'aug-
» menter, même par un tems clair,
» avant que le vent ne les creve :
» quand il les apperçoivent, ils plient
» les voiles & diſpoſent les vaiſſeaux à

» réfifter à la tempête qui les me-
» nace. » (*a*).

Mais avant que de connoître ce pro-
noftic des tempêtes, les Portugais qui
navigerent les premiers dans ces mers,
perdirent quantité de vaifleaux, lorfque fous la conduite de leur Amiral
Vafco de Gama, ils entreprirent d'aller aux Indes orientales par le Cap de
Bonne-Efperance. Ne connoiffant point
encore la températrure de ces mers &
leur état dans les différentes faifons,
ils prirent au mois de Mai la route du
Bréfil au Cap de Bonne – Efperance,
battus de tempêtes prefque continuelles, qui leur étoient annoncées par
des fignes dont ils ne connoiffoient pas
encore les fuites. Ils firent trois ou quatre cens lieues en tirant vers le Cap,
tourmentés fans ceffe par les vagues &
les vents. Pendant ce voyage entre-
pris avec plus d'affurance que de fuc-
cès, ils virent continuellement juf-

(*a*) Géographie gén. de Varenius, l. 1.
ch. 21. prop. 10.

qu'au dixieme jour de leur navigation, une comete enflammée d'un aspect terrible : la mer & les cieux changeoient souvent de face : les nuées noires & épaisses s'étant ramassées du côté du Nord sous une forme ronde, les vents paroissoient venir contre eux comme par réflexion, & la mer les trompoit par ces calmes apparens, qui précedent presque toujours les orages les plus violens. Les matelots qui ne connoissoient pas les tempêtes ordinaires à ces parages, tendirent toutes leurs voiles pour recevoir le vent ; lorsque faisant éruption des nuages par le côté du Nord, il fondit sur quatre vaisseaux, dont les agrès n'étoient pas disposés de maniere à les manœuvrer dans ces circonstances, & les coula à fond dans un moment à la vue du reste de la flotte, qui ne put sauver qu'une très-petite partie des gens de leur équipage. Cette tempête dura vingt jours par un vent du nord qui ne fut pas interrompu ; la mer étoit horriblement agitée, & les flots d'une hauteur effrayante ; elle étoit noire pendant le jour, & couleur de feu pendant la

nuit. (*a*) Nous verrons ailleurs que
ces mers, plus avancées que le Cap de
quelques degrés de latitude auftrale,
font expofées à des tempêtes horribles.

Les environs du Cap de Bonne-
Efperance, ne font pas moins à craindre, à caufe des orages excités par les
vents qui fortent des nuages. Il y a
près de ces côtes une haute montagne,
dont le fommet fort large reffemble à
une table : c'eft de là que viennent fouvent des tempêtes redoutables, dont
les fignes font finguliers, mais très-
certains. Car le ciel étant fort clair
& la mer unie, on voit au fommet de
la montagne un petit nuage, qui à raifon de fa prodigieufe élévation, ne paroît pas plus gros qu'une noix ; les Hollandois le nomment œil de bœuf ;
mais bien-tôt il s'abaiffe par le mouvement dont nous venons d'expliquer le
méchanifme , & il s'étend affez pour
couvrir toute la plaine : les gens de
mer le comparent alors à une table

____

(*a*) Maffei, Hift. de la découverte des Indes orientales.

couverte de toutes sortes de mets. Sur quelle idée ont-ils pu fonder cette comparaison? Est-ce un régal pour eux de sentir peu après, les vents opposés descendre avec fracas du sommet de la montagne, & souffler en directions contraires avec tant de violence, qu'ils renversent tous les vaisseaux qui ne sont pas sur leurs gardes, ou qui ont leurs voiles dehors. A présent que les matelots sont au fait, dès qu'ils apperçoivent l'œil de bœuf, ils courent à leurs vaisseaux très-promptement, resserrent les voiles, abattent les mâts, & prennent toutes les précautions nécessaires pour les garantir de la violence de l'orage. (*Voyez la Géog. Génér. de Varenius, ub. sup.*)

Le Hollandois Kolbe, dans la Description du Cap de Bonne-Espérance, (*t. 1. p. 224.*) a observé ce nuage avec une attention, & a donné des idées sur la maniere dont il se forme, qui ne peuvent que répandre une nouvelle lumiere sur cette théorie générale des vents. « Le nuage, dit-il, qu'on voit » sur les montagnes de la Table, ou du » Diable, ou du Vent, est composé,

» fi je ne me trompe, d'une infinité de
» petites particules, pouffées premie-
» rement contre les montagnes du
» Cap qui font à l'eft, par les vents
» de fud-eft, qui regnent pendant pref-
» que toute l'année dans la zone tor-
» ride. Ces particules ainfi pouffées,
» font arrêtées dans leur cours par ces
» hautes montagnes, & fe ramaffent
» fur leur côté oriental ; alors elle de-
» viennent vifibles, & y forment de
» petits monceaux ou affemblages de
» nuages, qui étant inceffamment pouf-
» fés par le vent d'eft, s'élevent au fom-
» met de ces montagnes. Ils n'y reftent
» pas long-tems tranquilles & arrêtés;
» contraints d'avancer, ils s'engouf-
» frent entre les collines qui font de-
» vant eux, où ils font ferrés & pref-
» fés comme dans une maniere de ca-
» nal: le vent les preffe au-deffus, &
» les côtés oppofés des deux monta-
» gnes les retiennent à droite & à
» gauche. Lorfqu'en avançant tou-
» jours, ils parviennent au pied de
» de quelques montagnes, où la cam-
» pagne eft plus ouverte, ils s'éten-
» dent, fe déploient & deviennent

» de nouveau invifibles ; mais bien-
» tôt ils font chaffés fur les montagnes
» par les nouveaux nuages qui font
» pouffés derriere eux, & parviennent
» ainfi avec beaucoup d'impétuofité
» fur les montagnes les plus hautes
» du Cap, qui font celles du Vent &
» de la Table, où regne alors un vent
» tout contraire : là il fe fait un con-
» flit affreux, ils font pouffés par der-
» riere & repouffés pardevant, ce qui
» produit des tourbillons horribles,
» foit fur les hautes montagnes dont
» je parle, foit dans la vallée de la
» Table, où les nuages voudroient fe
» précipiter. Lorfque le vent de nord-
» oueft a cédé le champ de bataille,
» celui de fud-eft augmente & conti-
» nue de fouffler avec plus ou moins
» de violence pendant fon fémeftre ;
» il fe renforce pendant que le nuage
» de l'œil de bœuf eft épais, parce que
» les particules qui viennent s'y amaf-
» fer par derriere, s'efforcent d'avan-
» cer : il diminue lorfqu'il eft moins
» épais, parce qu'alors moins de par-
» ticules preffent par derriere ; il baiffe
» entierement lorfque le nuage ne pa-

» roît plus, parce qu'il n'y vient plus
» de l'est de nouvelles particules, ou
» qu'il n'en arrive pas assez : le nuage
» enfin ne se dissipe point, ou plutôt
» paroît toujours à-peu près de même
» grosseur, parce que de nouvelles
» matières remplacent par derriere,
» celles qui se dissipent pardevant.

» Toutes ces circonstances du phé-
» nomène conduisent à une hypothèse
» qui en explique assez bien toutes les
» parties. Derriere la montagne de la
» Table, on remarque une espece de
» sentier, ou une traînée de légers
» brouillards blancs, qui commen-
» çant sur la descente orientale de cette
» montagne, aboutit à la mer, & oc-
» cupe dans son étendüe les montagnes
» de Pierre. Je me suis très-souvent
» occupé à contempler cette traînée,
» qui, suivant moi, étoit causée par le
» passage rapide des particules dont je
» parle, depuis les montagnes de
» Pierre jusqu'à celles de la Table.

» Ces particules que je suppose,
» doivent être extrêmement embar-
» rassées dans leur marche, par les fré-
» quens chocs & contre-chocs, cau-

» sés non-seulement par les monta-
» gnes, mais encore par les vents de
» sud & d'est, qui regnent aux lieux
» circonvoisins du Cap ; c'est ici ma
» seconde observation.

» Lorsque les particules que je con-
» çois sont poussées par les vents d'est
» sur les deux montagnes situées aux
» pointes de la baie *Falzo*, dont l'une
» s'appelle *la Levre pendante*, & l'au-
» tre *Norwege*, elles en sont repous-
» sées par les vents de sud qui les por-
» tent sur les montagnes voisines : elles
» y sont arrêtées pendant quelque
» tems, & y paroissent en nuages ,
» comme elles le faisoient sur les deux
» montagnes de la baie *Falzo*, & mê-
» me un peu davantage ; ces nuages
» sont souvent fort épais sur la Hol-
» lande Hottentote, sur les montagnes
» de Stellenbosch, de Drakenstein &
» de Pierre ; mais sur-tout la monta-
» gne de la Table & sur celle du
» Diable.

» Enfin ce qui confirme mon opi-
» nion, est que constamment deux ou
» trois jours avant que les vents de
» sud-est soufflent, on apperçoit sur la

» *Tête du lion*, de petits nuages noirs
» qui la couvrent. Ces nuages font, fui-
» vant moi, compofés des particules
» dont j'ai parlé. Si le vent de nord-
» oueft regne encore lorfqu'elles arri-
» vent, elles font arrêtées dans leur
» courfe ; mais elles ne font jamais
» chaffées fort loin, jufqu'à ce que le
» vent de fud-eft commence ».

Cette obfervation affez détaillée, confirme tout ce que nous avons dit plus haut de la production des vents par ces fortes de nuages, des matiè-res dont ils font formés, de la ma-niere dont ils s'étendent, fe diffolvent & produifent des ravages fi marqués: elle fe rapporte encore à ce que nous avons établi ailleurs fur la formation des nuages, qui par-tout ne font pas auffi défaftreux, parce qu'ainfi que nous l'avons remarqué, ils ne font pas tous refferrés dans des efpaces auffi étroits, ni formés de fubftances auffi difpofées à fermenter, & acqué-rir par une grande raréfaction, une force extraordinaire d'impulfion. Nous aurons encore occafion de parler ailleurs

leurs de ces vents particuliers au Cap de Bonne-Espérance.

De l'autre côté du Cap, sur la côte orientale de l'Afrique, le long de la terre de Natal, on éprouve des tempêtes semblables, & des vents aussi impétueux, produits par des nuages qui ressemblent à l'œil de bœuf, qui ont les mêmes effets sur les vaisseaux, dont plusieurs ont péri avant que de sçavoir quelles précautions ils devoient prendre pour s'en garantir. Ces sortes de tempêtes sont fréquentes dans le trajet qui s'étend de la pointe méridionale de l'Isle de Madagascar jusqu'au Cap. Elles se font sentir, surtout, lorsque l'air est le plus épais dans ces régions, & les vapeurs plus disposées à la condensation, dans les mois d'Avril, Mai & Juin, & pendant que le soleil est au solstice du cancer.

On en éprouve de semblables sous l'équateur, entre l'Afrique & l'Amérique ; elles s'annoncent de même par des nuages noirs, épais, fort petits dans leur origine, mais qui s'étendent ensuite prodigieusement. Les uns sont absolument dangereux, tels que l'œil de bœuf du Cap & de la terre de Natal ; les autres ont quelque utilité mêlée avec le péril. Le long des côtes du Royaume de Loango en Afrique, & sous l'équateur, ils remplacent les vents réglés qui manquent dans les saisons où ils se forment, & servent à faciliter le passage de la ligne plus promptement ; où ils tirent les vaisseaux des calmes dans lesquels ils tombent, & qui sont fréquens le long des côtes de Guinée.

On remarque des phénomènes à-peu-près semblables à ceux dont nous venons de parler dans des latitudes tout à-fait opposées, presque au centre des terres de la zone tempérée septentrionale. On voit sur le sommet d'une montagne près de Vienne en Dauphiné, un petit lac, d'où l'on croit que sortent les tempêtes qui arrivent dans les environs : lorsque quelque cause extraordinaire y excite une évaporation marquée, il se forme au-dessus de petits nuages qui annoncent le tonnerre & la pluie. La même chose se remarque d'un autre lac, situé sur

un des sommets des Pirénées : ces tempêtes peuvent se former de la maniere
suivante, qui se rapporte toujours aux
principes que nous avons établis plus
haut : le nuage tombant dans la direction supposée, il mettra en mouvement par son poids, l'air qui est au-
dessous, à peu-près comme une voile,
ou toute autre corps d'une surface
étendue, comprime l'air & le précipite :
plus le nuage paroîtra petit d'abord,
plus la tempête deviendra violente ensuite. C'est ainsi que l'œil de bœuf étant
fort élevé, & tombant d'une plus
grande hauteur, agite l'air avec une
force extraordinaire. Le nuage venant
après à se crever subitement, soit par le
milieu, soit par un des côtés, les autres parties restant entieres ; les vapeurs échauffées, les esprits sulfu-
reux, & toutes les matières qui fer-
mentoient dans le nuage, se répandant
dans l'air avec impétuosité, y établissent un principe très-actif de raréfaction, & un mouvement d'une violence qui répond à leur quantité, & à la
force par laquelle elles sont poussées.
C'est la nature elle-même qui met sous

E ij

les yeux de l'Observateur, l'expérience de l'éolipile dans son plus grand développement.

Certains mouvemens de l'air interrompus, & d'autant plus remarquable, qu'ils ne se font sentir que par reprises distinguées les unes des autres, doivent leur existence aux modifications que la masse de l'air reçoit des nuages. Lorsque le ciel est clair, & qu'il n'y a que quelques pelottons de nuages poussés par un vent médiocre, dès que l'on entre dans l'ombre du nuage, on sent le vent ou le mouvement de l'air s'augmenter : c'est qu'alors la partie de l'atmosphère qui est dans l'ombre, est plus condensée que les autres parties voisines, échauffées par les rayons du soleil; elle se resserre en se refroidissant, elle occupe par conséquent moins de place : d'autre air coule pour remplir le vuide qui s'établit par ce mouvement de condensation ; & ce ne peut être que celui qui étoit immédiatement avant dans l'ombre, & qui par le mouvement du nuage vers un autre côté, recevant les rayons du soleil, & se dilatant, s'échappe par l'endroit où se fait la condensation: ainsi l'effort du vent s'augmente & se fait sous la direction même du nuage, qui donne à l'air de nouvelles modifications. J'ai observé plus d'une fois, que ces vents ne viennent que par bourasques plus ou moins fortes, relativement à l'élévation des nuages ; plus ils sont hauts, moins leur effet est sensible. Le 21 Juin 1767, jour du solstice, peu après son moment, cinq ou six nuages petits, mais fort noirs, se succéderent & produisirent par intervalles, un vent bruiant & impétueux, accompagné de quelques gouttes de pluie. Il y avoit d'autant moins à se tromper sur la cause de ce vent, qu'aussi-tôt que l'ombre de ces nuages étoit dissipée, le calme se rétablissoit tout de suite, & le vent ne se faisoit sentir de nouveau, que lorsque le nuage qui suivoit commençoit à être vertical, & à répandre son ombre.

Nous ne nous arrêterons pas à parler ici de la différence que les anciens ont établie entre les exhalaisons & les vapeurs relativement à la production

E iij

des vents. Nous nous contenterons de
dire que les exhalaisons peuvent quelquefois les occasionner, mais plus rarement & moins facilement que les
vapeurs. Elles font moins susceptibles
de raréfaction, & ne peuvent être ti-
rées des corps secs & durs que par
l'action d'une forte chaleur, presque
toujours extraordinaire, excepté dans
les climats brulans de l'Afrique situés
dans la Zone torride ; au lieu qu'une
chaleur modérée & douce, celle qui
se conserve toujours dans le sein de la
terre, & qui entretient le mouvement de l'atmosphère, suffit pour porter beaucoup de vapeurs en l'air, d'où
l'on peut conclure que les vents les
plus forts & les plus constans font causés & entretenus par des vapeurs proprement dites, par la raréfaction des
liquides atténués & répandus dans la
masse de l'air. Néanmoins les exhalaisons agitées par une effervescence extraordinaire & violente, peuvent s'é-
tendre tout-d'un-coup avec plus d'effort que les vapeurs & produire des
effets terribles, tels que les ouragans
dont nous venons de parler : mais elles

n'agiffent que mêlées avec les vapeurs:
feules, elles ne fe réuniroient pas, ou
elles n'auroient pas des fuites auffi remarquables, elles ne fe porteroient
même pas au degré d'élévation où l'on
voit fe former les nuages d'où fortent
quelques tempêtes. Les vapeurs font
leur véhicule néceffaire & la caufe de
la fermentation qui facilite leur éruption: ainfi on eft toujours fondé à les
regarder comme la premiere caufe des
vents, même de ceux qui regnent fur
les mers éloignées des terres d'où elles
s'élèvent. On a obfervé plus d'une fois
fur la Méditerranée que les vents tiroient leur origine des fommets des
Alpes, lorfque la chaleur occafionnoit
les plus grandes fontes de neiges. On
fçait encore que les mers Noire & Caf-
pienne ne font pas tenables avant que
les neiges des montagnes voifines ne
foient fondues, & qu'en toute faifon
les vents impétueux qui les agitent
font produits par l'évaporation abondante & continuelle qui fe fait dans
les terres humides, les forêts & les
montagnes qui les bordent.

E iv

§. IX.

Autres causes générales & particulieres des vents.

La raréfaction des vapeurs occasionnée par l'effervescence de certains sucs & d'exhalaisons, qui se fait dans le sein de la terre ou dans l'air, est une cause fréquente de quelques vents. On peut juger de la chaleur qui doit en résulter par celle des eaux thermales qui sont si brûlantes à leurs sources, qu'on ne peut y tenir la main. Une chaleur aussi forte excite une évaporation abondante suivie d'une grande raréfaction dans les temps où se fait l'effervescence qui mêle les vapeurs aux exhalaisons. Comme ces momens sont incertains, la plupart de ces vents locaux n'ont ni une durée, ni des temps fixes, mais leur cause doit être telle que nous venons de l'indiquer. Ils se font sentir soit après que les vapeurs & les exhalaisons rarefiées sont sorties confusément du sein de la terre, & se sont répandues rapidement dans l'air, soit après que leur émanation s'est faite insensiblement, & qu'elle a augmenté la légereté de l'air, & sa raréfaction par degrés, de maniere que les colonnes d'air voisines puissent agir sur lui avec une force déterminée ; d'où il s'ensuit que l'impétuosité du vent est relative à la pression des colonnes, qui gravitent sur l'air plus raréfié.

Les volcans peuvent aussi communiquer du mouvement à l'air, en ce qu'ils raréfient la partie de l'atmosphère où ils se trouvent, par la chaleur qui leur est propre, ou par la multitude d'exhalaisons qu'ils y répandent & qui en changent les dispositions. Les vents sont terribles dans toutes les mers qui entourent le Japon, & les tempêtes aussi dangereuses qu'effrayantes, peut-être parce qu'il n'y a point de pays au monde, qui renferme dans une petite étendue, autant de volcans enflammés. On observe que tous les sept ans il s'y éleve un ouragan affreux qui fait toujours craindre pour la ruine entiere du pays. Faut-il un aussi long espace pour rassembler dans l'air les matieres qui y excitent ces mouvemens impétueux ?

On voit en général quelle doit être la cause des vents, on ne peut presque pas douter qu'ils ne viennent d'un défaut d'équilibre dans l'air, c'est-à-dire, de ce que certaines parties se trouvant avoir plus de force, de densité, de ressort que les parties voisines, s'étendent du côté où elles trouvent moins de résistance. Mais quelle est la cause qui détruit continuellement cet équilibre ? Est-ce l'impression des rayons du soleil sur l'air & sur les eaux durant le passage continuel de cet astre sur l'Océan dans les deux hémisphères, jointe aux qualités du sol & à la situation des continens voisins ? Cette cause peut influer d'une manière déterminée sur le vent général d'Orient en Occident ; mais elle ne produit pas les autres tels que tous les vents alisés qui soufflent dans une direction opposée, & ceux qui regnent dans les grands continens, ou dans les régions les plus éloignées de l'Equateur.

Nous avons déja dit quelque chose du mouvement de la terre sur son axe, & nous demanderons encore ici, s'il ne doit pas être regardé comme une des causes qui tend continuellement à rompre l'équilibre de l'air, & dès-lors à produire les vents? On conçoit qu'en vertu de ce mouvement seul l'atmosphère doit sans cesse se charger & se décharger d'une infinité de vapeurs & de particules hétérogènes, de sorte que les différentes colonnes qui la composent, éprouvent une infinité de variations successives, les unes étant plus denses, les autres plus rares. Cependant le mouvement même de l'atmosphère, relatif à celui de la terre autour de son axe, parviendroit à établir un équilibre parfait entre toutes les colonnes d'air dont elle est composée, si elle restoit toujours dans le même état ; mais comme ces parties sont continuellement altérées dans leur pesanteur & leur densité, leur équilibre ne peut subsister un moment, il est sans cesse rompu, & il en résulte une multitude de vents variables.

E vj

Par-tout des exhalaisons s'amassent, fermentent dans la moyenne région de l'air, & excitent des mouvemens sensibles dans l'atmosphère, des vents dont la durée est relative à celle de la cause qui les produit. Nous pouvons en prendre l'idée sur certains phénomènes connus de l'air. A chaque instant qu'un éclair frappe nos yeux, il y a une assez grande quantité de matière qui s'allume : si toutes ces inflammations réitérées ne nous paroissent pas donner un mouvement déterminé à l'air, c'est qu'alors il est extrêmement rare, & n'oppose aucune résistance à l'impulsion de la matière enflammée qui se répand. Mais s'il est modifié différemment, s'il éprouve quelque secousse de l'expansion de ces mêmes matières, ne peut-il pas en résulter quelqu'un de ces vents variables, qui viennent indifféremment de tous les points de l'horison, & qui sont les seuls que nous connoissions dans nos climats tempérés. (*Mém. de l'Acad. des Sciences, Hist.* 1708.)

Si, comme il est très-probable, quelques vents naissent de cette cause, on

ne doit plus être étonné qu'ils soufflent par secousses & par bouffées,
puisque les fermentations auxquelles
on les attribue, ne peuvent agir sur
l'air que par des explosions subites &
intermittentes; ce qui commence à
donner à l'air un mouvement interrompu & irrégulier, qui est encore
augmenté par les obstacles qu'il trouve à vaincre dans son cours, qui le re-
tardent, & qu'il ne surmonte que par
des efforts qui augmentent son impétuosité à diverses reprises. Ainsi chaque éruption de la matière en effervescence, donne son impulsion à part,
comme chaque éclair produit sa lu-
mière; plus ces impulsions sont fréquentes & multipliées, plus l'effet du
vent est sensible; c'est ce qui dans la
saison des orages, produit ces tempêtes dangereuses, pendant lesquelles les
vents soufflent en direction opposée,
parce qu'il se trouve dans les nuages
dont l'atmosphère est chargée, différens foyers de fermentation qui font
éruption en même temps, & impriment chacun leur mouvement à l'air.

On a prétendu que ce qui rendoit les vents du Sud plus fréquens que ceux du Nord, c'est que l'atmosphère des régions situées entre les Tropiques qui relativement à nous sont au Sud, étant fréquemment agitée par des orages accompagnés de tonnerres & d'éclairs, l'action réunie de ces deux météores sur l'air, pouvoit lui donner un mouvement déterminé qui portoit son cours sur les terres que nous habitons, dont les secousses ou les bouffées sont relatives à l'intervalle qui sépare les éclairs les uns des autres (*Mém. de l'Acad. an. 1708*). Cette hypothèse peut donner l'idée de l'origine de quelques vents, mais elle ne doit pas être regardée comme une explication suffisante de la cause des vents du Sud : parce qu'il arrive très-souvent que lorsque les vents éthésiens alisés soufflent du Nord au Sud, pendant un assez long espace de temps, nous avons alors dans les bandes parallèles des vents tout-à-fait opposés, que l'on ne peut pas regarder comme un effet du remoux de la direction principale de l'air, puisqu'ils ne s'étendent que fur un certain efpace, & commencent fort au-deffous des régions méridionales où le vent principal aboutit : mais ils doivent leur exiftence à des évaporations locales, qui fe font par intervalles & par des mouvemens très irréguliers, auxquels l'action des vents de terre eft proportionnée. Sur mer, le vent qui parcourt fans obftacle de très-grands efpaces, fouffle fans difcontinuer : fi le bruit qu'il excite paroît varier, être tantôt plus fort, tantôt moindre, cette différence eft occafionnée par le choc des flots, & par la réfiftance qu'il trouve dans les agrêts des vaiffeaux.

On pourra prendre une idée affez diftincte de la production des vents dans les conclufions fuivantes, qui font le réfultat de tout ce que nous avons déjà dit à ce fujet.

I. La chaleur qui dilate l'air, ou le froid qui le refferre, ne doivent être regardés que comme des accidens particuliers, relatifs à chaque efpace du globe, qui n'augmentent ou ne diminuent pas l'effet de la pefanteur de toute

la maſſe de l'air, qui doit toujours être
la même, parce que les variations n'é-
tant que locales & alternatives, les
choſes quant à l'état général, reſtent
toujours à-peu-près les mêmes. Ainſi
dès que le reſſort de l'air eſt affoibli
par une grande raréfaction dans un
lieu plus que dans les eſpaces voiſins,
il s'élève un vent qui traverſe l'eſpace
où l'élaſticité eſt moindre, parce que
la propriété élaſtique de l'air le portant à s'étendre de tous les côtés, &
ne trouvant preſque aucune réſiſtance
dans les colonnes ou régions où elle
eſt conſidérablement diminuée, l'air
eſt déterminé par ſon propre poids à
prendre ſon cours ſur l'air le moins
élaſtique, qu'il déplace ſans effort.

II. Comme le reſſort de l'air augmente proportionnellement au poids
qui le comprime, & que l'air plus
comprimé eſt plus denſe que l'air moins
comprimé, les vents doivent aller
du lieu où l'air eſt le plus denſe dans
ceux où il eſt le plus rare, parce que
l'air plus denſe eſt ſpécifiquement plus
peſant que le plus rare : c'eſt pour cela
que les vents courent réguliérement

des Poles à l'Equateur. Ces mouvemens suppofent une différence de température, conftante dans certains climats, fort variable dans d'autres :
c'eft ce que l'on peut remarquer dans
les temps où l'atmofphère acquérant
tout-d'un-coup une légereté extraordinaire, on voit le mercure baiffer
confidérablement dans le baromètre :
alors on doit s'attendre à quelque tempête ou à des vents extraordinaires ;
parce que l'air fe trouvant comprimé
par quelque caufe étrangere dans une
région peu éloignée, une partie des
matières dont étoit chargée l'atmofphère immédiate, ont reflué de ce
côté, d'où elles ne tarderont pas à
prendre de nouveau leur cours fur les
régions, qu'elles n'ont abandonnées
que pour quelques inftans. Nous l'a-
vons déjà dit, & nous prouverons encore par les faits, que les calmes de
mer font toujours fuivis d'orage qui
les terminent. Il en eft de même de
toute raréfaction extraordinaire de
l'air qui produit fur terre des efpeces
de calmes pendant lefquels l'air eft

tranquille & fort léger, mais qui font de peu de durée.

III. La température étant par-tout égale, en été, par exemple, lorfque la chaleur eft la plus violente, des fermentations extraordinaires peuvent exciter dans quelques régions de l'atmofphère une raréfaction de l'air fubite & prompte, qui loin de diminuer fon reffort, en augmentera tout-d'un-coup l'activité : ainfi cet air extrêmement agité, coulera auffitôt fur l'air contigu où ce principe de raréfaction n'eft pas encore établi ; de forte que contre la regle que nous avons pofée plus haut, l'air le plus raréfié prendra fon cours fur celui qui l'eft le moins, mais qui ne laiffe pas d'être fort échauffé, & qui ne préfente aucune réfiftance à l'air en mouvement : c'eft ce qui caufe ces vents brûlans que l'on reffent quelquefois en été, & qui font beaucoup plus communs en Afrique, dans l'Inde & dans tous les continens fitués entre les Tropiques pendant la faifon feche, qu'ailleurs. Mais comme cette chaleur extraordinaire ne peut se soutenir long-temps au même degré dans les Zones tempérées, il s'ensuit que l'air fort raréfié, qui se porte tout d'un même côté, s'étant rassemblé à un point, s'y refroidit, s'y condense, & produit un vent contraire au premier ; ce qui arrive très-promptement, lorsqu'un vent fort chaud aboutit sur des montagnes qui interrompent son cours. Ces mêmes accidens, ainsi que nous l'avons déja dit, peuvent encore produire des vents opposés & simultanés.

On connoît aisément les vents qui s'élèvent à la surface du globe, & les changemens qui leur arrivent, par le moyen des girouettes ; mais on ne peut juger par-là, que de ceux qui soufflent à la hauteur où les girouettes sont placées ; & il ne faut pas avoir fait beaucoup d'observations pour être convaincu que des vents plus élevés, qui chassent des nuages, sont souvent opposés à ceux qui font tourner les girouettes. Si l'on compare ensemble plusieurs suites d'observations faites dans diverses régions, dont la température est fort différente, eu égard à

leur latitude, aux qualités de leur fol,
à la proximité de la mer, ou à fon
éloignement; on verra que les vents
qui regnent dans les différens climats,
ne s'accordent guères communément,
excepté lorfqu'ils font d'une violence
extraordinaire, & qu'ils foufflent pendant un temps confidérable du même
côté ; plutôt lorfque les vents font au
Nord & à l'Eft, que lorfqu'ils viennent d'autres points de l'horifon. On
verra encore que la violence des vents
n'eft pas égale par-tout, & par conféquent qu'ils acquièrent fous la même
direction, une nouvelle impétuofité par
les fuites de l'évaporation, ou par les
fermentations locales qui répandent
dans l'air des matières propres à les
entretenir, ou à les rendre plus violens.

Tous les vents font expofés à ces
variations, même le vent général d'O-
rient en Occident que l'on regarde
comme le plus conftant de tous ; comme les autres il a fes interruptions. On
ne s'apperçoit pas de fon cours dans
les terres où il eft rompu par les montagnes, qui fouvent renferment dans

leur sein des matières dont l'évaporation continuelle, ou au-moins souvent
renouvellée, produit des vents contraires : il est aussi souvent interrompu
en mer auprès des côtes par les vapeurs, les exhalaisons & les vents particuliers qui viennent des terres, de
sorte qu'il n'est guères général qu'en
pleine mer ; encore y est-il souvent
altéré par les nuages qui y sont poussés des autres régions, & qui y font
naître des orages, des tempêtes, ou
tout au-moins des vents locaux opposés. Or si ces causes particulières dominent si souvent dans les régions mêmes où la cause générale est la mieux
établie, où elle trouve si peu d'obstacles, que l'on compte toujours sur ses
effets ; quelle doit être l'incertitude
des vents dans tous les grands continens, & sur les petites mers ou golfes, à quelque profondeur qu'ils s'a-
vancent dans les terres, où les causes
particulières sont si variables, si incertaines, ont si peu de rapport les
unes avec les autres, dans les temps de
leur commencement & de leur durée,

quoique par-tout elles foient telles que nous les avons rapportées.

Il eft donc bien établi que les vents ont pour matiere des vapeurs & des exhalaifons légères & atténuées, qui s'élèvent de la terre & des eaux, fe répandent dans l'atmofphère, & y prennent un état de condenfation ou de raréfaction proportionnel au chaud ou au froid qui y dominent ; que ces fubftances tiennent de la qualité des terres ou des eaux d'où elles fortent, ce qui détermine la nature des vents qu'elles produifent, qui dans leur cours, fe chargent encore des vapeurs des différentes contrées fur lefquelles ils font dirigés, d'où il réfulte que les qualités des vents répondent à la différence des climats ; ils font chauds ou froids, fecs ou humides, falutaires ou malfains, relativement aux régions qu'ils ont parcourues, & aux qualités de leurs atmofphères refpectives.

On convient en général de tous ces principes, mais en même-temps on conçoit qu'il eft impoffible de prévoir le retour des vents, & d'en détermi-

ner la durée. Ce que l'on sçait c'est
que tant qu'il ne se fait point de changement dans l'atmosphère le même vent
domine, ce qui arrive sur-tout aux vents
du Nord, ou à ceux qui doivent être
regardés comme tels, quoique leur
direction d'origine ait été détournée
par différens obstacles plus ou moins
éloignés des lieux où le vent en a pris
une autre. Quelquefois les vents cessent tout à fait, il regne un calme entier dans l'atmosphère, où il n'y a plus
que des courans particuliers excités &
entretenus par l'évaporation de chaque canton. Heureux alors ceux qui
habitent des régions dont les exhalaisons bienfaisantes & la température favorable ne chargent point l'air de corpuscules sujets à se corrompre par le
repos où ils se trouvent, & par le mélange de la chaleur avec l'humidité
qui les peuvent mettre en fermentation.

Car les vents ont cela d'avantageux,
qu'ils renouvellent continuellement la
masse de l'atmosphère inférieure, en
divisant & en emportant au loin les
exhalaisons, qui établiroient les mala-

dies, & même la mortalité dans les lieux où elles féjournent trop long-temps. C'eſt ce que l'on éprouve, ſur-tout dans les villes ſituées dans les gor-ges des montagnes à l'abri des vents du Nord & de l'Eſt, & qui ne ſont ex-poſées qu'à ceux du midi & du cou-chant : il eſt rare que leurs habitans ne ſoient pas ſujets à des maladies épidé-miques à la ſuite des longues chaleurs de l'été, pendant leſquelles les exha-laiſons terreſtres, fort échauffées par l'ardeur du ſoleil, reſtent ſtagnantes, s'épaiſſiſſent & détériorent totalement les qualités de l'atmoſphère. Nous avons rapporté plus d'un exemple de ces maladies locales & annuelles dans la théorie générale de l'air; elles atta-quent indifféremment tous les habi-tans d'un même lieu, à l'exception des enfans qui y ſont le moins expoſés : leurs forces naturelles encore entiè-res, leur ſang pur de tout levain de corruption, rejette même celui qu'ils reſpirent à chaque inſtant. Cet état dangereux ne ceſſe parfaitement qu'au retour de l'automne, après que les pre-mieres pluies ont rafraichi l'air, & ne ntraî entraîné dans leur chûte les miasmes putrides dont il étoit infecté. Ceux qui peuvent sortir & aller de temps en temps respirer l'air plus frais & plus sain des montagnes voisines, y rester quelque temps exposés à l'action des vents qui y regnent, y trouvent un remede assuré contre l'intempérie dominante, qui semble les respecter ; tandis qu'elle exerce toutes ses fureurs sur ceux que leur état attache constamment à une même habitation ; on sent par-tout cette différence, dans les régions tempérées, comme entre les Tropiques. Les petites isles sous le le vent, telles que la Martinique, ne sont si saines à habiter, que parce qu'elles sont continuellement rafraîchies par les vents frais du Nord & de l'Est qui renouvellent leur atmosphère ; tandis que les grandes terres ou les isles fort étendues, telles que Saint-Domingue, sont exposées à des maladies funestes, à des fievres ardentes, qui sont presque continuelles dans les terres basses & dans les habitations où ne peuvent arriver ces vents salutaires.

Tome VI.   F

Peut-être feroit-ce ici le lieu de parler de la hauteur à laquelle s'élèvent
les vents, dans les différentes régions
qu'ils parcourent, mais nous traite-
rons ce fujet, lorfqu'il fera queftion
de leurs qualités différentes. Ce que
nous pouvons obferver ici en paffant,
c'eft que prefque tous les phénomènes
de l'air fe réuniffent, pour nous perfua-
der que l'atmofphère n'a pas à beaucoup près autant de hauteur, que l'ont
prétendu quelques Phyficiens très-cé-
lèbres: car on remarque conftamment
que les vapeurs & les exhalaifons accumulées par les vents particuliers du
midi & du couchant, dans le fonds de
quelques vallées fur lefquelles ils aboutiffent, ne s'élèvent jamais au fommet
des montagnes voifines, quelque degré de raréfaction ou de mouvement
qu'on leur fuppofe, à moins qu'elles
n'aient tout-à-fait changé de nature.

§. X.

Différences des vents, & leurs divisions spécifiées.

Aprés les idées générales que nous avons données des vents & de leurs causes, les différences qui sont entr'eux doivent se tirer du terme d'où ils partent & de celui où ils aboutissent. Ainsi le vent qui souffle du septentrion est tout-à-fait différent de celui qui souffle du midi & de tous les autres vents qui lui sont opposés. Mais comme on pourroit établir autant de variétés entre les divers mouvemens de l'air, qu'il y a de points ou de degrés dans le cercle de la sphère, & qu'alors la division seroit portée à l'infini, ce qui mettroit dans l'ordre des vents, par rapport à nous, plus de confusion que d'utilité, pour connoître les qualités des vents, & la température qu'ils peuvent occasionner; il ne faut nous arrêter qu'aux différences essentielles des vents, à celles qui changent réellement l'état de l'air, & qui sont con-

nues par des effets sensibles, & distinguées les unes des autres.

C'est ainsi que les premiers Observateurs ne s'attachèrent d'abord qu'à
considérer les vents de Septentrion &
de Midi, parce qu'ils furent plus frap-
pés du cours de l'air dans ces deux directions, & que ces vents avoient des
qualités tout-à-fait opposées : ils ne firent presque aucune attention aux autres, leur trouvant des qualités relatives à l'un ou l'autre des deux premiers vents. S'étant ensuite apperçus
que les vents d'Orient & d'Occident
par leur force, leur fréquence, le froid
& le chaud, ou le mélange de ces deux
qualités, établissoient des vicissitudes
marquées dans l'état de l'air, ils aug-
mentèrent leur division, & reconnu-
rent quatre vents principaux. Les
Grecs n'avoient pas été plus loin dans
les temps héroïques, & même lorsque
le divin Homère composoit ses poëmes
immortels, il est probable que l'on
n'en observoit encore que quatre, car
il n'en cite pas davantage. Par la suite
ils en ajoutèrent quatre autres ; sçavoir : 1. celui qui souffle du point où le

soleil se leve au solstice d'hiver entre le Sud & l'Est qu'ils appellèrent *Eurus*; ils donnoient au vent d'Est le nom de *Subsolanus*, qui lui est resté long-temps, & qui se conserve encore dans nos provinces par celui de Solaire, que les gens de la campagne lui donnent; 2. celui qui se lève au point où le soleil se couche alors, appellé *Africus*, qui répond au Sud Ouest; 3. le vent qui vient du point de l'horison où le soleil se lève au solstice d'été, entre l'Est & le Nord, que l'on nommoit *Aquilo*, aujourd'hui Nord Est; 4. celui qui souffle du couchant d'été, entre le Nord & l'Ouest, & que les Grecs appelloient *Corus*. On voit que toutes ces divisions étoient relatives aux intérêts de la navigation qui se faisoit alors principalement dans la mer Noire, l'Archipel, & la Méditerranée. Dès le temps d'Aristote, on ajouta encore quatre autres vents relatifs aux points principaux du Septentrion & du Midi, comme on en avoit ajouté quatre au Couchant & au Levant: ainsi ce furent les points des équinoxes, ceux du Nord & du Sud, qui déterminèrent les parties de l'horifon, d'où les vents devoient fouffler (v. *Arift. Meteor. lib.* 2 , *cap.* 6).

Les Naturaliftes s'appliquèrent particuliérement à retenir cette divifion générale des vents , fondée fur leurs qualités différentes , reconnoiffable par leurs effets fur l'air ; quoique cette défignation des vents , imaginée par les Grecs , dût être fort incommode pour les marins & pour les autres peuples. Les premiers s'en apperçurent moins que les autres , parce qu'ils ne s'éloignoient pas beaucoup de leurs côtes, dans leurs navigations, & qu'ils pouvoient aller de Grece en Egypte, en courant d'une ifle à l'autre par toutes fortes de vents , pour ainfi dire, comme on le pratique encore, à caufe des réflexions différentes des courans de l'air , contre les bords élevés ou les montagnes de ces ifles , qui caufent une telle variation dans les vents, que l'on peut y arriver d'un côté par le Sud-Eft , & en partir de l'autre, par le Nord-Oueft , & aller à fa deftination, par une direction oppofée. C'eft cette multiplicité de vents variables ,

qui persuada les Romains que la division adoptée par les Grecs, n'étoit pas
suffisante; ainsi ils ajoutèrent un vent
intermédiaire entre chacun des anciens, & en comptèrent vingt-quatre
en tout, qu'ils déterminèrent à des
points fixes, sans aucun égard au lever
& au coucher du soleil dans les divers
temps de l'année: c'est-à-dire, que les
points cardinaux de leur division, furent, comme ils le sont encore à présent, le Midi, le Nord, l'Orient &
le Couchant des Equinoxes. Séneque
même prétendoit qu'il n'y avoit pas
plus de douze vents en tout, & que
la distribution d'usage étoit superflue,
& ne servoit qu'à jetter de l'obscurité
dans la théorie des vents. Il eût pu
remarquer au contraire que leurs variations sont presque infinies, & que
l'on ne s'est déterminé à en admettre
un nombre fixe, que pour conserver
un ordre plus certain dans les observations.

La navigation étant devenue par la
suite des temps d'un plus grand intérêt,
on a porté la division des vents à trente-deux, en partageant le cercle de

l'horifon en autant de parties égales,
d'où le vent fouffle en directions contraires, & dirige le cours des vaiffeaux : quatre premiers ou cardinaux,
le Nord, le Sud, l'Eft, & l'Oueft ;
quatre fecondaires qui partagent ces
points principaux ; huit ternaires qui
tiennent plus ou moins des premiers,
& feize autres quaternaires défignés
par le nom de leurs deux voifins. Ces
vents doivent établir à la furface du
globe des courans qui occupent chacun environ onze degrés & demi du
cercle rationel de l'horifon. On peut
juger par cet efpace que l'on affigne à
chaque vent, que la divifion n'a été
reftrainte à trente-deux, que pour établir plus de facilité à les reconnoître
& à les défigner, qu'on auroit pu la
porter infiniment plus loin, fi on avoit
voulu marquer tous les vents, ou les
courans d'air fenfibles, qui partent
des lieux intermédiaires entre chaque
point de la divifion adoptée. Les Flamands & les Italiens ont donné des
noms fixes à tous les vents, les premiers font en ufage dans tout l'Océan,
& les autres dans la Méditerrannée *.

NOMS DES VENTS.

Flamands.	*Italiens.*	*Latins & Grecs.*	*dist. du Nord.* deg. min.
1. Nord.	Tramontana.	Septentrio. Boreas.	0 . . 0.
2. Nord-quart-Nord-Est.	Quarta di Tramontana verso Greco.	Hiperboreas. Hip. Aquilo-Gallicus.	11 . . 15.
3. Nord-Nord-Est.	Tramontana Greco.	Aquilo.	22 . . 30.
4. Nord-Est-quart-Nord-Est.	Quarta di Greco verso Tramontana.	Meso-Boreas, Meso-Aquilo supernus.	33 . . 45.
5. Nord-Est.	Greco.	Arcta peliotes, Bora peliotes Græcus.	45 . . 0.
6. Nord-Est-quart-Est.	Quarta di Greco verso Levante.	Hipocasias.	56 . . 15.
7. Est-Nord-Est.	Greco Levante.	Cæsias, Hellespontius.	67 . . 30.
8. Est-quart-Nord-Est.	Quarta di Levante verso Tramontana.	Meso-Cæsias-Carbas.	78 . . 45.
			de l'Est.
9. Est.	Levante.	Solanus, sub solanus, Apeliotes.	0 . . 0.
10. Est-quart-Sud-Est.	Quarta di Levante verso Siroco.	Hiper-Eurus.	11 . . 15.
11. Est-Sud-Est.	Levante Siroco.	Eurus-Volturnus.	22 . . 30.
12. Sud-Est-quart-Est.	Quarta di Siroco verso Levante.	Mes-Eurus.	33 . . 45.
13. Sud-Est.	Siroco.	Noto peliotes-Euro-Auster.	45 . . 0.
14. Sud-Est-quart-Sud.	Quarta di Siroco verso Ostro.	Hipo-Phœnix.	56 . . 15.
15. Sud-Sud-Est.	Ostro Siroco.	Phœnix, Leuco-notus, Gangericus.	67 . . 30.
16. Sud-quart-Sud-Est.	Quarta di Ostro verso Levante.	Meso-Phœnix.	78 . . 45.
			du Sud.
17. Sud.	Ostro.	Auster, Notus, Meridies.	0 . . 0.
18. Sud-quart-Sud-Est.	Quarta di Ostro verso Libeccio.	Hipo-Libo-Notus. Alsanus.	11 . . 15.
19. Sud-Sud-Ouest.	Ostro Libeccio.	Noto-Libicus, Austro-Africus.	22 . . 30.
20. Sud-Ouest-quart-Sud.	Quarta di Libeccio verso Ostro.	Meso-Libo-Notus.	33 . . 45.
21. Sud-Ouest.	Libeccio.	Noto-Zephirus, Noto-Libicus, Africus.	45 . . 0.
22. Sud-Ouest-quart-Ouest.	Quarta di Libeccio verso Ponente.	Hipo-Africus, sub-vesperus.	56 . . 15.
23. Ouest-Sud-Ouest.	Ponente Libeccio.	Libicus, Libs.	67 . . 30.
24. Ouest-quart-Sud-Ouest.	Quarta di Ponente verso Ostro.	Meso-Libs, Meso-Zephirus.	78 . . 45.
			de l'Ouest.
25. Ouest.	Ponente.	Zephirus, Favonius, Occidens.	0 . . 0.
26. Ouest-quart-Nord-Ouest.	Quarta di Ponente verso Maestro.	Hipergestes, Hipocorus.	11 . . 15.
27. Ouest-Nord-Ouest.	Maestro Ponente.	Argestes, Corus, Yapix.	22 . . 30.
28. Nord-Ouest-quart-Ouest.	Quarta di Maestro verso Ponente.	Mes-Argestes, Meso-Corus.	33 . . 45.
29. Nord-Ouest.	Maestro.	Zephiro Boreas, Boro-Libicus.	45 . . 0.
30. Nord-Ouest-quart-Nord.	Quarta di Maestro verso Tramontana.	Hipo-Circius, Hipo-Tracias.	56 . . 15.
31. Nord-Nord-Ouest.	Maestro Tramontana.	Circius, Tracias.	67 . . 30.
32. Nord-quart-Nord-Ouest.	Quarta di Tramontana verso Ponente.	Meso-Circius.	78 . . 45.

Il est donc constant que l'étendue du cours des vents, leur continuité, ou leur interruption, leurs périodes réglés, ou leur retour incertain, les varient à l'infini les uns des autres. Il y en a de constans, d'autres qui sont variables. Les premiers sont ceux qui soufflent du même point pendant quelque temps; les autres sont ceux qui ont d'abord une origine & une direction déterminée, & qui peu après passent à une autre. La raison pour laquelle ils ne se soutiennnent pas long-temps dans la même direction, & qu'ils sautent subitement à une autre, semble venir de ce qu'ils procèdent d'une cause générale, susceptible de différentes modifications, tantôt à un point du globe, tantôt à un autre : ainsi les vents qui viennent du mouvement de l'air avec le soleil sont constans, comme nous l'avons déja remarqué, aussi bien que ceux qui ont leur source dans la fonte des neiges accumulées sur des terreins élevés, ou dans une évaporation excitée par de grandes étendues d'eau ou par des fermentations souterraines. Au contraire, ils sont incon-

ſtans ſi l'évaporation n'eſt pas continuelle, & que dès-lors elle ne ſuffiſe
pas à établir un cours réglé dans l'air,
ou ſi des nuages interpoſés condenſent l'air qui les environne, au point
d'arrêter le cours du vent. Mais ſi l'air
eſt aſſez rarefié pour que les vapeurs
ne ſoient répandues que par eſpace,
ſoit dans l'atmoſphère, ſoit à la ſurface
de la terre & des eaux, dans les différentes régions ſur leſquelles le cours
de l'air paroît déterminé, ſi la cauſe
générale ceſſe de s'y faire ſentir, alors
les vents ſont inconſtans, & d'ordinaire fort doux ; telles ſont ces briſes
légères qui folâtrent ſur terre ou ſur
mer, & qui annoncent ou des calmes dangereux ou des tempêtes violentes.

Il eſt bon de prévenir nos lecteurs,
que peut-être leur ſemblera-t-il que
dans l'explication des phénomènes divers des vents, nous allons tomber
dans des redites qui leur paroîtront
déplacées ou inutiles : mais qu'ils faſſent attention à la difficulté qu'il y a
de répandre par-tout également la lu-
mière ſur un ſujet ſi obſcur par lui-

même, & si difficile à saisir, attendu les
variations innombrables dont il est susceptible ; & ils se persuaderont, comme nous, que souvent il est nécessaire
de revenir sur les mêmes principes, &
de les poser de nouveau, sur-tout
lorsqu'ils donnent lieu à d'autres conséquences relatives au même objet,
mais considéré sous un point de vûe
différent ; & dès-lors ce seront moins
des redites qu'un développement nécessaire & plus étendu des principes
fondamentaux de la théorie des vents.

Il y a des vents généraux & particuliers, des vents pérennes, périodiques ou irréguliers. Les gens de mer
appellent vent général, celui qui souffle en même temps en plusieurs lieux
dans une grande étendue de pays, &
presque toute l'année. On n'en connoît qu'un qui mérite proprement ce
nom, celui qui souffle d'Orient en
Occident dans la Zone torride ; il
tient presque tout l'espace renfermé
entre les Tropiques, & fait assidû-
ment le tour de la terre, en suivant le
cours du soleil. Les vents perennes
sont ceux dont le mouvement est con-

tinuel , tel que celui que nous venons
d'annoncer feulement , & dont nous
parlerons dans un plus grand détail :
on ne connoît point ces vents fur terre ; nous en avons apporté les raifons.

De tout ce que nous avons dit plus
haut de l'état de l'air dans les terres
Polaires , de fa denfité & de fa pefanteur , nous pouvons croire que fans
les obftacles qu'il trouve à furmonter
dans fon cours du Nord à l'Equateur ,
fans les vapeurs qui s'élèvent des
grands lacs , des mers Méditerranées ,
& des autres fources d'une évaporation abondante , les vents de Nord
régneroient prefque continuellement
dans les provinces feptentrionales de
l'Europe fous la même direction , &
n'offriroient pas autant de variations
& d'incertitude, dans leur durée & leur
retour. Ajoutons encore que les inégalités qui fe trouvent dans cette partie du globe , réfléchiffent le vent quelque fort qu'on le fuppofe , & lui donnent différentes directions fouvent oppofées à celles qu'il a naturellement.
On peut dire la même chofe des vents
qui s'étendent du Pole Auftral fur les

régions qui font au-deſſous ; mais les mêmes cauſes accidentelles ont des effets ſi permanens, que de ce côté comme de l'autre, aucun vent de terre ne peut être regardé comme général ou pérenne.

§. XI.

Vent aliſé général d'Orient en Occident.

Le vent aliſé général d'Eſt regne continuellement dans la Zone torride, & s'y fait toujour ſentir : ſa première cauſe conſtante & uniforme eſt le mouvement du ſoleil ; cet aſtre agiſſant ſucceſſivement ſur toutes les parties de l'atmoſphère & principalement ſur la région ſupérieure, où ce cercle mobile formé par le fluide le plus ſubtil ou l'éther, le raréfie par ſa chaleur & le détermine à un mouvement réglé & conſtant, par lequel il ſe porte dans la même direction que le ſoleil, & entraîne avec lui les couches inférieures de l'atmoſphère. Cette première direction eſt ſecondée par le mouvement diurne de la terre ſur ſon axe, qui étant de même d'Orient en Occident, facilite ce cours général de l'air. On ne peut pas douter que la préfence du foleil ne foit la caufe conftante de ce mouvement régulier & perpétuel, puifqu'il eft beaucoup plus fort le jour que la nuit, & à midi que le matin ou le foir, le foleil étant alors à fon zénith, & agiffant directement fur l'atmofphère.

Ainfi ce vent fe porte toujours d'Orient en Occident, non qu'il fouffle perpétuellement de l'Orient équinoxial à l'Occident oppofé ; fa direction n'eft pas conftante fur les mêmes points dans la plupart des régions qu'il parcourt : il décline d'un côté ou d'un auautre, de l'Eft au Nord ou au Sud, non pas tout-d'un-coup d'un point à l'autre, mais par degrés.

Cette diverfité de directions eft occafionnée, par ce que nous avons dit plus haut, que dans la Zone torride, l'air étant plus rare & plus léger que dans les Zones froides ou dans les régions des Zones tempérées qui les joignent, il eft néceffaire qu'il y ait un flux continuel de l'air de ces régions fur l'atmofphère de la Zone torride, tantôt plus fort, tantôt moindre. Comme les fluides qui tendent avec une égale force par deux directions oppofées à un même terme, ne peuvent conferver aucune des deux, mais en prennent une moyenne, il eft néceffaire que l'air de la partie boréale de la Zone torride ne fe porte pas fimplement au midi ou au couchant, mais vers une région fituée entre l'un & l'autre, comme de l'Eft-Nord-Eft à l'Eft-Sud-Oueft, ou de quelqu'autre région entre l'Eft & le Nord à un point oppofé. On doit dire la même chofe de la partie Auftrale de la Zone torride, relativement à l'impulfion qui fe fait du Sud à l'Eft.

On conçoit de-là que dans le temps des Equinoxes, le cours de l'air eft direct de l'Orient à l'Occident, qu'il ne fe détourne d'aucun côté, parce que l'impulfion eft égale, tant du Midi que du Nord. Mais quand le foleil eft au folftice du Cancer, il eft néceffaire que le vent général fous l'Equateur, fe porte plus du côté du Nord, parce que l'air étant plus raréfié fous le Tropique du Cancer, & plus léger que fous l'Equateur, celui-ci eft déterminé par fon poids à couler du côté du Tropique ; la direction du vent général varie, & fe rapproche davantage du Nord-Eft. Il faut confidérer encore que la diftance où eft alors le foleil du Pole Auftral, eft caufe que l'air des Zones tempérées méridionales eft plus froid & plus condenfé, & que fon poids le détermine plus fortement vers l'Equateur ; il pouffe du même côté tout l'air intermédiaire auquel celui de l'atmofphère de la partie boréale de la ligne, qui eft alors très-raréfié, n'oppofe point de réfiftance : par les mêmes raifons, pendant le folftice d'hiver, le vent doit décliner au Sud Eft.

Il eft fenfible que fuppofant cette direction alternative bien établie dans l'atmofphère, le cours de l'air fous l'Equateur, doit fe porter tantôt au Nord, tantôt au Sud ; mais diverfes caufes qui tiennent à la nature des corps, tant de ceux qui font à la furface de la terre, que de ceux qu'elle renferme dans fon fein, changent ce mouvement général, fur-tout dans les grands continents, où les vents font fujets à des variations très-marquées, de même que dans les grandes ifles, & dans les mers où il y en a une quantité de petites raffemblées, comme dans l'Archipel des Indes Orientales.

Le vent général n'eft donc conftant & égal que dans les grandes mers, fur-tout dans la mer Pacifique, où les caufes accidentelles qui le varient dans les continents ou les parages qui en font voifins, n'ont aucun effet. Partout ailleurs les vents ne fuivent pas toujours les loix générales que nous venons d'expliquer; parce que quelques conftantes que foient les caufes premieres qui déterminent la direction de l'air, telles que le mouvement diurne de la terre & le cours du foleil, quantité de caufes accidentelles changent cette direction. Les fommets des plus hautes montagnes qui fe trouvent oppofées obliquement au cours de l'air; les vents locaux, dont l'origine eft fous la direction même du vent principal ou dans fon voifinage, excités par des fermentations fouterraines, une forte évaporation, la fonte des neiges, ou le choc des nuages, un fol vivement échauffé par les rayons du foleil & dont la chaleur fe communique à l'air ; ce même air réfroidi & condenfé par l'abfence du foleil, tous ces accidens ne peuvent que changer la direction principale du vent : puifqu'il eft conftant que le cours de l'air fe porte fur les parties de l'atmofphère où il eft le plus raréfié, & au contraire eft repouffé par celles où il eft le plus condenfé. Même par la feule force d'une plus grande pefanteur dans l'air, le vent prend fon cours direct de la partie de l'atmofphère, où l'air eft le plus léger, au-deffus de l'air le plus pefant, tandis que celui-ci coule par-deffous dans un fens oppofé. On peut fouvent obferver ce phénomène dans nos Zones tempérées, & alors on voit deux vents bien établis, qui fe portent à une certaine diftance : d'ordinaire c'eft le vent le plus haut qui trouvant de la réfiftance à l'endroit d'où part le vent le plus bas, reflue par les côtés, & retourne à fa fource, où enfin il vient à bout de l'emporter fur l'autre, de le repouffer & de l'entraîner dans fa direction ; ce qui se fait avec plus ou moins d'impétuosité, relativement à la densité des matières dont l'air se trouve alors chargé.

Or, comme la plupart de ces causes accidentelles n'ont pas lieu dans les grandes mers qui s'étendent entre les Tropiques, & à quelques degrés plus loin, ce n'est que là que l'on trouve les vents généraux qui regnent des deux côtés de la ligne tout-au-tour de la terre, & qui même en quelques parages regnent jusqu'à sept dégrés au-delà des Tropiques, comme nous le dirons à l'article des vents alisés ou moussons. Le vent d'Est & ses collatéraux Sud-Est & Nord-Est y ont un cours régulier qui n'est sujet à d'autres vicissitudes que celles qui viennent du plus ou moins de force, ou de quelques nuages passagers qui compriment l'air & donnent de grosses pluies, ainsi qu'on l'éprouve dans la mer Pacifique, sur-tout dans la partie qui est entre les Tropiques. De sorte que les vaisseaux qui viennent d'Acapulco, port de la Nouvelle-Espagne en Amérique, aux isles Philippines, de l'Est à l'Oueſt, ont quelquefois un vent ſi égal, ſi ſoutenu, ſi frais, qu'en moins de ſoixante jours, ils font une traver-ſée de ſeize cens cinquante milles, ſans changer de voile, parce que la direc-tion du vent eſt toujours la même. La navigation y eſt ſi ſûre, que l'on pré-tend qu'il eſt inoui qu'un vaiſſeau ſoli-dement conſtruit y ait jamais fait nau-frage ; auſſi les pilotes diſent-ils qu'ils dorment alors en ſûreté, & que les vents ſeuls portent leurs vaiſſeaux droit aux Philippines qu'ils cherchent.

La ſécurité des Navigateurs & la promptitude avec laquelle ils avan-cent dans l'Océan Ethiopique, entre le Cap de Bonne-Eſpérance, les côtes voiſines d'Afrique, & celles du Bréſil, eſt preſque égale. Toute leur atten-tion doit être, lorſqu'ils approchent de la hauteur de l'iſle de Sainte-Hélè-ne, qui eſt par les 15 degrés de lati-tude, éloignée des côtes d'Afrique de trois cens cinquante milles, de ne pas échapper l'occaſion d'y aborder direc-tement, & de ne la point dépaſſer ; car elle eſt ſi petite, que pour peu qu'ils allaſſent au-delà, ne fût-ce que d'un quart de mille, ils ne pourroient jamais y retourner par le vent d'Eſt. C'eſt-là qu'on relâche ordinairement pour faire l'eau en revenant des Indes Orientales en Europe. On y va du Cap en douze ou quinze jours au plus. Si on l'échappe, on eſt obligé d'aller juſqu'au Bréſil, ou à l'iſle de l'Aſcenſion, ce qui fait perdre beaucoup de temps.

Il eſt eſſentiel aux Navigateurs de ſaiſir l'inſtant favorable, & le point de direction qui porte droit ſur ces petites iſles, dont les vents, quoique bons, s'ils ſont frais, éloignent aiſément, ou parce qu'elles ſont environnées de courans, ou que l'on y rencontre des petits vents locaux qui empêchent d'y aborder. C'eſt ce qui arriva en Juin 1741, à un vaiſſeau de l'Eſcadre d'Anſon, vis-à-vis de l'iſle Juan-Fernandez. Il louvoyoit à trois milles du port, mais les courans & les vents étant contraires, il n'y avoit pas moyen de gagner l'encrage : il continua la même manœuvre pendant pluſieurs jours de ſuite, ſans apparence de ſuccés tant que les diſpoſitions de l'air & de la

mer seroient les mêmes. Ce vaisseau,
dont l'équipage étoit dans le plus
triste état, après une longue navigation, resta quinze jours de suite dans
cette cruelle situation, sans pouvoir gagner la rade, quoique plusieurs fois il
se crût à l'instant d'y entrer. Il fut
obligé de se porter beaucoup plus haut,
& enfin il aborda à pleines voiles,
après six semaines de travail, lorsqu'on
s'y attendoit le moins, ayant son équipage désolé par une mortalité qui lui
en enleva les deux tiers, & dont la
plupart périrent à la vûe d'un port où
ils devoient trouver leur salut. .....
(*Voyage d'Anson, l. 2 , ch. 2*).

Quand on fait la route contraire à
celle dont nous venons de parler, c'est-
à-dire, pour aller des Philippines à
la Nouvelle-Espagne, ou du Brésil au
Cap de Bonne-Espérance, & de-là
aux Indes Orientales, on prend alors
la mer qui est au-delà des Tropiques,
& on ne passe point par Sainte-Hélène,
ou dans sa latitude pour aller de l'Europe à l'Inde ; ou bien quand on navige en-deçà des Tropiques, & on ne
va pas directement de l'Est à l'Ouest,

mais obliquement du Nord ou d'un de ſes points collatéraux, au Sud ou à quelque point voiſin.

Le vent général d'Eſt ou de ſes points collatéraux domine donc pendant preſque toute l'année dans l'Océan méridional, entre l'Afrique & le Bréſil, & dans la grande mer du Sud ou l'Océan Pacifique, entre l'Amérique Occidentale & l'Aſie, juſqu'aux Philippines, les plus orientales des iſles de l'Archipel Indien: il regneroit de même dans l'Océan Oriental ou Ethiopique entre l'Afrique & i'Archipel Indien, s'il n'étoit pas ſouvent interrompu par la grande quantité d'iſles qui s'y trouvent, beaucoup plus dans certains parages que dans d'autres, comme nous l'expliquerons inceſſamment. Cette mer qui eſt plus ouverte entre la côte de Mozambique & l'Inde, laiſſe un cours libre à ce vent, pendant les mois de Janvier, Février, Mars & Avril, ce qui tient aux diſpoſitions aĉtuelles de l'air de ces régions, qui eſt alors plus raréfié que dans toute autre ſaiſon ; dans le reſte de l'année les mouſſons ou vents aliſés y

regnent particuliérement , ainsi que
nous le dirons dans la suite.

Avant que de déterminer ce qui regarde le vent général alisé d'Est, nous
allons rapporter ce que dit Varenius
(*l. 1 , ch. 21.*) des interruptions qu'il
souffre dans les mers qui bordent l'Archipel oriental. ..... « Le vent d'Est
» commence à souffler fortement, ac-
» compagné de pluies, au mois de Mai
» à l'isle de Banda , en Septembre à
» Malaca , & ailleurs en d'autres temps,
» alors il remplace les vents alisés , ou
» est regardé comme tel ». Cependant
ce vent général n'arrive pas également
dans tous les lieux auprès du Tropique, mais il s'étend indifféremment :
car les Tropiques sont éloignés de l'E-
quateur de 23 degrés 30 minutes de
chaque côté , & le vent général s'é-
tend dans un méridien à la latitude de
20 dégrés , dans un autre jusqu'à 15,
& dans un autre seulement à 12. Ainsi
lorsque le vent d'Est ou de Sud-Est
souffle au mois de Janvier & de Février
dans l'Océan Indien , il n'est sensible
que quand on arrive au quinzieme degré de latitude.

Des

Des observations nouvelles confirment la vérité de cette théorie : voici ce que rapporte à ce sujet le rédacteur du voyage d'Anson (*l. 2, ch. 2*).

« Le 9 Janvier 1742, de l'isle des Co-
» cos, à 5 degrés de latitude septen-
» trionale, nous portâmes à l'Ouest
» vers le Nord. Nous nous étions d'a-
» bord flattés que les vents inconstans
» & les tempêtes de l'Ouest qui nous
» avoient accueillis, n'avoient pour
» cause que le voisinage du continent,
» & qu'à mesure que nous avancerions
» en mer, ils diminueroient & fe-
» roient place au vent alisé. Enfin
» pourtant le 9 Janvier, nous eûmes
» la consolation de sentir une brise du
» Nord-Est qui s'éleva pour la pre-
» miere fois.... Le lendemain, elle con-
» tinua de souffler du même point, se
» fixa même & se renforça, de sorte
» que nous ne doutâmes plus que ce
» né fût le vrai vent alisé...... Il ne
» nous quitta pas jusqu'au 17 Janvier
» que nous nous trouvâmes par les
» 12 degrés 50 minutes de latitude sep-
» tentrionale, mais ce jour-là il fit
» place au vent d'Ouest. Nous attri-

» buâmes ce changement à ce que
» nous nous étions trop tôt rappro-
» chés des terres, quoique nous en fuf-
» fions encore à plus de 70 lieues, par
» où il paroît que ce vent n'a lieu
» qu'à une grande diftance du conti-
» nent ». Il eft aifé de voir que par vent
alifé, on entend ici le vent général
d'Orient en Occident....

On obferve la même chofe fur les
autres mers. ..... « En allant de Goa au
» cap de Bonne - Efpérance, on n'a
» point de vent général jufqu'à ce
» qu'on ait atteint le 12ᵉ degré de la-
» titude méridionale, & on le con-
» ferve fans interruption dans toute
» cette bande, au - moins auffi loin
» qu'on y puiffe avancer. Dans la mer
» qui eft entre l'Afrique & l'Améri-
» que, entre le 4ᵉ degré de latitude
» feptentrionale, & le 10ᵉ ou 11ᵉ de-
» gré, les Navigateurs n'ont point re-
» marqué de vent général : car, quand
» ils font partis de Sainte-Hélène avec
» ce vent, jufqu'au 4ᵉ degré de latitude
» feptentrionalè, ils s'en font vus pri-
» vés jufqu'au 10ᵉ degré de la même
» latitude. De-là jufqu'au 30ᵉ degré,

vais ont toujours eu un vent de nord-
est, quoiqu'à sept degrés au-delà de
la zone torride. On le trouve en différens parages au 6, 7 & 8ᵉ degrés
de latitude, & il regne ensuite par-
tout jusqu'aux environs du 30ᵉ; de
même, au-delà du tropique du capricorne, entre le Cap de Bonne-
Espérance & le Brésil, le vent sud-
est souffle pendant toute l'année
jusqu'au 30ᵉ degré. » (*Varenius, ub.*
sup.) La direction & le mouvement
de l'air sont donc égaux dans les deux
latitudes, & tiennent aux mêmes causes, ainsi que nous l'avons expliqué.
« Ces vents sont rarement sensibles
sur les côtes, & beaucoup moins encore dans l'intérieur des terres; il y a
cependant des endroits où ils dominent. Sur les côtes du Brésil & sur
celles de Loango en Afrique, les vents
de sud-est regnent tous les jours, quoiqu'il y en ait d'autres qui se mêlent
avec eux: sur les côtes du Chili & du
Pérou, les mêmes vents se font sentir
constamment, pendant presque toute
l'année.

§. XII.

Autres vents principaux, & leur origine.

Les vents d'oueſt qui ſont ſi redoutables aux Navigateurs, expoſés à
leur violence près des côtes de la mer
Pacifique, & qui ſe font ſentir ſur-
tout dans les zones tempérées, ne
ſont-ils pas produits par le même vent
général d'Orient en Occident, réfléchi par des terres élevées, qui s'oppo-
ſent à ſon cours, & arrêtent le mouvement des vapeurs & des exhalaiſons
qui ſuivoient la premiere direction,
qu'elles avoient reçue de l'action du
ſoleil. Elles ſe raſſemblent contre ces
terres, s'y condenſent & s'échappent dans une direction contraire à la
premiere. Quantité de cauſes locales
& accidentelles que nous avons déja
indiquées, agiſſent ainſi, & donnent
aſſez de force à ce mouvement de réflexion, pour qu'il puiſſe ſe répandre
dans une partie conſidérable de l'atmoſphère. Mais il y en a de permanentes, telles que les neiges abondantes

ces glaces éternelles que l'on trouve
dans les zones froides, & sur toutes
les terres extrêmement hautes, qui ne
se fondent jamais entierement, même
dans les plus vives chaleurs de l'été ;
elles résistent, cette forte condensation
de l'air qui se refuse presque à tout
mouvement d'expansion, ces brumes
épaisses, ces vapeurs & ces exhalaisons
conglomérées qui résistent à l'action
du soleil, à l'impétuosité des vents,
& ne se raréfient que dans leur partie
supérieure ; l'atmosphère inférieure
étant dans ces climats presque toujours
obscure & condensée. C'est par cette
raison que le mouvement imprimé à
l'air d'Orient en Occident, ne peut
pas se porter dans les zones froides, à
cause de la résistance invincible qu'il
rencontre dans la condensation perpétuelle de leur atmosphère. Trouvant d'ailleurs d'autres obstacles à
vaincre, des côtes & des terres infiniment plus élevées que le niveau de la
mer ; le vent se réfléchit nécessairement, & prend une direction contraire
à la première, un mouvement plus

fort & plus actif que celui qu'il avoit
d'abord.

On sçait encore que les terres, à
mesure que l'on s'approche des poles,
sont beaucoup plus hautes qu'en des-
cendant à l'équateur. Nous avons dit
que les plaines de la grande Tartarie
au 45ᵉ degré environ de latitude, sont
plus élevées au-dessus du niveau de la
mer de la Chine, que les plus hauts
sommets des Andes ne le sont au-dessus des mers qui baignent les côtes de
l'Amérique. Les anciens Grecs qui ne
connoissoient qu'une des moitiés de notre hémisphère, la représentoient sous
la forme d'un grand plat, soutenu sur
les eaux, fort élevée dans les régions
septentrionales, & qui alloit en s'a-
baissant par degrés jusqu'au midi : c'est
l'idée qu'en avoit Démocrite, qui fut
suivie par la plûpart de ceux qui écri-
virent après lui sur l'Histoire Naturelle du monde ; c'étoit celle des Orientaux : on la retrouve à la Chine parmi
le peuple, & même chez les Sauvages
de l'Amérique septentrionale.

Ainsi le courant de l'air dirigé par
le mouvement de la terre, & par le

cours du soleil d'Orient en Occident,
venant à frapper sur les terres hautes
de l'Amérique, ou sur les rives Orientales de l'Asie, se réfléchit nécessairement, & prend une direction contraire. Cette réflexion ne s'étend pas
ordinairement bien loin : elle suit les
terres où elle établit des vents si fréquens, qu'on peut les regarder comme
perpétuels ; on les trouve toujours
le long des côtes, & quelquefois à une
assez grande distance en pleine mer,
ce qui fait juger aux Navigateurs de
leur éloignement de la terre : c'est ce
que l'on éprouve dans la grande mer
Pacifique, au-dessus du Kamchatka,
en tirant à l'est ou à l'ouest ; le vent du
voisinage des terres est contraire au
vent général d'Orient, & devient
ouest ou sud-ouest. Il en est de même
de l'autre côté du globe, en approchant du pole Austral ; les vents qui
y sont ordinairement sud ou ouest,
sont souvent de nord ou nord-ouest
& très-impétueux ; ils forment des
courans qui emportent loin de leur
route les vaisseaux qui en sont surpris,
mais qui diminuent de force, ainsi que

les vents, à mesure qu'on s'éloigne de terre, & deviennent presque insensibles quand on est à une grande distance.

La raison en est, que les courans continuels, font vraisemblablement causés par des vents constans, qui poussent toujours devant eux une grande quantité d'eau, quoique d'un mouvement imperceptible : ces eaux accumulées contre quelque côte qu'elles rencontrent dans leur chemin, s'échappent le long du rivage ; leur superficie tendant toujours à se mettre de niveau avec le reste de l'Océan. Il est de même fort probable que les vents que l'on trouve bien plus violens sur les côtes les plus occidentales de l'Amérique méridionale, & autour de la terre de Feu, que ceux qui soufflent au-delà du 60ᵉ degré de latitude, ont une cause pareille. Car le vent d'ouest regne ordinairement dans la partie méridionale de la mer Pacifique ; ce courant d'air est arrêté par la hauteur prodigieuse des Andes, & les montagnes de la terre de Feu qui traversent toutes ces régions jusqu'au Cap Horn :

il n'y a qu'une très - petite portion de ce fluide qui puisse s'échapper par-dessus le sommet de cette chaîne de montagnes ; le reste doit nécessairement glisser le long de la côte vers le sud , jusqu'à ce qu'il gagne le Cap Horn , & forme en doublant cette pointe , ces furieux coups de vent qu'on y essuie, d'autant plus terribles , qu'ils agissent sur un air plus condensé. Ils produisent de même ces fortes rafales qui se font sentir au débouché du détroit de Magellan , dans la mer du sud. La vérité de cette spéculation, formée sur les effets de la Nature les plus ordinaires à ces parages, semble prouvée, parce que les tempêtes & les courans ont beaucoup moins de force à la hauteur de 60 ou 62 degrés que vers la terre de Feu ; il en est de même à l'autre pole (*V. le Voyage d'Anson , l. 1. ch. 9*).

Ainsi nous voyons l'eau d'un fleuve frappant en partie sur quelque pointe avancée , ou sur les sinuosités irrégulieres de ses bords , se réfléchir sur elle-même , remonter contre son cours pendant un espace sensible , tandis que

G v.

le mouvement direct se continue par
le milieu du canal; à moins qu'il ne
soit réfléchi par des rivages élevés,
disposés de maniere, que la direction
du courant soit poussée de l'un à l'autre : alors il prend un mouvement de
tourbillon très-dangereux pour la navigation, comme on l'observe dans le
cours du Rhône, de Geneve à Seissel,
& dans plusieurs de ces fleuves rapi-
des qui coulent entre l'Orient & le
Nord du monde, où l'on rencontre de
ces tournans si périlleux, si difficiles à
passer, dont nous ont parlé quelques
Voyageurs modernes.

Ces accidens très-communs aux
grandes eaux qui coulent sur les terres
hautes & inégales des régions plus
froides que chaudes, peuvent nous
donner une idée des variations qui
arrivent dans le mouvement de l'air
détourné de son cours ordinaire, par
les inégalités du globe ou l'épaisseur
de l'atmosphère de quelques climats,
dans laquelle se forment les mêmes
réflexions & les mêmes tourbillons.
Elles ne se font point sentir dans la
zone torride, où la direction princi-

pale de l'air, le courant du milieu est fixé d'Orient en Occident, & y est entretenu par l'action toujours égale du soleil. Les réflexions des vents se font, comme nous l'avons dit, par les zones tempérés, d'où venant aboutir sur le commencement des zones froides, elles excitent ces chocs violens d'une partie de l'air, contre une autre partie différemment modifiée, qui n'ont lieu que dans un certain espace : plus loin, dans les parages où le froid est constamment établi, les vents sont réglés, moins forts, & les tempêtes beaucoup plus rares.

Ce n'est donc qu'en pleine mer que regnent les vents perennes, ils y ont un cours libre, qui n'est arrêté par aucun obstacle ; par-tout ailleurs il est interompu : on ne les trouve plus dans le voisinage des terres, souvent à une distance de plus de 40 à 50 lieües, d'autres vents s'y font sentir. Ils sont de même fort incertains sur les terres qui se trouvent dans leur direction, ils y rencontrent trop d'embarras, tant par les inégalités du globe qui occasionnent mille réfléxions forcées, que

par les viſſicitudes de l'atmoſphère denſe dans un climat, raréfiée dans un autre, & ſouvent encore par la preſſion
des nuagés & la direction contraire
des vents particuliers, qui ſont quelquefois très-impétueux.

Les différentes directions des vents
que l'on éprouve, en allant des Ports
d'Europe aux Indes occidentales, donneront un nouvel éclairciſſement à ce
que nous venons de dire ſur l'état du
vent général & ſes variations.

Des Ports de France, d'Angleterre
& de Hollande, au Cap Finiſtere en
Galice, au 44ᵉ degré de latitude nord,
les vents ſont auſſi variables ſur mer
que ſur le continent; avec cette différence, que la baie de Biſcaye eſt
plus ſujette aux tempêtes que le reſte
de cet eſpace, les vagues s'élevant
très-haut, & rendant la navigation
fort difficile. De-là au 34ᵉ degré, le
vent eſt encore variable, mais à cent
lieues des côtes d'Europe, il ſe porte
généralement au nord-eſt; depuis le
34ᵉ degré, ſi l'on tire vers la côte d'A-
frique, ou vers le méridien qui paſſe
par les Canaries, on a le vent conſtam-

ment nord-eſt, ou à deux points près : tout autre vent y eſt rare. On voit que dès cette hauteur on commence à jouir des avantages du vent général aliſé, qui s'étend par cette bande, bien au-delà du tropique. Cependant on a quelquefois en hiver ſur la côte d'Afrique, de violentes bouraſques de vent d'oueſt, mais elles ſont de peu de durée ; en été l'air y eſt variable dans les têms de calme ; ce ſont ces variations qui annoncent & établiſſent les calmes, ainſi que nous le dirons plus bas.

Ces vents de nord-eſt regnent ordinairement juſqu'à 8 degrés de latitude ſeptentrionale ; c'eſt là que commencent les tornados, qui ont communément pour limites le 8e & le 4e degrés de latitude nord, il eſt rare qu'on les trouve plus au ſud, mais quelquefois ils s'étendent juſqu'au 12e degré de la même latitude.

Ces tornados ſont des vents incertains qui ſoufflent de tous les points de l'horiſon à-la-fois, tantôt ſans interruption, tantôt par bouffées, avec des intervalles de calme parfait entre

chaque bouffée. Ces vents font fi irréguliers, qu'il arrive quelquefois, que
quatre ou cinq vaiffeaux voguant de
compagnie, & auffi près les uns des
autres qu'il eft poffible, ont chacun
leurs vents particuliers, oppofés entr'eux. Ce climat eft fujet à des pluies
& des tonnerres terribles, fur-tout à
mefure qu'on approche de la côte d'A-
frique; car en tirant à l'oueft, on en a
beaucoup moins, & les vents commencent de prendre un cours plus réglé; de forte que fi l'on porte fur
l'oueft, jufques vers le méridien de la
côte orientale du Bréfil, on n'a plus
gueres de tonnerres ni de bourafques
de vent; & même entre le 4ᵉ & le 8ᵉ
degré, il y a beaucoup de calmes, des
brouillards fort épais, & rarement
des pluies orageufes. Cette difpofition
habituelle de l'air rend cette traverfée
fouvent plus longue à faire que tout le
refte de la route, des Ports de France
ou d'Angleterre jufqu'à deux ou trois
degrés en deçà de l'équateur.

C'eft auffi un fait affuré, que depuis
la côte d'Afrique jufqu'à 100 ou 200
lieues à l'oueft, le vent de nord-eft

tire communément de plus en plus à
l'eft ; de forte qu'à l'oueft du méridien
des Açores, environ au 30ᵉ degré,
le vent conftant eft ordinairement eft-
nord-eft, de même que du 34ᵉ degré
au 44ᵉ, les vents près du continent
d'Europe, font prefque toujours entre
l'eft & le nord. Vers le méridien de la
premiere des Açores, ils font communément entre le fud-oueft & le
nord-oueft ; c'eft pourquoi les vaiffeaux Anglois en allant à Gibraltar,
dirigent leur courfe le long des côtes
de Portugal ; mais en revenant, ils font
forcés fouvent d'aller affez loin à l'oueft
pour chercher le vent favorable. De
même les vaiffeaux vont aux Barbades
par les Canaries, & pour revenir, ils
fe détournent, & paffent au nord-
oueft des Açores. Enfin il faut au-
moins deux fois plus de tems pour aller
à la Virginie que pour en revenir,
parce qu'au retour les vaiffeaux fuivent
la direction du vent ; au lieu qu'en
allant, ils ont un long circuit à faire
vers le tropique, ou au-moins jufqu'au
28ᵉ degré de latitude, pour y rencontrer le vent de nord-eft ; après que ce

vent les a menés affez loin à l'oueft, ils reviennent au nord, & achevent leur route en plus ou moins de tems, fuivant que le vent d'oueft tire plus ou moins au fud (*a*).

§. XIII.

Vents alifés ou mouffons, & leurs caufes générales.

Les vents qui approchent le plus par leur durée & l'étendue de leur cours des vents généraux dont nous venons de parler, font les vents réglés & périodiques, qui foufflent dans un certain tems de l'année par un efpace connu, ceffent enfuite & recommencent au même terme. On fçait à quelle latitude commencent ces vents, & où ils aboutiffent. Il y en a qui font annuels, d'autres durent fix

______

(*a*). Voyage de Ricarhd Smithfon. Tranfactions philofophiques. An. 1668. nº. 50. art. 2. rapporté dans la Collection académique, tom. 6. partie étrangere. . . . .

mois chaque année, quelques-uns reviennent tous les mois; il y en a qui ne durent qu'un jour. De ces vents, les principaux & qu'il importe le plus de connoître, font ceux que les Navigateurs ont éprouvé durer conftamment pendant quelques mois dans certaines régions de la mer : on les appelle vents alifés ou mouffons, de même que la faifon où ils foufflent. On les rencontre dans l'Océan Indien, principalement depuis le Cap de Bonne-Efpérance, & les côtes d'Afrique qui en font voifines, jufqu'aux Ifles Philippines ; ils fe trouvent auffi dans les autres mers, dans l'Océan Ethiopique, & dans les mers entre l'Amérique & l'Afrique, ainfi que nous le rapporterons dans peu.

Il eft très-important pour les Marins de connoître ces tems, quand ils font route vers les lieux où aboutiffent ces vents, ou vers un point collatéral à celui d'où ils viennent ; car ils ne peuvent pas retourner, que ces vents ne foufflent dans un fens contraire, ce qu'ils feront à un terme marqué, après lequel ils souffleront autant de tems dans une

direction opposée: non précisément en
changeant tout d'un coup de rhumb &
retournant tout de suite du sud au
nord, ou du nord au sud; mais après
un certain intervalle, pendant lequel
les vents s'amortissent. Alors on est
surpris par des calmes incommodes,
ou par des tempêtes qui agitent horriblement la mer, lorsque le vent opposé se présente, pendant que son ad-
versaire conserve encore quelque action. Quelques - uns de ces moussons
reviennent deux fois par an, mais non
pas avec la même force. Tels sont ces
vents alisés qui soufflent constamment
de divers points de l'horison, particulierement depuis le 30ᵉ degré de la-
titude-nord, jusqu'au 30ᵉ degré de
latitude-sud. On en distingue de plusieurs sortes, les uns qui courent de
l'est à l'ouest, les autres de l'ouest à
l'est, ou du sud au nord: quelques-uns
soufflent réellement toute l'année d'un
même endroit; d'autres soufflent d'un
côté, pendant la moitié de l'année, &
du côté contraire, pendant l'autre moitié; d'autres encore tiennent une direction pendant six mois, & sautant

de huit ou dix rhumbs au plus, continuent six mois à celui où ils se fixent,
après quoi ils reviennent au premier ;
tels sont en général les vents alisés
changeans, qui dans le cours de l'année se suivent tour-à-tour, chacun
dans la saison qui lui est propre. Ceux
qu'on appelle vents de terre & vents
de mer alternatifs, different beaucoup
des précédens ; les uns soufflent le
jour, les autres la nuit, avec tant de
constance & de régularité, qu'ils ne
manquent jamais de se suivre. Nous en
avons déja dit quelque chose dans la
théorie générale de l'air, relativement
à quelques climats, & dans la suite
nous entrerons encore dans des détails
plus circonstanciés à leur sujet.

Les gens de mer donnent, comme
nous l'avons vu dans les articles précédens, le nom de vent alisé général,
à celui qui souffle d'Orient en Occident sans interruption, & qu'ils sont
sûrs de trouver à une latitude déterminée ; il reçoit des variations qui le
rendent tantôt sud-est, tantôt nord-est,
qui sont également réglées sous la zone
torride. On y peut joindre encore le

vent d'ouest, qui regne ordinairement hors des tropiques de part & d'autre jusqu'au 40ᵉ degré de latitude, & qu'on croit causé principalement par le reflux du vent général d'est, lorsqu'il est arrivé à certaines régions. Ces vents ne soufflent régulierement que dans les grandes mers, parce que sur la terre ou sur des mers trop voisines des continens ou des grandes Isles, ils reçoivent une infinité de variations par l'etat du sol, la disposition des côtes, & d'autres causes particulieres.

La combinaison de ces mouvemens variés & de leur cause, avec le vent général d'est, suffit pour rendre raison de tous les vents alisés principaux, qui souffleroient sans cesse & de la même maniere autour de notre globe, si toute sa surface étoit couverte d'eau comme l'Océan Atlantique & l'Ethiopique. Mais comme la mer est entrecoupée par de vastes continents & de très-grandes Isles, il faut avoir égard à la nature du sol, & à la position des hautes montagnes; car ce sont les deux principales causes qui peuvent mettre de l'altération dans la regle générale des vents. Il suffit, par exemple, qu'un terrein soit bas & sablonneux, tel que celui des déserts de l'Afrique, pour que les rayons du soleil s'y mêlant, échauffent l'atmosphère d'une maniere si prodigieuse, qu'il se fasse continuellement un courant d'air de ce côté-là. On peut rapporter à cette cause, le vent des côtes de Guinée, qui porte toujours vers la terre & qui devient ouest, au lieu de rester à l'est. Car on imagine aisément quelle doit être la chaleur excessive de l'intérieur de l'Afrique, puisque quelques-unes de ses parties septentrionales sont si brûlantes, que les anciens avoient cru que tout l'espace renfermé entre les tropiques ne pouvoit être habité.

Ainsi l'air plus froid & plus dense des régions voisines ou plus éloignées, pressant par son excès de pesanteur un air chaud & raréfié, celui-ci doit s'élever par un courant continuel & proportionnel à sa raréfaction : après s'être ainsi élevé, il doit pour arriver à l'équilibre établi entre toutes les parties de l'atmosphère, se répandre & former un courant contraire, de ma-

niere que par une circulation réciproque, le vent alisé de nord-est soit remplacé par un vent de sud-ouest. Les
changemens instantanés d'une direction à celle qui lui est opposée, que
l'on voit arriver dans le cours de l'air,
lorsqu'on est dans les limites des vents
alisés, nous assurent de la vérité de
cette hypothèse, à l'aide de laquelle on
explique tous les phénomènes variés
des moussons.

Admettant donc la circulation dont
nous venons de parler, & considérant
l'état des terres qui touchent de tous
les côtés à la mer septentrionale des Indes, telle que l'Arabie, la Perse, l'Inde,
qui sont pour la plûpart au-dessous de
la latitude de 30 degrés, on doit y res-
sentir des chaleurs très-fortes, ainsi
que dans les terres de l'Afrique qui
les touchent, & qui s'étendent de l'est
à l'ouest par le sud, lorsque le soleil
est dans le tropique du cancer. Au contraire l'air doit y être assez tempéré,
lorsque le soleil s'approche de l'autre
tropique. Alors les montagnes voisines
de ces côtes étant couvertes de neige,
ou humectées à une grande profondeur

par des pluies confidérables , elles doivent beaucoup refroidir l'air qui y paffe ; or il fuit de-là , que l'air qui vient ,
fuivant la détermination générale , à la
mer des Indes , eft quelquefois plus
chaud, quelquefois plus froid que celui qui , par la circulation établie , retourne au fud-oueft , & par conféquent
il doit arriver tantôt , que le vent ou
courant inférieur vienne du nord-eft ,
& tantôt du fud-oueft.

Les tems où les mouffons foufflent ,
ne laiffent aucun doute fur la réalité
de leur caufe que nous venons d'ex-
pofer ; car en Avril , lorfque le foleil
commence à échauffer ces contrées
vers le nord , les mouffons fud-oueft
s'élevent & durent tout le tems de la
chaleur , c'eft-à-dire jufqu'en Octobre.
Le foleil s'étant alors retiré , & l'air fe
refroidiffant dans les régions du nord,
tandis qu'il s'échauffe du côté du fud ,
les vents de nord-eft commencent à
fouffler pendant tout l'hiver jufqu'au
retour du printems ; c'eft encore par
cette raifon que dans les parties Auftrales de la mer des Indes , les vents
de nord-oueft fuccedent à ceux de fud-

est, lorsque le soleil s'approche du tropique du capricorne.

Soit que ces vents viennent du nord
ou du sud, ils soufflent avec assez de
modération, depuis la hauteur où on
les rencontre au 28ᵉ ou 30ᵉ degré de
latitude, jusqu'à ce qu'on arrive au tropique où ils se font sentir avec plus de
force, particulierement depuis le 23ᵉ
degré jusqu'au 12ᵉ environ, où ils sont
constamment entre l'est - nord - est &
l'est; mais à ce dernier terme, ils ne sont
pas si frais ni si fixes, car aux mois de Juillet & d'Août, les vents de sud regnent
fort souvent entre le 11ᵉ & le 12ᵉ degrés de latitude septentrionale, demeurant fixés entre le sud-sud-est, le sud-
sud-ouest, & le sud-ouest; mais aux
mois de Décembre & de Janvier, le
véritable vent réglé commence à dominer dès le 3ᵉ ou le 4ᵉ degré, & à
mesure que le soleil reprend son cours
vers le nord, les vents de sud augmentent en approchant du nord de la ligne,
jusqu'au mois de Juillet qu'ils se retirent peu-à-peu vers l'équateur. On
trouve la cause de ces variations dans
les modifications que le soleil imprime

à

à l'air, & dont nous avons rendu compte en parlant du vent général alisé.

Quand le soleil est dans les signes méridionaux, c'est le tems de l'année le plus favorable pour passer du nord de la ligne au sud; car outre l'avantage du vent général alisé qui conduit les vaisseaux très-près de la ligne, le tems est plus beau, le vent est plus certain & plus frais, & presque toujours fixé au sud-est. Dans nos mois d'été, l'on éprouve fréquemment dans ces parages, des calmes ou des tourbillons de vent, que les Espagnols appellent *Torniados*; ce sont des grains de vent qui s'élevent d'ordinaire contre le vent réglé, & qui ne durent pas long-tems; ils sont si violens, que si leurs coups portent sur les voiles ou sur la manœuvre d'un vaisseau, il court grand risque d'être renversé ou du-moins désemparé: ce qui fait que les Mariniers sont plus attentifs à serrer les voiles, qu'à profiter de l'avantage du mouvement passager qui se fait sentir dans l'air, quoiqu'il dure très-peu; car le vaisseau auroit à peine le tems de faire

Tome VI. H

un mille à la faveur de ce vent momentané, avant qu'il ne ceſsât pour ceder au ſud. Il pourroit arriver dans ce peu de tems des accidens imprévus, capables de faire périr le vaiſſeau, ainſi on ne ſonge qu'à s'en garantir autant qu'il eſt poſſible; car on ſçait par expérience, que ces ſortes de vents ne durent quelquefois pas deux ou trois minutes, de maniere qu'ils ont plutôt changé quelquefois, que le vaiſſeau n'a tourné (*a*).

Nous allons actuellement donner plus de développement à ces regles générales, en expliquant par les détails, en quel tems paroiſſent les mouſſons ou vents aliſés périodiques qui regnent dans les grandes mers, entre l'Afrique & l'Amérique; de l'Afrique aux Indes orientales; dans tous les parages qui s'étendent du Golfe Perſique, aux côtes les plus orientales de la Cochinchine & du Tonquin, & dans la mer du ſud; de l'Amérique aux côtes de la

----

(*a*) Voyez le Traité des Vents à la ſuite du Voyage de Dampierre. Ch. 1.

Chine, jusqu'aux Philippines. Nous suivrons d'abord ce qu'a écrit à ce sujet le célebre Docteur Halley, qui a fait plusieurs longs voyages dans toutes ces mers, & qui paroît avoir eu pour but principal, de s'assurer de la force & de la durée de ces vents, ainsi que de leurs variations. Nous mettrons encore à profit les observations des Navigateurs les plus exacts, celles des Géographes les plus autorisés ; ainsi nous espérons de traiter cette partie importante de notre Ouvrage, de maniere à la rendre utile aux Navigateurs & satisfaisante pour les curieux, qui se contentent de s'instruire dans la tranquillité du cabinet, loin des hasards de la mer.

§. X I V.

Vents alisés des côtes d'Afrique par les Canaries, à la ligne, aux Antilles, & des deux côtés de l'équateur, de l'Afrique à l'Amérique entre les tropiques.

M. Halley, pour mettre plus d'or-

dre dans son exposition, divise l'O-
céan en trois grandes mers, l'Océan
Atlantique, qui s'étend entre l'Afrique
& l'Amérique jusqu'au Cap de Bonne-
Espérance, & la pointe la plus orientale du Chili, la mer Indienne, & la
mer Pacifique. Il observe que le vent
général alisé ou d'est regne toute l'année dans l'Océan Atlantique sous la
zone torride, se détournant, ainsi que
nous l'avons remarqué, au sud ou au
nord, suivant les positions différentes
des lieux.

I. En partant de la côte d'Afrique,
lorsqu'on a fait voile par-delà les Isles
Canaries, à environ 28 degrés de
latitude nord, le vend souffle fortement du sud-est, & dure dans la route
vers la ligne, jusqu'à ce que l'on arrive au 10e degré de cette latitude,
pourvu que l'on soit à cent lieues ou
plus de la côte de Guinée; plus près,
il y a des calmes & des ouragans qui se
succedent assez fréquemment, & interrompent le cours du vent alisé.

II. Ceux qui prennent leur route
vers les Antilles, s'apperçoivent en
approchant de la côte d'Amérique,

que le vent de nord-est décline de plus en plus à l'est ; de sorte qu'il devient quelquefois est plein, quelquefois auffi, mais rarement, il tourne un peu au sud, & alors il va toujours en diminuant.

III. A l'égard des vents conftans, ils ne s'étendent pas à plus de 28 degrés de latitude nord, le long de la côte d'Afrique ; près de celle d'Amérique, ils vont jufqu'à 30, 31, ou 32 degrés. Au fud de l'équateur, les limites de ces vents près du Cap dé Bonne-Efpérance, font de trois ou quatre degrés plus éloignés de la ligne équinoxiale, que fur la côte du Bréfil : fans doute, parce que la mer eft plus ouverte, & que l'air conferve plus de fa chaleur à cette pointe de l'Afrique, que dans les terres de l'Amérique qui font vis-à-vis.

IV. Depuis le 4ᵉ degré de latitude au fud de l'équateur, jufqu'aux limites dont je viens de parler à 28 ou 31 degrés, on remarque que le vent fouffle prefque perpétuellement des parties intermédiaires du fud & de l'eft, & le plus fouvent entre l'eft & le fudeſt ; cependant ceux qui naviguent près de la côte d'Afrique , ont le vent qui tourne plutôt vers le ſud. Auprès de l'Amérique , il décline ſi fort à l'eſt , qu'il devient preſque eſt plein. M. Halley qui fut obligé de s'arrêter un an ſur cette partie de l'Océan, trouva pendant ce tems les changemens de l'air ſi fréquens , qu'à peine pouvoit-il ſuffire à les obſerver : il remarqua que le vent occupoit preſque toujours le 3e ou le 4e point à partir de l'eſt. Toutes les fois qu'il s'aprochoit de l'eſt, il ſouffloit avec plus de force & cauſoit une tempête ; mais quand il partoit des points plus au ſud , il étoit beaucoup plus doux & rendoit le tems clair. Jamais il ne vit le vent ſauter de l'eſt au nord , ni du ſud à l'oueſt.

Ces vents ſont ſujets à quelques changemens , que l'on attribue aux différentes ſaiſons de l'année , à la diſtance du ſoleil , & à ſa préſence , au froid & à la chaleur ; ce qui eſt égal par-tout , ainſi que nous l'avons établi plus haut : car quand le ſoleil eſt un peu au-delà de l'équateur , vers le nord, le vent de ſud-eſt décline un peu plus au sud, comme celui de nord-est fait à l'est, sur-tout dans le trajet de mer qui est entre la Guinée & le Brésil. Quand le soleil entre dans le tropique du capricorne, le vent de sud-est s'approche plus de l'est, ainsi que celui de nord-est du nord; ces mouvemens sont nécessaires, relativement à la disposition générale de l'air.

V. On trouve dans cet Océan un grand espace le long de la côte de Guinée, depuis la hauteur d'Ilhéo jusqu'à l'isle Saint-Thomas, où les vents de Sud & de Sud-Ouest soufflent constamment dans une longueur de plus de 500 lieues, d'un degré & demi environ hors du tropique du Capricorne, jusques sous la ligne à environ 80 ou 100 lieues de la côte de Guinée, il décline insensiblement au Sud, & ayant passé ce point, il tourne vers ceux qui sont plus près de l'Ouest, jusqu'à ce que touchant la côte, il atteigne où le point de Sud-Ouest, ou celui qui est immédiatement entre celui-ci & l'Ouest plein. Ces sortes de vents sont fixés sur cette côte, quoique souvent interrompus par des cal-

H iv

mes & des tempêtes que tout mouvement de l'air produit indifféremment:
nous en expliquerons la caufe. Si les
navigateurs trouvent fur ces parages les vents de l'Eft, ils en font horriblement tourmentés, & ont à fouf-
frir de l'intempérie d'un air groffier &
mal-fain, chargé de toutes les exhalaifons de l'intérieur de l'Afrique,
que ces vents entraînent dans leur
cours.

VI. Entre le 10ᵉ & le 4ᵉ degré de
latitude Nord, dans l'efpace borné
par le méridien du Cap-Verd & les
ifles écartées qui y font adjacentes,
il n'y regne en quelque forte ni vents
réglés, ni vents variables, le calme y
eft prefque perpétuel ; le tonnerre &
les éclairs y font terribles, & les
pluies fi fréquentes que cette traverfée en a tiré le nom de pluvieufe. Si
l'on y rencontre quelques vents, ils
n'y foufflent que par bouffées, & d'u-
ne façon fi inconftante qu'ils ne durent pas une heure fans calme, & que
les vaiffeaux d'une même flote, quoique tous à la vûe les uns des autres,
ont chacun un vent particulier ; ce qui

rend la navigation fi difficile & fi longue que l'on a beaucoup de peine à
paffer ces fix degrés en un mois entier. Après ce que nous venons de
dire fur les vents ordinaires à ces parages, on peut juger des précautions
que les navigateurs doivent prendre,
en voguant de l'Europe à l'Amérique
ou à la Guinée.

Quoique cette mer, dans la partie
la plus étroite entre la Guinée & le
Bréfil, ne s'étende pas moins de 500
lieues, cependant les vaiffeaux ont
beaucoup de peine en gouvernant au
Sud, à paffer ce trajet, fur-tout dans
les mois de Juillet & d'Août, ce qui
vient de ce qu'alors le vent de Sud-
Eft qui regne au fud de l'équateur,
paffe fes bornes ordinaires de 4 degrés
de latitude Nord, & qu'il tourne tellement au Sud, que quelquefois il
part précifément de ce point, & quelquefois des points moyens entre le
Sud & l'Eft. Quand donc il faut vo-
guer contre le vent fi c'eft vers le Sud-
Oueft, on a un vent qui tourne de
plus en plus à l'Eft, à mefure qu'on
s'éloigne du continent d'Afrique, &

H v

qui porte à une mer dangereuse par
les bancs de sable fréquens, quand on
a passé la côte du Brésil.

Mais si on veut aller vers le Sud-Est
il faut nécessairement s'approcher de la
côte de Guinée, d'où on ne peut se retirer autrement, qu'en faisant route à l'Est
jusqu'à l'isle Saint-Thomas. C'est ce
que tous les vaisseaux font nécessairement en passant de Guinée en Europe,
car il souffle près de la côte un vent de
Sud-Ouest avec lequel ils ne peuvent
avancer, la terre s'y opposant, ni
aller contre ce vent pour diriger leur
course au Nord, afin de se rendre à
leur destination. Ils tiennent donc une
route tout-à-fait différente de celle
qu'ils voudroient suivre, c'est-à-dire,
qu'ils vont au Sud ou vers le point le
plus proche du Sud-Est, jusqu'à ce
qu'ils aient gagné l'isle de Saint-Thomas ou le cap Lopés, où rencontrant
un vent qui décline du Sud à l'Est, ils
font voile avec ce vent vers l'Ouest,
jusqu'à ce qu'ils arrivent au quatrieme
degré de latitude Nord, où ils trouvent un vent de Sud-Est qui y regne
d'ordinaire.

Comme ces vents font connus & aſſez conſtans, tous les navigateurs qui vont d'Europe en Amérique, & ſur-tout aux colonies de l'Amérique ſeptentrionale, gouvernent d'abord au Sud, afin de pouvoir être portés à l'Oueſt à l'aide du vent général aliſé d'Eſt. Ceux qui viennent de ces pays en Europe, tâchent autant qu'il eſt poſſible, d'arriver au troiſieme degré de latitude Nord, où ils trouvent d'ordinaire des vents variables, qui cependant étant plus fréquens des points du Sud-Oueſt, les reportent plus ſûrement au Nord-Eſt.

Entre le 3ᵉ & le 4ᵉ degré de latitude Nord, le vent de Sud-Eſt qui regne entre l'équateur & le tropique du Capricorne, & qui même eſt conſtant bien au-delà du 35ᵉ degré de latitude auſtrale, commence à ſe faire ſentir, il tire plus au Sud vers la côte d'Afrique, & plus à l'Eſt vers celle du Bréſil. Ce vent varie non ſeulement ſuivant les longitudes, mais auſſi ſuivant les latitudes ; car il eſt plus Sud vers l'équateur que vers le tropique du Capricorne dans le même méridien. On

H vj

aſſure encore , & il eſt vraiſemblable,
que dans la grande baie de Guinée,
le vent eſt ordinairement Sud , & tire
autant à l'Eſt qu'à l'Oueſt , variations
qui doivent être relatives aux viciſſi-
tudes de l'air & des ſaiſons , & dont
il eſt utile d'être inſtruit , afin de ſçavoir ſe décider ſur les moyens les plus
ſûrs de continuer ſa route. D'habiles
navigateurs aſſurent encore qu'il eſt
certain que dans le même méridien,
près du tropique du Capricorne , le
vent eſt conſtamment Sud-Eſt , tirant
tantôt plus au Sud , tantôt plus à l'Eſt.
Au contraire , dans le méridien qui
paſſe à environ cent lieues de la côte
orientale du Bréſil , c'eſt vers l'équateur que le vent eſt entre le Sud-Eſt &
l'Eſt-Sud-Eſt : vers l'autre tropique,
dans le même méridien , les vents ſont
plus variables , mais ils tirent plus ſouvent au Nord-Eſt. ... (v. *les Tranſac-
tions philoſophiques , an.* 1668 *, art.*
50 *, n.* 2).

Le Navigateur Dampier , dans ſon
Traité des Vents (*ch.* 1), donne la
raiſon générale de ces mouvemens
de l'air dans les parages dont nous

venons de parler ; il en tire les caufes de leur pofition & de la proximité des côtes oppofées. « On ne
» doit pas s'étonner, dit-il, que les
» vents de Sud foufflent conftamment
» près de la ligne dans la mer Atlanti-
» que, entre le Cap-Verd en Afrique,
» & le Cap-Blanc dans le Bréfil. Si
» l'on confidère les promontoires de
» chaque côté de la mer, qui ne laif-
» fent qu'un petit efpace au vent pour
» fouffler, où il y a toujours un vent
» frais du côté de l'Amérique ; & com-
» me ce parage, à 2 ou 3 degrés de la
» ligne, eft fort fujet aux calmes, aux
» tourbillons, & aux petits vents des
» autres mers qui ne font pas refler-
» rées comme celle-ci ; auffi cette mer
» à l'entre-deux des Caps y eft beau-
» coup plus expofée que toute autre,
» fur-tout du côté de l'Eft : fçavoir,
» depuis le fond de la côte de Guinée
» jufqu'au 28 ou 30ᵉ degré à l'Oueft,
» ce qu'il faut attribuer non-feulement
» à la proximité de la ligne, mais auffi
» à celle des terres vers la ligne qui
» s'avancent du fond de la Guinée juf-
» qu'au cap Sainte-Anne, qui eft pref-

» que parallele à l'Equateur au 23 ou
» 24ᵉ degré de longitude, & en quel-
» ques endroits, n'eſt pas à plus de 80
» lieues de la ligne, ſi bien que cette
» partie de la mer entre la côte de Gui-
» née & la ligne ou deux degrés au
» Sud, étant, pour ainſi dire, entre
» la terre & la ligne, eſt rarement
» exempte de mauvais temps ſur-
» tout entre Avril & Septembre. Mais
» quand le ſoleil s'eſt retiré vers le
» Tropique du Capricorne, depuis la
» fin d'Octobre juſqu'en Mars, le
» temps y eſt moins fâcheux ... ». L'air
eſt moins raréfié, & en quelque ſorte
moins mobile ; il a dans cette ſaiſon un
cours plus déterminé dans ces parages,
c'eſt auſſi celle où l'on parcourt ces
mers avec plus de facilité & de ſûreté.

§. X V.

Vents aliſés de la mer des Indes &
de la mer Pacifique.

Dans l'Océan Indien, ainſi que dans
la mer Atlantique, les vents ſont en
partie conſtans, & en partie périodi-

ques, c'est-à-dire, qu'ils soufflent d'un
côté pendant six mois, & les six mois
suivans d'un côté contraire. Les deux
points & les saisons dans lesquelles les
vents sautent d'un côté à un autre tout
opposé, différent suivant les lieux. Il a
sans doute été très-difficile d'abord de
définir les trajets de mer sujets à chaque vent périodique ou mousson; ce
n'a été qu'à force d'observations comparées, qu'on a pu parvenir à en établir une théorie sur laquelle on pût
compter assez sûrement, pour indiquer
aux Navigateurs les temps de leur départ & de leur retour.

Dans tout l'espace de mer borné par
l'isle de Madagascar à l'Ouest, & la
partie la plus connue des terres
Australes à l'Est, entre le 10e & le 30e
degré de latitude Sud, le vent de Sud-
Est regne toute l'année, de façon cependant qu'il approche un peu plus
de l'Est que du Sud.

Ce vent de Sud-Est souffle depuis le
mois de Mai jusqu'en Novembre au
second degré de l'Equateur, & au mois
de Novembre entre le 3e & le 10e degré de latitude Sud, près du méridien

qui paſſe par la partie ſeptentrionale
de Madagaſcar, ainſi qu'entre le 2e &
le 12e degré vers Sumatra & Java. Il
s'élève enſuite un vent contraire au
premier, c'eſt-à-dire, un vent de
Nord-Oueſt qui regne pendant les ſix
autres mois, depuis Novembre juſqu'en Mai ; ces vents alternatifs paſſent & ſe font ſentir juſqu'aux Molucques.

Vers le Nord, depuis le 3e degré de
latitude Sud, dans toute la mer d'Arabie ou de l'Inde, & dans la baie de
Bengale, depuis Sumatra juſqu'à la côte
d'Afrique, on obſerve un vent différent du précédent, qui ſouffle des climats du Nord-Eſt depuis Octobre juſqu'en Avril, & qui pendant les ſix
mois ſuivants, ſe leve des points oppoſés, c'eſt-à-dire, du Sud-Oueſt :
alors il ſouffle avec plus de violence,
& entraîne des nuages chargés de
pluies abondantes ; mais quand le vent
du Nord-Eſt ſouffle, l'air eſt plus pur
& le ciel ſerein. La direction & la
force de ces vents ne ſont pas auſſi
conſtantes dans la baie de Bengale que
dans la mer de l'Inde, ce qui peut ve-

hir du voisinage des terres. De même
aussi, auprès de la côte d'Afrique, les
vents de Sud-Ouest déclinent plus au
Sud, & plus à l'Ouest auprès de l'Inde,
sans doute à cause de la proximité des
terres où l'air est plus raréfié, & la chaleur plus forte que sur la mer.

Les vents dont nous venons de parler, regnent dans le trajet de mer qui
s'étend entre l'Afrique & l'isle de Madagascar au sud de l'Equateur. Le
vent de Sud-Ouest y souffle depuis le
mois d'Octobre jusqu'en Avril, il est un
peu plus près du Sud en allant au cap
de Bonne-Espérance ; ceux qui voyagent au Nord s'apperçoivent qu'il décline vers l'Ouest, & qu'à la longue
il se confond avec le vent Sud-Ouest périodique, qui souffle dans cette saison
au nord de l'Equateur : dans l'autre
saison les vents viennent le plus souvent des pointes de l'Est, & déclinent
quelquefois au Nord, d'autres fois au
Sud.

A l'Est de Sumatra, au nord de l'E-
quateur, de même que sur les côtes de
Camboie & de la Chine, les vents périodiques du Nord-Est approchent du

Nord, comme ceux du Sud-Ouest approchent du Sud, & on remarque que cela ne manque pas d'arriver jusqu'à ce qu'on ait passé les isles Philippines à l'Est, & jusqu'au Japon, vers le Nord, il s'élève un vent au mois d'Octobre ou de Novembre, & en Mai un vent de Sud qui continue pendant tout l'été; mais dans ces parages les points des vents ne font pas si bien fixés que dans les autres mers, de forte que les vents de Sud déclinent quelquefois d'un ou deux points vers l'Est, comme ceux du Nord vers l'Ouest: ce qui paroît venir de la situation des terres qui font par-tout avancées dans cette mer.

Vers la même longitude au Sud de l'Equateur, dans l'espace qui est entre les isles de Sumatra & de Java à l'Ouest & la Nouvelle-Guinée à l'Est, il souffle du Nord & du Sud à-peu-près les mêmes vents périodiques; mais de maniere que du Nord, ils inclinent à l'Ouest & du Sud à l'Est, ces mouvemens de l'air y commencent cinq ou six semaines plus tard que dans les mers de la Chine, & fautent d'un point à un autre assez brusquement.

Les changemens de direction n'arrivent pas tout-à-la-fois & fubitement , mais il furvient des calmes dans certains endroits, & des vents variables dans d'autres, & quelquefois des tempêtes furieufes , fur-tout dans les mers de la Chine & du Japon , lorfque les mouffons du Sud dominent.

Il eft d'autant plus important de connoître ces vents, le temps de leur durée , & celui de leurs variations , que toute la navigation fe regle néceffairement fur leur cours ; car fi les marins laiffent paffer leur faifon , & attendent que le mouvement contraire commence , ils font obligés de retourner en arriere , ou d'entrer dans les ports pour attendre le retour du vent réglé.

L'Océan Pacifique ou la grande mer du Sud, s'étend elle feule prefqu'autant que les deux autres prifes enfemble, c'eft-à-dire 150 degrés depuis la côte occidentale de l'Amérique , jufqu'aux ifles Philippines. Les Efpagnols ont été long-temps les feuls qui la fréquentaffent & la connuffent , par l'ufage où ils étoient d'aller tous les ans

de Manille à Acapulco : depuis quelques temps les Anglois y ont pénétré
& l'ont tenue dans toute sa longueur.
L'Amiral Anson l'a parcourue depuis
le détroit de Magellan jusqu'au-dessus
de la Californie , & de-là il l'a traversée en entier, par le travers des côtes du
Japon & de la Chine jusqu'à l'Archipel
Oriental , d'où il est entré dans la mer
des Indes pour revenir en Europe par
le cap de Bonne - Espérance. Toutes
les observations des différens Navigateurs s'accordent à nous apprendre
que les vents qui y soufflent ont beaucoup d'affinité avec ceux de la mer
Atlantique ; les vents de Nord-Est &
de Sud-Est y dominent alternativement avec tant de persévérance , que
l'on peut en dix semaines parcourir la
vaste étendue de cet Océan sans changer les voiles. Les tempêtes y sont
fort rares dès qu'on est parvenu à une
certaine distance des côtes ; le vent
n'y manque jamais, & la navigation y
est plus commode & plus sûre que dans
toutes les autres mers.

C'est ce qui a fait rechercher avec
tant d'empressement le passage au

Nord-Ouest de l'Amérique qui conduiroit dans cette mer , & éviteroit la longueur énorme de la route aux Indes Orientales, à la Chine & au Japon par le cap de Bonne-Espérance , de même que pour aborder directement au Chili , au Pérou & à toutes les côtes occidentales de l'Amérique. Il seroit même plus court de traverser le détroit de Magellan , que de doubler le cap de Bonne-Espérance, pour arriver à ces mêmes lieux ; si la navigation n'y étoit pas d'une difficulté horrible , & d'une longueur souvent interminable , à cause des vents de réflexion, des courans, des glaces & des bancs de roches dont il est infesté dans toute sa longueur.

Nous apprenons dans les voyages d'Anson (*l. 1, ch. 10.*), que dès le mois de Mars, ces parages sont très-difficiles à tenir : il mit toute la belle saison de cette latitude à passer le détroit : enfin, dit le rédacteur, ... « le » dernier d'Avril nous eûmes l'espé- » rance de voir bientôt la fin de nos » souffrances, car nous nous trouvâ- » mes à la latitude de 52 degrés 13

» minutes, c'est-à-dire, au nord du
» détroit de Magellan, nous étions
» donc assurés d'avoir fait notre paf-
» fage & d'être prêts d'entrer dans la
» mer Pacifique; ce nom qui lui a été
» été donné à caufe de l'égalité des
» faifons qui y regnent, de la facilité
» & de la fûreté avec laquelle on y
» navige, ne nous promettoit que
» des vents modérés, une mer tran-
» quille, un air tempéré, & tous les
» avantages par où on la diftingue
» des autres parties de l'Océan : mais
» nous fûmes encore en ceci la dupe
» de nos efpérances : pendant tout le
» cours du mois de Mai, nos fouffran-
» ces furent augmentées au-delà de ce
» que nous avions éprouvé aupara-
» vant, les tempêtes furent tout auffi
» violentes, nos voiles & nos agrêts
» ne fouffrirent pas moins, la morta-
» lité fe mit dans nos équipages &
» augmenta de beaucoup ..... ». ... Ils
étoient encore trop loin des vrais
vents alifés, & trop près de la terre.
Ce n'eft qu'à la hauteur de l'ifle Juan
Fernandez, environ au 34ᵉ degré de
latitude, que l'on commence à jouir

de la douceur de la navigation dans cette mer.

Tout nouvellement le chef d'escadre Biron ne l'a pas trouvée si orageuse ; après avoir mis près de quatre mois à traverser le détroit de Magellan, auquel il donne cent seize lieues de longueur, il en sortit le 9 Avril. « Nous quittâmes, dit-il, le froid climat & les mers orageuses de cette latitude australe, précisément après le temps de l'équinoxe d'automne qui doit amener de dangereux ouragans. Nous cinglâmes avec joie vers le Nord, animés par l'espérance de trouver des mers plus calmes & de plus doux climats. Après notre entrée dans la mer Pacifique, il ne nous arriva rien de remarquable jusqu'au 26 Avril que nous reconnûmes à l'Ouest, l'isle de Masa-fuero au 33ᵉ degré 28 minutes de latitude australe, par le travers de l'isle Juan-Fernandez, à 22 lieues à l'Ouest ». La navigation du détroit à cette hauteur fut assez prompte, ce qui prouve que les saisons ne sont pas toujours égales dans ces mers, non plus que les

vents & les tempêtes qu'ils occasionnent.

Ce n'est qu'à environ 30 degrés de
latitude des deux côtés de l'Equateur,
que l'on trouve les vents réglés &
sûrs dans la mer Pacifique, de même
que dans l'Océan Atlantique ; c'est ce
qui résulte en partie de la route que
tiennent les Espagnols, en allant de
Manille à la Nouvelle-Espagne. Car
au moyen des vents de Sud, qui soufflent aux Philippines pendant les mois
d'été, ils portent au Sud-Est jusqu'à
la latitude du Japon, où ils commencent à trouver des vents variables qui
les conduisent à l'Est. Schouten & les
autres navigateurs, qui sont allés aux
Indes Orientales par le détroit de Magellan, ont trouvé presque à la même
distance, les vents au Sud de l'Equateur ; & l'Amiral Anson ne dressa sa
route que sur celle qu'avoient coûtu-
me de tenir les Espagnols dans ces
mers.

§. XVI.

§. XVI.

Variations des vents alisés, vents irréguliers & incertains.

Il est très-important de connoître les changemens qui arrivent tant dans les vents généraux, que dans les vents périodiques alisés ou moussons. Ils font autant d'exceptions aux regles générales, quoiqu'ils dérivent des mêmes causes, ainsi que nous allons l'apprendre des navigateurs les plus expérimentés.

Selon Dampier (*Traité des Vents*), les vents alisés qui soufflent sur les côtes font certains ou changeans. Les terres près defquelles on trouve les vents alisés certains, font les côtes méridionales d'Afrique, & celles du Pérou, avec une partie des côtes du Mexique ou de la Guinée. Les parties méridionales de l'Afrique & du Pérou, font dans la même latitude dans la bande du Sud, & toutes deux dans la partie occidentale de leur continent, quoiqu'elles ne foient pas pa-

ralleles en tout point à cause des caps
avancés & des détours des terres,
néanmoins les vents ne laissent pas
d'être à-peu-près les mêmes sur ces
côtes pendant tout le cours de l'année.

Les vents méridionnaux soufflent
constamment toute l'année sur les côtes de ces deux continens, ils sont
forts & se font sentir plus loin des terres, qu'aucun autre vent sujet à changer ; sur les côtes du Pérou, ces vents
regnent jusqu'à 140 ou 150 lieues de
terre, avant qu'on puisse s'appercevoir d'aucun changement, mais ensuite à mesure qu'on s'éloigne, le vent
tourne de plus en plus du côté de l'Est;
& à la distance d'environ 200 lieues,
il se fixe au Sud-Est qui est le véritable
vent général alisé qui domine constamment dans ces mers, de l'Orient en
Occident.

Sur la côte d'Angola, les vents sont
entre le Sud-Ouest & le Sud, & sur celle
du Pérou, entre le Sud-Sud-Ouest &
le Sud-Sud-Est. Sur quoi il faut remarquer que les vents réglés qui soufflent
sur ces côtes, excepté la côte septentrionale de l'Afrique, soit qu'ils du-

rent toute l'année, ou qu'ils changent de direction, ne soufflent jamais directement sur les côtes ou le long du continent, mais de biais, faisant un angle d'environ 22 degrés, & suivant que le pays se détourne plus ou moins à l'est, ou à l'ouest du nord ou du sud de ces côtes, les vents changent à proportion ; par exemple, là où le pays s'étend du Nord au Sud, le vent sera Sud-Sud-Ouest, au lieu que dans les situations au Sud Sud Ouest, le vent réglé se trouve au Sud-Ouest, & dans celles au Sud-Sud-Est, il se trouve au Sud : ce qu'il faut entendre des côtes qui sont au couchant de quelque continent, & dans la bande du Sud, comme les côtes d'Afrique & du Pérou : au lieu que le vent alisé du Nord de l'Afrique souffle à deux ou trois pointes loin des côtes ; à quatre degrés ou environ dans la bande du Sud, le vent demeure fixé au Sud-Sud-Ouest ou au Sud-Ouest par 28 ou 30 degrés de longitude.

Les côtes de Mexique & de Guinée dans la latitude boréale, ont leurs vents réglés aussi-bien que celles du

Pérou & d'Angola dans la latitude auſtrale. La côte du Pérou regne du Nord au Sud, les autres s'approchent davantage de l'Eſt & de l'Oueſt. Suivant le cours des vents généraux, le vent devroit être d'Orient ſur ces côtes, au lieu qu'il eſt tout contraire : car depuis le 10e degré au 20e de latitude Nord, ſur la côte du Mexique, les vents ſont preſque par-tout conſtans à l'Oueſt, à moins qu'ils ne ſoient repouſſés par des obſtacles accidentels, tels que les Tornados qui s'élevent d'ordinaire contre les vents, mais cette direction n'eſt que momentanée. La même choſe arrive ſur les côtes d'Angola, également expoſées aux Tornados : les côtes du Pérou en ſont exemptes, quoiqu'on y tombe quelquefois dans des calmes qui durent deux ou trois jours de ſuite entre le 16e degré & le 23e de latitude Sud, particuliérement vers la baie d'Arica, au 18e degré 26 minutes, où l'on trouve des calmes juſqu'à 30 ou 40 lieues en mer : ces calmes ſont précédés de quelques tourbillons de vent, dans ces parages comme preſque par-tout où on les rencontre ; nous en rapporterons la cause, & nous parlerons de leur durée.

Il y a d'autres côtes où les vents sont encore plus changeans ; dans l'Amérique septentrionale, la partie de la mer qui s'étend entre le cap Gracia di dios & le cap la Vela, la côte du Brésil dans l'Amérique méridionale ; la baie de Panama dans la mer du Sud ; & toutes les côtes qui s'étendent depuis le cap de Bonne-Espérance jusqu'aux parties les plus éloignées de la Chine, sur l'Océan oriental & la mer des Indes. Nous allons parler de chacun de ces parages en particulier.

Vents irréguliers au golfe de Darien, à Carthagene, & dans le golfe du Mexique.

Les vents ne sont nulle part plus irréguliers, plus incertains, & ne changent plus promptement qu'entre le cap Gracia di dios & le cap la Vela, par le travers du golfe de Darien. Le vent qui domine dans ces parages est ordinairement entre le Nord-Est & l'Est, il souffle constamment entre Mars & Novembre, à moins qu'il ne se forme des Tornados, ce qui arrive fréquemment dans les mois de Mai, Juin, Juillet & Août, principalement entre la rivière de Darien & Costarica dans la Nouvelle-Espagne, où par cette raison les vents sont toujours incertains dans cette saison. Plus haut, sous la bande du Nord à l'Est, le temps est plus serein & le vent plus fort ; entre Octobre & Mars il y a des vents d'Est qui ne sont ni certains ni violens : ils soufflent avec modération quelquefois deux ou trois jours, quelquefois une semaine entiere, & le vent frais durera ensuite aussi long-temps. Ces vents regnent principalement aux mois de Décembre & de Janvier.

Lorsque les vents d'Ouest soufflent le plus fort & le plus long-temps dans cette côte, le vent réglé d'Est regne en pleine mer comme en tout autre temps, mais sans obstacle, ce qui fait que son reflux plus sensible, & mieux entretenu, produit les vents d'Ouest constans. Ce mouvement irrégulier de l'air se fait entre les Antilles & vient aboutir sur le cap la Vela, d'où il se continue dans le reste du golfe en s'approchant des côtes : car le vent réglé regne à dix ou douze lieues de ce cap, dans le même temps que les vents opposés d'Ouest dominent sur les côtes, à moins que les vents orageux du Nord, qui viennent des terres par la partie septentrionale élevée au-dessus du golfe du Mexique, ne prennent le dessus sur tous ces vents, même sur le vent alisé général qu'il rejette sur les côtes de la Nouvelle-Espagne, & qui forme entre cet espace & la riviere de Darien de forts vents d'Ouest, qui ne se portent pas bien loin au Sud, mais qui refluent à 30 ou 40 lieues en mer, dans une direction opposée à celle du vent général.

La côte de Cartagène a dans les mois d'Avril, de Mai & de Juin, un vent Est-Nord-Est qui lui est particulier, si violent que les vaisseaux ne sçauroient la quitter tant qu'il dure ; sa plus grande impétuosité est depuis le milieu du canal des Antilles à la hauteur d'Hispaniola, & de-là, presque jusqu'à la côte de Carthagène. Il n'est pas si violent à trois ou quatre lieues de terre, sur-tout le matin & le soir ; d'ordinaire il se leve avant le jour, quelquefois à trois ou quatre heures, & continue jusqu'à 9, 10 & 11 heures de la nuit. De cette maniere il souffle 10 ou 11 jours de suite avec une telle force qu'il semble arrêter le vent réglé de terre, qui ne dure que peu de temps & à peine est sensible ; tant que ce vent regne, le ciel paroît fort clair & sans nuages, cependant il n'est pas douteux que l'air ne soit embrumé, quoique d'une maniere imperceptible. Les ombres ne sont pas noires & les teintes de l'horison sont très-rouges le soir & le matin, lorsque le soleil s'en approche. Quand le principe de condensation est plus fort, on voit quelques nuages répandus dans l'air sous la direction du vent, qui donnent des petites pluies assez froides.

Entre les mois d'Octobre & de Mars, il sort du fond du golfe du Mexique des vents très-impétueux auxquels les gens de mer donnent le nom de Nord. On s'y attend à toutes les nouvelles

ou pleines lunes, ils font plus violens
aux mois de Décembre ou de Janvier
qu'en tout autre temps. Quoiqu'ils s'é-
tendent au-delà du golfe, c'est cependant là où ils font plus de ravage, & excitent des tempêtes horribles qui durent quelquefois vingt-quatre heures,
& jusqu'à deux ou trois jours. Immédiatement avant que ce vent arrive,
le temps est beau & clair, l'air est
tranquille, & on sent pendant deux
jours un petit vent léger d'Ouest ou
de Sud-Ouest qui dure un jour ou
deux. La mer annonce la tempête par
son reflux extraordinaire qui dure un
jour ou deux, de sorte qu'à peine s'ap-
perçoit-on alors d'aucun flux. Les oiseaux de mer se retirent dans les terres, ce qu'ils ne font pas en d'autres
temps ; leur retraite annonce une altération certaine dans l'air, & avertit
les navigateurs de prendre leurs précautions.

Vents irréguliers à la côte du Brésil.

Les vents sont dans ces parages à
l'Est-Nord-Est depuis Septembre jusqu'au mois de Mars, & au Sud depuis

Mars jusqu'en Septembre. On trouve au sujet des vents de cette mer, quelques observations dans le voyage d'Anson (*l. 1, ch. 4.*), qui semblent annoncer qu'ils sont fort incertains, & que l'on ne doit pas être bien étonné de ne pas trouver l'état de l'air parfaitement conforme aux rapports des observateurs les plus instruits. « En faisant » route vers l'isle de Sainte-Catherine, » nous remarquâmes que la direction » des vents alisés différoit considéra-» blement de celle que nous avions » cru leur trouver, quoique nos idées » à cet égard fussent fondées sur le » sentiment de tous les Auteurs qui » ont traité de ces vents, & sur l'ex-» périence des navigateurs. Le Doc-» teur Halley, dans son Traité des » vents alisés, qui regnent dans l'O-» céan Atlantique & la mer d'Ethio-» pie, dit que depuis le 28e jusqu'au » 10e degré de latitude septentrionale, » il regne généralement un vent frais » du Nord Est , qui du côté de l'Afri-» que va rarement plus à l'Est qu'à » l'Est-Nord Est, ou plus au Nord que » le Nord-Nord-Est (c'est le vent gé-

» néral alifé) : mais du côté de l'A-
» mérique, le vent eft, fuivant lui,
» tant foit peu plus oriental ; quoique
» de ce côté il faute plus fréquemment
» d'un ou de deux rhumbs (relative-
» ment fans doute à la température des
» terres fituées à l'Eft, & à la difpofi-
» tion de l'air), il ajoute que depuis
» le 10e degré jufqu'au 4e de latitu-
» de feptentrionale, il regne des cal-
» mes & des travades, & que depuis
» ce dernier terme jufqu'au 30e degré
» de latitude méridionale, le vent
» fouffle prefque toujours entre le
» Sud & l'Eft. Nous comptions de
» trouver tout ce qui vient d'être dit
» confirmé par l'expérience ; mais
» nous éprouvâmes des différences
» confidérables, tant à l'égard de
» la durée des vents que de leur dire-
» ction. Car quoique le vent fût
» Nord-Eft vers le 28e degré de latitu-
» de feptentrionale, depuis le 25e jufqu'au 18e degré de la même latitude,
» le vent ne paffa pas une feule fois de
» l'Eft vers le Nord, mais refta pref-
» que toujours vers le Sud. Depuis le
» 18e degré jufqu'au 6e 20 minutes de

I vj.

» cette latitude, le vent fut au nord de
» l'Eſt , mais pas entierement, ayant
» tourné pendant quelque temps à
» l'Eſt-Sud-Eſt : de-là environ juſqu'à
» la hauteur du 4ᵉ degré 40 minutes
» de-la même latitude, le temps fut
» très-variable, le vent venoit tantôt
» du Nord-Eſt, ſe tournoit enſuite au
» Sud-Eſt, & ſouvent il faiſoit calme
» tout plat avec quelque pluie & des
» éclairs. Le vent reſta enſuite preſ-
» que toujours variable entre le Sud
» & l'Eſt, juſqu'à 7 degrés 30 minu-
» tes de latitude méridionale, & ſe
» maintint après cela entre le Nord &
» l'Eſt juſqu'au 15ᵉ degré 13 minutes
» de la même latitude, puis fut Eſt-
» Sud-Eſt juſqu'au 21 dégré 37 minu-
» tes , mais après cela juſqu'à la lati-
» tude de 27 degrés 44 minutes, le
» vent ne ſouffla pas une fois entre le
» Sud & l'Eſt, quoiqu'il parcourût tous
» les autres points du compas. Com-
» me nous n'étions plus guères loin
» des côtes du Bréſil, cette proximité
» pourroit peut-être ſervir d'explica-
» tion à la derniere des particularités
» que je viens d'indiquer » . . .

On voit par cet exposé la cause des variations des vents généraux qu'il faut prendre dans la disposition des terres voisines, & dans les qualités que l'air y contracte, qui se portent souvent fort loin des côtes, & jettent le vent général d'Est au Nord ou au Sud. Quant à la cessation du vent, & aux calmes sous l'Equateur, & à 2 ou 3 degrés, ils sont assez les mêmes ; les vents qui y regnent sont incertains & tout-à-fait locaux. Le mouvement général de l'air semble interrompu par cette bande qui n'occupe guères qu'un espace de 6 ou 7 degrés au plus, après lesquels on trouve de chaque côté en-dedans des Tropiques, le même vent général constant, jusqu'à ce que l'on approche des terres d'où partent d'autres vents, qui s'étendent, comme nous l'avons rapporté, à plus ou moins de distance des côtes, suivant la maniere dont l'air est modifié. Il y a donc des exceptions dans les règles générales auxquelles les navigateurs doivent faire attention, pour ne se pas troubler mal-à-propos, s'ils ne trouvent pas les vents réglés où ils comp-toient : alors ils doivent observer l'éloignement où ils font des côtes, l'état de l'air, & les caufes accidentelles qui peuvent en changer le mouvement, & que d'ordinaire il eft facile de re-connoître. De-là on peut régler fa courfe, & eftimer affez jufte à quelle hauteur on fe rencontrera dans le cours du vent réglé ; mais toujours il eft à-propos de fe tenir en garde con-tre ces irrégularités, & juger de l'é-nergie des caufes qui les produifent, quelquefois elles peuvent exciter des tempêtes violentes aux endroits où le vent irrégulier tombe fur le vent réglé.

Souvent un navigateur fatigué d'une longue courfe, impatient d'ar-river à fon but ou de faire de nouvel-les découvertes, ne trouvant que des vents variables & foibles, par lefquels on ne va que lentement & d'une ma-niere incertaine, dans des parages & des faifons où il croyoit rencontrer les vents alifés qu'il regardoit com-me immanquables & précis à leur moment, fur la foi de ceux qui l'a-voient précédé dans la même route, révoque en doute l'exiftence de ces vents fi utiles, ou en croit la fource épuisée. Mais pour se persuader le contraire, il ne faut que comparer entre eux les différens journaux des navigateurs ; on voit qu'ils n'ont pas trouvé ces vents précisément aux mêmes points, ni à la même saison, mais que sujets à avancer ou à retarder, à être éloignés ou rapprochés de la bande où ils doivent souffler, par quelques-unes des causes que nous avons rapportées plus haut , leurs variations ne font qu'accidentelles, & qu'on est sûr de les retrouver enfin ; quelquefois à la vérité, à travers une multitude d'obstacles que l'on n'a ni le courage ni la force de surmonter. Si l'on étoit instruit de ce qui se passe à des distances souvent peu éloignées, on sçauroit que d'autres navigateurs jouissent de tout l'avantage des vents alisés , tandis que l'on s'occupe à imaginer les raisons de leur non-existence. C'est ce qui arrive aux marins les plus habiles, qui d'une cause particuliere aux parages où ils se trouvent , font un principe général qu'ils croyent devoir influer sur toutes les mers (*a*).

____

(*a*) Voyez à ce sujet le Journal Historique.

Vents irréguliers dans la mer du sud de la nouvelle Espagne aux côtes du Pérou, par le travers du Golfe de Panama.

Dans la baie de Panama, depuis le mois de Septembre jusqu'à celui de Mars, les vents sont à l'Est & au Sud, Sud-Sud-Ouest entre Mars & Septembre ; ces parages sont entre le 6e & le 8e degré de latitude Nord. Il y a bien des exceptions à faire à cette regle générale, relativement aux vents périodiques irréguliers qui s'y font sentir. Les mêmes vents qui causent les changemens des saisons & du climat à Panama, font varier le temps dans la traversée de ce port à l'isle de Puna, & même jusqu'au Cap-Blanc à 4 degrés de latitude Sud, lorsque le vent qui court du Nord au Nord-Est a commencé à se faire sentir à Panama ; il s'étend peu-à-peu & combat les vents de Sud jusqu'à ce qu'il les ait surmontés, & ait pris le dessus. Ordinairement les brises ne se font pas sentir au-delà de l'équateur, elles ont

---

d'un Voyage fait aux Isles Malouïnes en 1763 & 1764. 8°. Berlin. 1769.

même affez peu de force, de forte qu'elles font fouvent interrompues par des calmes ou par d'autres vents foibles & variables ; quelquefois encore elles pénetrent plus loin, jufqu'à l'ifle de Plata ou aux environs. Leur plus grande force fe fait toujours fentir lorfqu'on approche de Panama, elles nétoient l'air de tout nuage, elles éclairciffent les côtes en écartant les brouillards, & ne font point accompagnées de pluies orageufes, mais elles pouffent des bouffées violentes & fréquentes fur-tout depuis le cap San-Francefco à un degré de l'équateur jufqu'au golfe de Panama. Quand elles ceffent, les vents du Sud commencent à s'animer & deviennent plus forts que ne font les brifes, lorfqu'elles font bien établies. Ces vents ne viennent pas précifément du Midi, ils courent du Sud-Eft au Sud-Oueft, & s'éloignent plus du Sud en certains temps que dans d'autres. Quand ils inclinent au Sud-Eft, qui eft le côté du continent, ils font accompagnés d'orages & de tempêtes qui ne font pas de longues durées. Les navires qui font leurs traites du Pérou & de Guyaquil pour

Panama, partent pour leurs ports pendant que les vents du Sud regnent, pour profiter des brifes du Nord à leur retour, & pour abréger leur navigation. Ils peuvent faire ce trajet par d'autres vents, mais alors ils rifquent d'être plus long-temps en mer jufqu'à ce qu'ils aient gagné le port de Païta au 5e degré 15 minutes de latitude méridionale, parce que faifant cette route dans la faifon contraire, ils font obligés de relâcher à différents ports pour faire de l'eau & des vivres, fur-tout ceux qui vont jufqu'à Callao, ou même à Arica.

Ces vents alifés regnent affez conftamment dans ces parages. S'il y arrive quelques changemens, ils durent peu, & le vent établi prend toujours le deffus. Ces variations même ne feroient prefque d'aucune conféquence, fi l'on pouvoit fe fouftraire aux coups des vents d'orage, & à la fureur des tempêtes, qui fouvent jettent des vaiffeaux affez mal équipés, tels que ceux qui font dans l'ufage de faire cette traverfée, fort loin de leur route, & dans le danger de périr par le défaut de provifions, dont ils ne fe chargent pas, fe

défiant peu des hazards de la mer, &
ne comptant que sur la faveur des
vents reglés.

Vents du Cap de Bonne-Espérance, à la
côte orientale de l'Afrique, & de là
jusqu'aux Indes.

Dans le long espace de côtes qui
bordent la mer depuis le cap de Bonne-
Espérance jusqu'aux Indes Orientales,
les vents alisés ou moussons sont fort
incertains. De la pointe méridionale
de l'Afrique, en tirant à l'Est jusqu'à
la terre de Natal au 30e degré de latitude Sud, & au Cap des Courans au
24e degré, les vents entre Mai & Octobre sont constamment entre Ouest
& Nord-Ouest jusqu'à 30 lieues des
côtes, mais toujours plus inclinés au
Nord-Ouest ; & quand le vent passe à
ce point, il fait d'ordinaire gros temps,
l'air se refroidit, & les pluies sont
abondantes. Pendant les six autres
mois, les vents sont à l'Est, entre Est,
Nord-Est & Sud-Est, alors il fait beau
temps : les premiers sont frais, les autres sont légers & petits, & donnent

de temps à autres quelques gouttes de
pluie.

Depuis le Cap des Courans sous le
Tropique jusqu'à la Mer-rouge, le long
du canal de Mozambique & de la grande baie de Mélinde, les vents sont variables depuis Octobre jusqu'au milieu de Janvier, le plus souvent au
Nord, mais sautant de rhumb en
rhumb jusqu'à faire le tour de la boussole; les vents les plus forts sont au
Nord, la plupart violens & de tempêtes
avec des bourasques de pluie, ils rè-
gnent sur-tout aux environs de Madagascar & dans le canal de Mozambique; avant que ces tempêtes arrivent,
on voit la mer s'enfler du côté du
Nord. De Janvier jusqu'en Mai, les
vents sont Nord-Est & Nord-Nord-Est,
le vent frais & le temps fort beau. Les
vents sont méridionnaux aux mois de
Juillet, d'Août & de Septembre; le
calme est alors presque continuel dans
la baie de Mélinde, & il regne un courant qui y porte droit; ainsi les vaisseaux qui font voile dans cette mer
pendant ces trois mois, doivent se gar-

der de cette côte à 100 lieues pour le moins, pour n'être pas portés par ce courant dans le fond de la baie. Les calmes y durent quelquefois six semaines de suite, plus long-temps que partout ailleurs aussi près de l'équateur ; mais à cent lieues de la côte, il souffle un vent frais de Sud très-favorable pour aller aux Indes.

A l'entrée de la Mer-Rouge, proche du cap Guardafui, les vents font d'ordinaire forcés, & il y fait gros temps, lors même que les calmes font si grands dans la baie de Melinde, & que le temps est fort beau, avec un vent frais à dix ou douze lieues de ce cap en pleine mer. Dans la Mer-Rouge, les vents font forts au Sud-Ouest entre Mai & Octobre, & le courant est si rapide qu'il est impossible d'entrer pendant tout ce temps-là dans cette mer, à moins que de ranger la côte du Sud, où on trouve des vents de terre & des ras. Aux mois de Septembre & d'Octobre, le vent tourne du côté du Nord, & se fixe enfin au Nord-Est avec un temps fort beau ; il continue dans ce trait jusqu'au changement de

mousson qui arrive en Avril ou en Mai;
alors il saute pour peu de temps au
Nord, de-là à l'Est, & finalement au
Sud où il se fixe : avant que d'en être
là, il reste peu de temps dans ses variations. On a observé deux années de
suite que le 12 Avril le vent qui étoit
dans le détroit de Babelmandel quart-
Sud-Est, avoit tourné le même jour
au Nord-Ouest, où il étoit resté trois
jours seulement : ce changement se fait
toujours avec la même régularité, à-
moins qu'une cause sensible ne s'y oppose. (*Hist. gén. des Voyages, tom. 2*).

Ce détroit a paru autrefois si dangereux, que les Arabes regardoient
comme perdus tous ceux qui entrepre-
noient de le passer; ils ne sçavoient
pas encore profiter de l'avantage des
petits vents de terre. L'usage actuel
des navigateurs qui vont de Surate à
la Mer-Rouge, est de partir ordinairement vers le mois de Mars ; ils parviennent au terme de leur course vers le
milieu d'Avril ou du-moins avant le
20. Ceux qui ne sont pas arrivés à ce
temps, trouvent des vents contraires
qui leur ferment l'entrée de cette mer,

alors ils font obligés de passer l'isle de Socotora, & de se mettre à l'abri du cap Guardafui, pour éviter la violence des courans qui regnent le long des côtes de l'Arabie ; les pilotes ne se croient hors de danger, que lorsqu'ils ont doublé ce cap.

Dans l'intérieur de la Mer-Rouge, les vents font assez orageux, & les tempêtes fréquentes : la proximité des côtes, la quantité de bancs de sable la rendent difficile à tenir : dans les mois d'été, les vents font quelquefois si brûlans que les navigateurs ne peuvent plus tenir la mer : ils se rangent dans quelque abri, où pour se garantir des impressions de l'air extérieur, ils font obligés de se tenir renfermés sous leurs écoutilles. On raconte d'étranges effets de ces vents enflammés qui regnent quelquefois assez longtemps sur cette mer ; ils coupent la respiration, & portent dans les entrailles une chaleur, que tous les rafraîchissemens ne font pas capables d'éteindre. Ces vents viennent des terres seches & ardentes, qui bordent cette mer des deux côtés.

Quelque incommode que soit la navigation dans ces parages, c'est cependant par ces mers que se faisoient anciennement les plus longues courses. Le pays d'Ophir, où Hiram, Roi de Tyr, & Salomon Roi de Jérusalem, envoyoient leurs flottes une fois par an, chercher de l'or & de l'yvoire, étoit, à ce que l'on croit, le Sofala, entre le Zanguebar & le Mozambique, par les 20 degrés de latitude Sud, pays inconnu à son centre, qui renferme encore aujourd'hui beaucoup d'or, & où l'on trouve des éléphans. Ces flottes partoient par une mousson, & revenoient par l'autre au port de la Mer-Rouge d'où elles étoient sorties, en suivant les côtes, n'ayant ni golfes profonds, ni caps dangereux à passer: ainsi elles évitoient l'embarras des courans, en allant probablement autant à la rame qu'à la voile : les calmes fréquens sous l'équateur ne les empêchoient pas d'avancer. Peut-être encore que les causes de la plûpart des variations de l'air n'existoient pas alors, que la Mer-Rouge n'étoit pas environnée de terres aussi désertes &

aussi

auffi arides , que le climat n'étoit pas auffi ardent. Nous avons rapporté ailleurs (*t.* 2, *d.* 3 , *ff.* 17.) quelques conjectures affez vraifemblables fur le temps où ces pays peuvent avoir changé de face, & être devenus tout-à-fait inhabitables.

Tous les parages voifins de cette vafte étendue de côtes , qui font prolongées depuis le golfe Perfique jufqu'au cap Comorin, de-là tout-autour du golfe de Bengale jufqu'au détroit de Malaca , & enfuite remontant à l'Eft à travers cette multitude d'ifles de différentes grandeurs qui forment l'Archipel indien jufqu'au Japon, ont leurs vents variables ou leurs mouffons qui foufflent réguliérement de différens points felon la diverfité des faifons : tels font ces vents qui regnent dans les mers de l'Inde & de l'Arabie , qui viennent pendant fix mois d'un côté de l'horifon, & pendant les fix autres mois d'un autre côté, qui forment les mouffons d'hiver & les mouffons d'été ; les premieres occafionnées par les vents qui viennent d'entre le

Tome VI.   K

Nord & l'Eſt, & les autres par ceux
qui ſoufflent entre le Sud & l'Oueſt,
qui dépendent du dégré de la raréfaction de l'air, cauſée par les différentes ſituations du ſoleil, & qui ont
des effets plus marqués entre les Tropiques, que ſous l'Equateur, parce
que cet aſtre eſt plus longtemps ſur
l'horiſon, qu'il y excite une plus grande évaporation, & qu'il donne aux
vapeurs & aux exhalaiſons élevées &
répandues dans l'air des directions relatives à ſa ſituation.

Ces variations doivent s'entendre
des côtes droites & d'une ſituation à-
peu-près égale : les pointes de terre
peu avancées n'y apportent preſque
point de changement ; au-lieu que
dans les côtes fort inégales, & au fond
des grandes baies, telles que les golfes
de Bengale & de Siam, les vents des
deux côtés de la baie ſont différens
entr'eux & de celui qui regne en pleine côte ; mais ils changent tous dans
leur ſaiſon, ſçavoir en Avril & en Septembre, & ſautent à leurs points oppoſés preſque tous en même-temps ;
ce qui doit toujours s'entendre des

pleines côtes, les baies éprouvant quelques variations.

Les mouffons les mieux établies dans toutes ces mers, font donc celles d'Eft & d'Oueft, les premieres commencent en Septembre, & regnent jufqu'en Avril, alors elles ceffent, & les mouffons d'oüeft prennent la place & durent jufqu'au mois de Septembre fuivant ; les unes & les autres foufflent de biais fur les côtes : les mouffons d'Eft amènent le beau temps, celles d'Oueft, la pluie & les tourbillons. Quand le foleil arrive au nord de l'équateur, tous les pays qui font dans cette bande entre la ligne & le tropique, font fujets à être couverts de nuages, & rafraichis par des pluies fouvent incommodes, au-lieu que le ciel eft clair & ferein quand le foleil eft au fud de l'équateur. De l'autre côté de la ligne il regne alors une température toute oppofée ; pendant les pluies & les orages du Nord l'air y eft pur & fec, comme la faifon humide s'y établit, lorfque la faifon feche regne au Nord.

Mais quoique l'on regarde les mois d'Avril & de Septembre, comme ceux auxquels se font les changemens des vents, & que d'ordinaire l'un des deux principaux s'y fasse toujours sentir, cependant il y a quelques variétés pour le temps précis, ce qui n'empêche pas qu'un peu plutôt ou un peu plus tard, les moussons ne soufflent réguliérement toutes les années. Elles sont d'autant plus utiles, qu'on ne conçoit pas comment on pourroit commercer par mer, d'un pays à l'autre dans cette partie du monde, si ce n'étoit à l'aide des vents périodiques changeans.

Cependant si la navigation n'est pas éloignée, on peut aller d'un port à l'autre en faisant voile contre le vent; parce que près des côtes il y a des brises ou vents frais de mer & de terre, dont nous parlerons dans peu, qui facilitent le passage d'un port à un autre, & que l'on trouve en plusieurs endroits des ancrages sûrs, où les vaisseaux peuvent s'arrêter quand ils trouvent les courans contraires.

Les moussons qui soufflent dans les Indes Orientales au midi de la ligne, sont ou à l'Est-Nord-Est, ou au Sud-

Sud-Ouest, elles ont leurs saisons, & changent comme au nord de la ligne aux mois d'Avril & de Septembre : près de la ligne à un degré ou deux, Nord & Sud, les vents ne sont plus si réglés, ils sont même si incertains que l'on ne peut pas y compter. Les calmes y sont fréquens, ainsi que les tornados, & les vents y sautent si promptement, qu'ils font le tour de la boussole en un moment. Quand ils sont forts, ils doivent exciter des tempêtes dangereuses, mais alors même ils sont favorables parce qu'ils facilitent le passage de la ligne soit d'un côté, soit de l'autre ; passage très-long à faire par les calmes, ou avec les petits vents incertains qui d'ordinaire les accompagnent.

§. XVII.

Causes des Moussons & leurs variétés particulieres dans les différentes mers ; variations des vents au Cap de Bonne-Espérance.

Les vents contraires qui forment les moussons, ne se succedent pas im-

médiatement, on éprouve dans l'intervalle des calmes ou des vents irréguliers, souvent très-contraires à la
navigation ; c'est ce que l'on appelle
des vents rompus. Dans les changemens de moussons, ces vents qui viennent en direction opposée, se rencontrent à-peu-près au point où ils changent ; le plus fort doit l'emporter sur
le plus foible : le cours d'un vent de
Nord ou de Sud, aboutissant sur un
vent d'Orient ou d'Occident plus foible, celui-ci reflue d'abord sur lui-
même, & forme une espece de tourbillon, jusqu'à ce qu'il soit absorbé
par le vent le plus fort qui l'entraîne.
Ce sont ces mouvements irréguliers
qui annoncent le commencement des
moussons, que les navigateurs qui ont
de longues routes à faire, sont fort attentifs à observer, pour ne pas échapper
le moment de se mettre au courant de
l'air qui doit les porter à leur destination : s'ils y manquent, s'ils mettent
trop tard à la voile, souvent ils sont
obligés de revenir sur leurs pas, quelquefois de rentrer dans les ports d'où
ils étoient sortis, & d'attendre à l'an-

née suivante la mousson favorable à
leur départ.

Il semble qu'on ne doive chercher
l'origine de ces moussons différentes,
que dans les causes générales & particulieres des vents que nous avons établies plus haut, ou dans quelques accidens réglés qui changent leur direction principale & les portent à des
points opposés. Pour en juger encore
mieux, il faut se rappeller ici ce que
nous avons dit de relatif à ce sujet
dans la théorie générale de l'air : quel
est l'état du ciel dans les différentes saisons de chaque contrée ; les variations
auxquelles l'atmosphère y est exposée,
celles dont le sol contribue à rendre
l'air plus chaud, plus rare & plus léger ; celles dont il est plus froid, plus
dense & plus pesant, où les montagnes élevées conservent le plus long-
temps leurs neiges ; sous quelles directions, & à quelle distance les chaînes
de montagnes se portent : l'étendue
des plaines & l'état de leur sol ; celles
qui sont pierreuses, arides & stériles ;
celles qui sont en culture, fertiles d'elles-mêmes, ou couvertes de bois &

de bruieres ; les terres qui renferment des minéraux & leurs efpeces. Si l'on parvenoit à s'inftruire de toutes ces particularités , on connoîtroit la fource des vents qui , ayant un cours long & déterminé , doivent avoir une caufe toujours exiftante dans les régions d'où ils commencent à fouffler.

Quant aux mouffons , il paroît que l'on eft bien fondé à croire que la plupart viennent de la fonte des neiges , ou de la rupture des nuages dans les parties feptentrionales & méridionales des deux tropiques : ce qui détermine à penfer ainfi , c'eft que les mouffons foufflent le plus fouvent du Nord & du Sud ou de leurs points collatéraux , & que leur cours répond au temps que le foleil emploie à parcourir les deux parties de l'écliptique des deux côtés de la ligne , pendant lequel il diffout les neiges & les vapeurs qui fe font accumulées fur les montagnes qui fe trouvent aux extrémités de la Zone torride.

La caufe qui fait que ces mouffons viennent la plupart des points collatéraux , comme du Sud-Eft ou du Nord

Eſt, ou des points voiſins dans la bande de l'Oueſt, peut être rapportée à la ſituation différente des lieux où ſe trouvent les neiges, où ſe forment les nuages épais, ou même au vent général qui peut bien les faire décliner vers un autre point : car ſoufflant de l'Eſt à l'Oueſt, & les mouſſons tendant du Nord au Sud, ils doivent ſe faire obſtacle les uns aux autres, & par cette raiſon tenir un cours moyen entre celui des points cardinaux (*Géographie de Varénius, c.* 21, *p.* 3.).

Il ſeroit beaucoup plus difficile de s'attacher à connoître les cauſes de chaque mouſſon en particulier, les variétés dont elles ſont ſuſceptibles, pourquoi elles ſautent tout d'un-coup d'un rhumb à l'autre, ſans paſſer par les intermédiaires. Ces changemens peuvent avoir des cauſes accidentelles, relatives à l'état de l'air & du ſol de certaines contrées, à des phénomènes encore inconnus, & qui le reſteront peut-être long-temps, parce qu'ils ſe forment dans des régions, dans l'intérieur deſquelles on n'a pas péné-

K v

tré, que l'on n'a pas pû y faire des obfervations exactes non d'une feule,
mais de beaucoup d'années, & qu'il
faudroit comparer avec les temps de
l'hiver, les neiges & l'état des montagnes des lieux d'où viennent les vents
périodiques réglés.

Peut-être qu'un jour, une connoiffance plus exacte des vents & des lieux
nous inftruira de la caufe de tous ces
phénomènes, & mettra les navigateurs à venir, en état de fe fouftraire à
leurs effets dangereux, ou de profiter
de ce qu'ils ont d'utile. Mais peut-on
fe flatter de jouir jamais de tous ces
avantages ? Les tempêtes imprévûes,
les vents d'orage qui s'élevent fur nos
côtes, & dans les mers voifines de nos
ports, où la navigation eft fi connue,
& qui font périr tant de vaiffeaux dans
les parages où ils fe croyent le plus en
fûreté, nous donnent à penfer que les
variations étonnantes que notre atmofphère éprouve depuis quelques années, & qui établiffent des intempéries & des mouvemens extraordinaires dans l'air, que l'on ne peut ni prévoir ni éviter, peuvent fe faire fentir

de même dans les régions les plus éloignées de nous, dans l'un & l'autre hémisphère, rester également inconnues, & toujours fort dangereuses. Car comment se soustraire à des vents irréguliers, à des bourasques, à des ouragans auxquels on ne devoit pas s'attendre ? inutilement on en connoîtra la cause après coup, l'effet n'en sera pas moins funeste.

Il ne nous reste plus qu'à indiquer d'après le Géographe Varénius, les diversités locales qui se trouvent, relativement aux différentes côtes des Indes Orientales, dans les moussons générales dont nous venons de parler. Les plus fameuses sont celles de l'Océan indien, entre l'Afrique & les Indes Orientales jusqu'à la Chine.

Aux isles Molucques elles commencent en Janvier, & soufflent à l'Ouest pendant six mois, jusqu'au commencement de Juin ; elles tournent à l'Est en Septembre & en Octobre, mais en Juin, Juillet & Août, il y a un changement de mousson & des tempêtes furieuses qui viennent du Nord. Il est inutile de répéter ici que ces vents ne

K vj

font pas toujours directs à l'Eſt ou à l'Oueſt, mais qu'ils ſoufflent également des points collatéraux.

La mouſſon de l'Eſt varie beaucoup ſur les côtes, de ſorte que les vaiſſeaux qui vont dans la Perſe, l'Arabie, à la Mecque ou en Afrique, en venant de l'Inde en-deçà de la côte de Malabar, ne partent que depuis le mois de Janvier juſqu'à la fin de Mars, ou tout au plus tard au commencement de Mai; car à la fin de ce mois, & dans ceux de Juin, Juillet & Août, les tempêtes ſont fréquentes, accompagnées d'un vent de Nord, ou d'un vent forcé de Nord-Eſt. Les vaiſſeaux ne reviennent pas dans ces mois de toute cette longue côte, qui s'étend du golfe de Cambaie ou de Surate juſqu'au cap Comorin, c'eſt alors le temps de la ſaiſon pluvieuſe & des orages.

Sur la côte oppoſée de l'autre côté des montagnes des Gattes, de l'Oueſt au nord du Golfe de Bengale, tout le long de la côte de Coromandel, ces tempêtes ne s'y font pas ſentir, le ciel y eſt alors ſerein, les chaleurs extrêmes, & les vents réglés. Il eſt bon de se rappeller ici ce que nous avons dit de la température de ces pays, dans la théorie générale de l'air (*Tome 1 , disc. 2 , §. 19, 20 & 21*). On y verra les causes de ces variations.

Au royaume de Guzarate, au fond du golfe Persique du côté du Nord, fort au-dessus de la côte de Malabar, les vents de Nord-Ouest regnent la moitié de l'année, depuis Mars jusqu'en Septembre : ils font assez frais, quoique cette région soit sous le tropique, & pendant les six autres mois on y éprouve des vents de Sud qui sont peu interrompus par d'autres vents.

De Cochin, presque à l'extrémité de la côte de Malabar, pour aller à Malaca, de l'Est à l'Ouest, on commence à faire voile en Mars, car alors les moussons de l'Ouest s'y font sentir, ou plutôt il y souffle un vent de Nord-Ouest.

Les Hollandois partent le plus souvent aux mois de Janvier & de Février, pour revenir de Batavia en Europe, ils mettent alors à la voile avec un vent d'Est jusqu'au 18ᵉ degré de latitude méridionale où ils trouvent un vent de

Sud, ou de Sud-Est qui les accompagne jusqu'à l'isle de Sainte-Helène.

Dans l'isle de Ceilan, près du cap de Ponto-Gallo, il s'élève le 14 Mars un vent d'Ouest, ensuite un vent de Sud-Ouest constant depuis la fin de Mars jusqu'au premier Octobre, après quoi le vent de Nord-Est commence & dure jusqu'au milieu de Mars. Ces moussons arrivent quelquefois dix jours plutôt ou plus tard.

Le vent de Sud-Est est violent dans baie de Bengale après le 20 Avril, mais les vents de Sud-Ouest & de Nord y soufflent fortement à leur tour.

Les vents de Sud & de Sud-Ouest, & souvent celui de Sud-Est, sont favorables pour aller de Malaca à Macao, dans les mois de Juillet, Octobre, Novembre & Décembre ; mais en Juin, & au commencement de Juillet les vents d'Ouest excitent de fréquentes tempêtes dans les mers voisines de Malaca & dans celles de la Chine.

Le vent avec lequel on fait voile de Java à la Chine de l'Ouest à l'Est, commence au mois de Mai. Celui qui porte au Japon & dans la même direc-

tion, dure pendant les mois de Juin &
de Juillet ; c'eſt un vent de Sud-Oueſt
contrarié pendant le jour par un vent
de Nord ou ſes collatéraux à l'Eſt ,
mais la nuit il eſt remplacé par le vent
de Sud-Eſt ou de Sud-quart à l'Eſt.

Pour revenir du Japon à Macao de
l'Eſt à l'Oueſt en Février & en Mars ,
on a un vent d'Eſt & de Nord-Eſt : ces
vents ne dominent en mer que ſur les
côtes de la Chine , ainſi que l'éprouvent ceux qui font route du Japon vers
les Indes.

Quand on part des Philippines ou
de la Chine pour Acapulco dans la nouvelle-Eſpagne , on a un vent d'Oueſt en
Juin , Juillet & Août aſſez foible , excepté dans la pleine lune , & qui paſſe
ſouvent au Sud - Oueſt : on évite la
Zone torride , & on ſe porte ſur les
côtes ſeptentrionales de l'Amérique ,
pour fuir le vent général d'Eſt qui rend
le retour de l'Amérique aux Indes
Orientales ſi facile. Ces vents d'Oueſt
ſont ſouvent interrompus & plus foibles & plus doux que ceux d'Eſt qui
ſont fortifiés par le vent aliſé général.

Dans la mer de la Chine les-mouſsons de Sud & de Sud-Ouest arrivent en Juillet, Août & en Octobre, ils tournent bientôt à l'Est où ils soufflent pendant quelques jours, puis ils reviennent au Sud. Ce qui rend ces mers orageuses dans ces saisons, c'est qu'avant que ces moussons ne soient bien établies, le vent tourne quelquefois tout-d'un-coup de Nord-Est à Sud-Ouest, ou immédiatement du Nord au Sud, ce qui est assez fréquent.

Quoique dans presque tout l'Océan Indien, dont nous venons de parler, les moussons soient à l'Est depuis Janvier jusqu'en Juin, & à l'Ouest depuis Août jusqu'en Janvier, il y a cependant des temps fixés qu'on regarde comme plus favorables pour aller d'un lieu à un autre, parce qu'il regne dans ce temps-là plus ou moins de vents collatéraux, & que les vents particuliers, ou les brises de terre & de mer, ont plus d'effet : ainsi on connoît les plus favorables pour aller de Cochin à Malaca, de Malaca à Macao, de Macao au Japon ; ces moussons ne sont pas les mêmes, & on attend dans les différents ports, les tems où elles se levent.

Les moussons, comme on le voit, ne sont nulle part aussi variées & aussi intéressantes que dans l'Océan indien, à raison du grand commerce qui se fait par leur moyen ; il y a d'autres vents alisés annuels sur d'autres côtes, & dans d'autres mers, que nous allons indiquer en passant.

Au mois de Juillet, & quelquefois en Juin & en Août, les vents de Sud regnent au Cap-Verd en Afrique, quand l'hiver y est pluvieux, ce qui paroît venir, selon Varénius, de la même cause qui produit les vents de Nord en hiver.

Au royaume de Congo en Afrique, depuis le milieu de Mars jusqu'en Septembre, qui est le temps de l'hiver, il regne des vents de Nord, d'Ouest & de Nord-Ouest, & d'autres vents collatéraux qui rassemblent les nuages sur le sommet des montagnes, l'air s'épaissit & les pluies succedent (ce vent est le même que le vent général éthésien qui souffle en Grece, & dont nous parlerons). Mais depuis le mois de Septembre jusqu'en Mars, les vents sont tout opposés & viennent du Sud, de l'Est, du Sud-Est, & des autres points intermédiaires.

Dans la route de Mozambique à Goa dans l'Inde, il y a des vents de Sud qui regnent tout le long du chemin jusqu'à l'Equateur aux mois de Mai & de Juin ; mais depuis l'équateur jusqu'à Goa, les vents de Sud & de Sud-Ouest dominent dans les mois de Juillet, Août & suivans.

A deux degrés trente minutes de latitude Nord, les vents du Sud regnent sur la mer à 70 milles de distance de la Guinée, mais non sur la côte même depuis le 25 Avril jusqu'au 5 de Mai, & après le 5 de Mai, le même vent se fait sentir à trois degrés ou trois degrés & demi de latitude jusqu'au dernier de Mai ; en Février & en Mars les vents y sont de l'Est & du Sud.

Depuis Madagascar jusqu'au cap de Bonne-Espérance, le vent du Nord & son collatéral à l'Est, soufflent continuellement par mer & par terre dans les mois de Mars & d'Avril, & il est très-rare que les vents de Sud ou de Sud-Est s'y fassent alors sentir deux jours de suite.

Les vents qui regnent au cap de Bonne-Espérance, c'est-à-dire, à la ville de ce nom & dans la rade, ont des particularités qui exigent que nous en faffions une mention expreffe. Cette pointe de terre eft placée dans une latitude limitrophe de celle où les vents font conftans du côté du nord, & variables du côté du Sud, de maniere cependant qu'il n'y a que deux vents généraux qui regnent au cap, le Sud-Eft & le Nord-Oueft.

Les autres ne durent que quelques heures, & ne doivent être regardés que comme des paffages du Nord-Eft au Sud-Oueft. Les vents de Nord & de Nord-Oueft amenent le gros temps & les orages dans les mois d'Avril, Mai, Juin, Juillet & Août : ces orages quelquefois furieux, ne font pas fré-quens : les vents d'Oueft, de Sud-Oueft, & de Sud font ordinairement accompagnés de brumes, de nuages, & même de pluies ; ils font affez communs, mais de peu de durée. Le Nord-Oueft quelquefois eft foible, & n'eft qu'une petite petite brife de mer qui s'éleve le matin, & dure jufques

vers midi dans la belle saison ; quelquefois il est fort, violent, & souffle pendant plusieurs jours de suite, dans les
mois de Mai, Juin, Juillet, Août & Septembre ; il se fait sentir encore par intervalles dans les autres mois de l'année, & alors le ciel est obscur, & la
température fort variable : lorsqu'il a
soufflé avec force pendant quelque
temps, il amene de la pluie.

Mais le vent de Sud-Est est celui qui
domine au cap dans tous les mois de
l'année, plus fréquemment depuis le
mois d'Octobre jusqu'à celui d'Avril
que dans les autres, non qu'il soit précisément au même point, il va du Sud-
Sud-Est jusqu'à l'Est-Sud-Est. Il est
froid, sec, & le ciel est toujours clair
quand il souffle, à moins qu'il ne commence après un temps pluvieux & né-
buleux, alors il repousse les nuages
contre les montagnes où ils se rassemblent, ce qui les fait refluer en sens
contraire & obscurcir l'air ; ou lorsqu'il est bas & foible, & qu'un vent
du côté de l'Ouest regne dans la région
supérieure de l'atmosphère, & doit
l'emporter sur le-Sud-Est, alors ce

vent amène des nuages épais, & il pleut quelquefois, pendant que le Sud-Est se fait encore sentir; mais c'est le vent d'Ouest supérieur qui décide de l'état de l'air. Ces variations sont assez rares, parce que le Sud - Est l'emporte presque toujours sur les vents opposés.

Il commence ordinairement à souffler sur les quatre ou cinq heures du soir, il augmente de force jusqu'à ce que la nuit approche, il tombe ensuite entre dix heures & minuit, & le reste de la nuit est calme. Souvent il se fait sentirr un peu après midi; alors il dure plus long-temps, & il ne cesse que sur les trois ou quatre heures du matin. On éprouve encore, après qu'il est tombé de la pluie, que le vent de Sud-Est s'éleve subitement avec force à toute heure indifféremment, & qu'il regne deux, trois, & même quatre jours de suite sans se rallentir sensiblement. Dans ces circonstances, il souffle d'abord par fortes bouffées, entremêlées de quelques intervalles de calme dont la durée diminue de plus en plus j[ay]

qu'à ce que le mouvement de l'air
foit également fort & continuel ; lorfque ce vent eft prêt à finir, les intervalles de calme entre chaque bouffée,
reviennent & augmentent jufqu'à ce
que le calme regne entiérement.

On obferve encore, qu'après que
ce vent a foufflé pendant plufieurs
jours de fuite, foit fans interruption,
foit qu'il ait été remplacé tous les
matins par une légere bife de Nord-
Oueft, alors il fait place à quelques
jours de calme qui font ordinairement
fuivis de deux ou trois jours de temps
variable, couvert & quelquefois pluvieux, pendant lefquels les vents de
Nord, Nord-Oueft, Sud, Sud-Oueft
fe fuccedent les uns aux autres, mais
dès qu'ils ont ceffé, ou amené quelque pluie, le vent de Sud-Eft reprend
fes droits, fur-tout à la pointe occidentale de l'Afrique, car il diminue
de force à mefure qu'il fouffle plus
loin du cap. (*v. les Mém. de l'Acad.*
des Sciences, an. 1751 *, pag.* 439 &
fuiv.)

On voit l'origine de ce vent conftant, dans la forte évaporation qui fe

fait dans les mers qui s'étendent du
cap au Pole Auftral, & dans l'agitation violente où l'on trouve l'air à dix
ou vingt degrés au-delà, en s'approchant du Pole. Il feroit curieux d'obferver fi le temps où les vents font les
plus forts au cap, n'eft pas celui où
ces mers toujours furieufes font le
plus tranquilles : alors la matiere de
ces tourbillons impétueux qui battent
les vaiffeaux d'une maniere fi cruelle,
s'echappant du centre autour duquel
elle étoit emportée, prend fon cours
par une ligne droite, & vient agiter
l'air du cap où elle entretient une fraicheur & une falubrité conftantes. Au
refte, quand cette conjecture auroit
quelque réalité, il ne feroit pas moins
difficile de tenir ces mers ; les deux
extrêmes de chaud & de froid, les
deux principes de raréfaction & de
condenfation qui font à ces latitudes
dans une oppofition continuelle, doivent être la fource de tempêtes fans
ceffe renaiffantes, & fournir une matiere inépuifable au vent du Sud-Eft
qui s'en échappe, & vient fe faire
fentir à la pointe de l'Afrique où il
domine toujours.

§. XVIII.

Vents ou Brises de terre & de mer.

Les vents particuliers de mer & de terre, propres à chaque pays, reviennent avec tant de régularité, qu'on doit les mettre au rang des vents périodiques constans, & que l'on ne peut pas douter qu'ils n'influent beaucoup sur l'état général des moussons dont nous avons parlé. Les vents ou brises de mer ne font autre chose que des vents réglés qui soufflent de la mer sur les côtes pendant le jour & cessent la nuit, avec cette différence des vents de terre, que tant ceux qui varient, que ceux qui ne varient pas, soufflent toujours à-peu-près d'une même pointe, au lieu que les brises de mer, quand elles se lèvent le matin, soufflent d'ordinaire comme des vents de côte réglés du même trait de compas, sans presque s'en écarter : mais environ midi, elles s'éloignent de deux, trois ou quatre pointes de la terre, & soufflent presque directement le long de la côte,

sur-tout

ſur-tout quand le ciel eſt ſerein , car
c'eſt alors que ces vents ſont le plus
réglés dans leur marche. Leurs variétés ſont occaſionnées par les progrès
de la raréfaction , qui augmente à meſure que le ſoleil échauffe davantage
l'atmoſphère. Ces vents ſe levent ordinairement vers neuf heures du matin, un peu plutôt ou un peu plus tard :
d'abord ils s'approchent de terre ſi
doucement , que ſi on ne les connoiſ-
ſoit pas , on ſeroit perſuadé qu'ils ſont
au moment de ceſſer : c'eſt que l'évaporation qui les produit ne fait que
commencer , le ſoleil ayant à peine
échauffé la ſurface des mers qu'ils
parcourent. A la naiſſance de ces
vents, la mer qui eſt entre le lieu de
leur origine & la terre eſt unie comme
une glace ; elle a à-peu-près le même
aſpect , paroît auſſi polie , & réfléchit
les objets : c'eſt le temps où la mer le
long des côtes eſt la plus gracieuſe à
voir. Ces vents ne ſemblent agir que
pour applanir la ſurface des eaux.
La mer dans les différens parages doit
être telle qu'elle ſe préſente aux environs de Veniſe , dans les belles ſoirées

Tome VI.   L

de l'été, par un temps calme, un peu avant le coucher du soleil, & immédiatement après. La réflexion des objets divers, les couleurs variées & vives dont cette grande surface est teinte, la tranquillité qui y regne, la vivacité, & ensuite la dégradation insensible de ces teintes, présentent le spectacle le plus intéressant & le plus curieux : la nature y déploie des beautés qui n'appartiennent qu'à elle, & que les efforts de l'art ne peuvent jamais imiter que très-imparfaitement.

Une demi-heure après que ces vents ont atteint la terre, ils soufflent plus fort, & ils augmentent par dégré jusqu'à midi, alors ils sont à leur plus grande force & continuent ainsi, jusqu'à deux ou trois heures, ils commencent à diminuer, & vers les cinq heures environ, relativement à la disposition générale de l'air, ils cessent entiérement, & ne reparoissent que le lendemain. Dans la belle saison, ces vents reviennent avec autant de constance dans leur latitude que le jour après la nuit : s'ils manquent, ce n'est que dans la saison humide : ou par quel-

que accident dont il est aisé de s'appercevoir, & qui ne doit pas durer. Nous
avons vu ailleurs combien ils sont salutaires dans les Antilles, dont ils temperent la chaleur au point qu'on peut
voyager & agir librement dans le milieu du jour, & avec moins d'incom-
modité que le soir & le matin ; on
éprouve le même avantage à la côte
du Brésil, sur celle de Coromandel,
& dans la plupart des régions situées
entre les tropiques (*Dampier, Traité
des Vents, ch. 5*).

Les vents de terre soufflent dans une
direction opposée de la côte à la mer
pendant la nuit & non pendant le jour,
avec tant de violence qu'il est impossible d'aborder alors à quelques isles
telles que la Jamaïque. On ne sçauroit
marquer précisément le temps où ils
commencent, ni celui auquel ils cessent de souffler, ils sont moins réglés
que ceux de mer, l'évaporation des
terres ne se faisant pas avec autant de
précision & d'abondance que celles
des eaux, & les matieres qu'elle porte
dans l'air étant de qualité tout-à-fait
opposée.

D'ordinaire ils se levent entre six heures du soir & minuit, & continuent jusqu'à six, huit & dix heures du matin; ils commencent & tombent plutôt ou plus tard, selon la disposition de l'air, la saison, & les variations accidentelles du sol: car en certaines côtes ils se levent plutôt, soufflent plus fort & plus long-temps que dans d'autres, ce qui dépend du mouvement intérieur de fermentation, & d'un sol plus ou moins chargé de matieres susceptibles d'évaporation. Dans les isles sujettes à de grandes révolutions, les vents de terre d'une force & d'une durée extraordinaires annoncent quelques mouvemens impétueux, quelque ouragan qui ne tardera pas à se faire sentir, & dont la cause est au centre de l'isle.

Ces vents soufflent de terre à la mer de quelque côté que soit tournée la côte, & non-seulement ils sont sensibles près des rivages, mais encore dans les parties méditerranées & éloignées de la mer, ainsi qu'on l'éprouve dans toute l'étendue de Saint-Domingue. Dans les vallées ils soufflent sui-

vant la direction des montagnes, &
sans aucun rapport aux mers qui avoisinent les terres ; ainsi la mer étant au
Nord & au Sud, si les vallées ont leur
débouché à l'Est ou à l'Ouest, les vents
en prennent la direction qu'ils gardent : ce qui fait que dans une même
terre, souvent à peu de distance, on
sent des vents tout-à-fait opposés, &
dont l'action peut influer sur les moussons qui soufflent dans leur voisinage.
On remarque néanmoins dans toutes
les isles, que de l'un & l'autre côté de
la terre, les vents prennent toujours
leur cours vers la mer la plus proche,
sur laquelle ils soufflent en droite ligne,
à moins qu'une montagne interposée
ne les fasse refluer sur eux-mêmes,
& ne les rejette dans quelque vallée
voisine d'où ils aboutissent enfin à
la mer.

Si le sol de l'isle est uni, sans montagnes & sans grandes inégalités, ils
soufflent du milieu aux deux bords opposés : au contraire, si le sol est disposé
de maniere qu'il soit fort élevé d'un
côté & bas de l'autre, le vent prend sa
direction du côté le plus haut sur le plus

bas, & n'est sensible que sous cette direction. Ainsi le cours de ces vents est peu élevé dans l'atmosphère, & ils ne doivent leur existence qu'à un air inférieur assez condensé. Ils s'étendent sur mer à proportion que la côte est plus ou moins unie, & que les vents de mer de la journée y ont plus d'accès ; ils semblent y déposer la matiere qui doit former ceux de la nuit. En quelques endroits, ils sont frais à trois ou quatre lieues de terre, en d'autres à peine passent-ils les rochers qui bordent les côtes ; s'ils s'échappent par intervalles à un mille ou deux, ils ne durent pas & s'évanouissent aussitôt, ce qui vient de la nature du sol sec & pierreux qui fournit moins à l'évaporation qu'un terrein gras, couvert de bois, où il se trouve des eaux abondantes.

D'autres causes les arrêtent encore, & ils sont très-foibles sur les côtes qui sont battues des vents généraux, telles que les côtes orientales des isles, où le vent général alisé souffle du côté de terre, & les pointes des isles ou des continens qui sont exposés aux vents de mer, sur-tout quand le vent général souffle de biais sur la côte. Les pointes de terre qui s'avancent le plus dans la mer, sont aussi les plus battues des vents généraux, & dès - lors sentent moins les vents de terre.

Le vent général si utile pour les voyages de long cours, devient le tourment des navigateurs qui, pour des affaires de commerce, suivent la côte dans de petits bâtimens ; il les met dans le plus grand embarras pour doubler les caps un peu avancés dans la mer. Dampier raconte que les matelots grossiers & ignorans, imaginoient que quelques démons occupoient ces caps, arrêtoient le vent de terre, ou les empêchoient d'en profiter pour les doubler : des armateurs fatigués de la peine qu'ils avoient à les passer, s'en approchoient & tiroient leur canon, pour tuer, disoient-ils, le vieux diable qui leur faisoit obstacle.

Les gens de mer qui voyagent aux Indes Occidentales dans de petits bâtimens, se promettent un bon vent de terre des brouillards qui se répandent sur les côtes avant la nuit : c'est pour eux un présage certain d'un vent favo-

L iv

rable. Quand l'air se condense à la surface de la terre, & y prend la forme d'une fumée épaisse, ils comptent faire bonne route : autrement, ils sont presque assurés que le vent sera foible & de peu de durée au-moins pendant la nuit. Ces observations n'ont lieu que dans la belle saison ; dans le temps des pluies on voit souvent les brouillards croupir tout le jour sur la terre, sans qu'il s'éleve pour cela aucun vent de terre ou de mer reglé. Les tornados qui se forment dans l'après-midi, annoncent de même un nouveau degré de force dans le vent de la nuit.

On remarque que la plupart des vents de terre, dont nous venons de parler, sont beaucoup plus frais que ceux de mer, ce que l'on ne peut attribuer qu'à la qualité des exhalaisons qu'ils répandent dans l'air. Ceux de mer sont plus tempérés, cependant assez rafraîchissans & de la plus grande utilité dans les climats chauds ; depuis neuf à dix heures du matin jusqu'à deux ou trois heures après midi. Dans l'intervalle entre les deux brises, lorsque l'air est calme, on a peine à respirer jusqu'à ce que le vent se leve pour modérer la chaleur, que l'on commence à sentir dès que le soleil paroît : le soir, après que le vent de mer a cessé, l'air est étouffant jusqu'à ce que le vent de terre souffle, ce qui n'arrive quelquefois qu'à minuit & même plus tard, quand le sol & son atmosphère immédiate commencent à se rafraîchir.

Ces vents tirent leur origine de la disposition actuelle de la terre & des eaux : pendant le jour les eaux échauffées par le soleil, répandent dans l'air inférieur une grande quantité de vapeurs aqueuses, qui se raréfient encore après leur élévation, & acquièrent une expansion qui peut aller à 8000 fois au-delà du volume qu'elles ont dans leur état naturel ; dès-lors elles augmentent prodigieusement l'étendue de l'air de la mer qui s'écoule vers les terres où il trouve moins de résistance pendant le jour, parce que l'évaporation y est en quelque sorte interrompue. Mais comme la terre conserve plus long-temps la chaleur dont elle a été pénétrée, que l'eau, même après que la cause qui l'a échauffée a

L v

cessé d'agir, il s'ensuit que son évaporation est plus forte pendant la nuit que
celle de la mer, où l'air plus froid &
plus resserré, cede à son tour la place
à celui qui s'étend de la terre sur les
plages voisines. Ces vents font quelquefois si forts qu'ils rendent plusieurs
côtes inabordables pendant la nuit ;
c'est une qualité de l'atmosphère de la
Jamaïque, qui la garantit de toute in-
vasion nocturne. Les vents alternatifs
de terre & de mer regnent sur-tout aux
Antilles sur quelques côtes de l'Amérique, & dans les terres situées entre
les tropiques qui font voisines de l'E-
quateur : il est plus difficile d'aborder
sur toutes ces côtes la nuit que le jour.
C'est par la même raison que les petits
météores errants connus sous le nom
de feu follets, qui se forment dans les
terres grasses voisines des marais & des
lacs, prennent par une route fort irréguliere leur direction sur les eaux où
le courant de l'air les emporte.

§. XIX.

Autres Vents de terre & de mer, particuliers à certaines régions.

Dans quelques contrées de la Zone torride, ou dans les climats dont la température est semblable, il s'éleve à certaines saisons marquées, ou par des mouvemens de l'air irréguliers & imprévus des vents de terre terribles par leurs effets, & sur-tout par la chaleur brûlante qu'ils répandent dans l'air.

Les chaleurs sont excessives à la côte de Coromandel pendant le mois de Mai ; tous les ans dans cette saison il souffle à Masulipatan, pendant sept ou huit jours, un vent d'Ouest qui y échauffe plus l'air que le soleil le plus ardent, sans que l'on puisse suer, jusqu'à la nuit, mais alors tout le monde est pris de la transpiration la plus abondante. Pendant le jour personne ne quitte sa maison, on risqueroit d'être suffoqué ; on est comme environné de feux de toutes parts, il semble qu'on

L vj

ne respire que des flammes. On prétend que les planchers & les meubles
s'échauffent tellement par la chaleur,
qu'on est obligé de les arroser continuellement crainte qu'ils ne s'allument.
Ces chaleurs violentes durent depuis
neuf heures du matin jusqu'à quatre
heures après midi : le vent de mer n'y
rafraîchit pas alors l'air comme aux
Antilles ; il semble au contraire, que
s'il y en a un, il ne serve qu'à mettre
en action les exhalaisons brulantes qui
s'élevent d'un sol desséché par le soleil
le plus ardent.

On éprouve ailleurs sur cette longue
côte, d'autres vents aussi brûlans, que
les Portugais appellent Terrenos,
parce qu'ils soufflent de terre quelquefois une semaine de suite sans interruption, & qu'ils sont les plus chauds
qu'on puisse imaginer ; ils sont à
l'Ouest, & se font sentir au mois de
Juin, de Juillet & d'Ouest, saison de
la mousson d'Août, qui le long de
cette côte est toujours Sud-Ouest,
quand elle n'est pas contrariée par
d'autres vents. Pour se garantir de ces
vents, lorsqu'ils commencent à souf-

ller, ceux qui le peuvent, sur-tout les Européens, ne sortent point, & tiennent portes & fenêtres exactement fermées. Ces vents sont si actifs, au moins sur les Européens, qu'on s'apperçoit de leur retour au moment même qu'ils naissent, par l'altération qu'ils causent dans les corps; quoique l'on soit dans un appartement bien fermé, on est dans l'instant baigné de sueur : les Indiens y sont moins sensibles, ils ont seulement alors la peau extrêmement aride & rude, particulierement celle du visage & des mains. Mais s'ils sortent pendant ce tems; le sable que ce vent emporte dans les airs comme des tourbillons de fumée, qui se répand dans toute la campagne & jusques dans les rades voisines, ne les incommode pas moins que les étrangers. Ce vent tient de la nature des exhalaisons, dont l'air de toute cette partie des Indes est chargé; ce qui produit par-tout un effet marqué, tant sur les étrangers que sur les naturels du pays.

La côte de Malabar a de ces vents aux mois de Décembre, de Janvier &

de Février ; le golfe Persique en éprouve dans les mois de Juin , de Juillet &
d'Août , qui surpassent en chaleur ceux
des côtes dont nous venons de parler.
On a vu dans la Théorie générale de
l'air , que cette saison est mortelle pour
les marchands d'Europe qui hasardent
d'y rester ; il se retirent dans les montagnes & même jusqu'à Ispahan. Souvent il s'éleve pendant l'été , le long de
ce golfe, sur les terres qui le bordent des
deux côtés , un vent très-dangereux,
que les habitans appellent samyel : il
est suffoquant & mortel. Son action ne
peut être comparée qu'à celle d'un
tourbillon de vapeurs enflammées, où
on ne peut manquer d'être étouffé ,
lorsqu'on s'y trouve malheureusement
enveloppé.

Les terres de l'Arabie sont exposées
à un vent de même espece, qui suffo-
que les hommes & les animaux ; il enleve & transporte les sables en assez
grande quantité pour obscurcir l'air
comme des nuées épaisses , d'où sortent des tourbillons formidables, qui
couvrent de sables ardens les ponts des
vaisseaux sur lesquels ils s'abattent.

Souvent en Egypte il regne en été, sur-tout avant le tems de l'inondation du Nil, des vents de midi si chauds, qu'ils empêchent la respiration, la lumiere du jour est obscurcie par l'abondance des sables qu'ils emportent avec eux, & qu'ils chassent avec tant de violence, qu'ils pénetrent dans les coffres les mieux fermés. Lorsque ces vents durent plusieurs jours, ils augmentent la violence des maladies épidémiques, & rendent la mortalité beaucoup plus considérable. J'ai rapporté ailleurs sur quoi paroissoit fondée la tradition, qui dit que des armées entieres ont été détruites par ces vents.

Ces mouvemens impétueux d'un air brûlant, qui font périr les hommes & les animaux, ne font, heureusement, pas de longue durée, mais ils sont terribles; plus ils ont de vîtesse, plus ils font ardens, au lieu que les vents ordinaires raffraîchissent d'autant plus l'atmosphère que leur cours est plus accéleré. Cette différence ne vient que du degré de chaleur de l'air; tant qu'elle est moindre que celle des corps des animaux, le mouvement de l'air eſt rafraîchiſſant ; mais ſi elle eſt plus grande, alors ſon cours précipité ne peut que deſſecher & brûler. (*Voyez l'Hiſtoire Naturelle du Cabinet du Roi, T. 2, Ed. in-12, pag. 261*).

D'où vient cette chaleur prodigieuſe, ſinon de l'action vive des rayons du ſoleil ſur l'atmoſphère inférieure & ſur la ſurface d'un ſol naturellement aride, qui raréfie à l'excès le peu de vapeurs humides qui s'en élevent, & n'y laiſſe plus que des exhalaiſons ſulfureuſes & ſeches, échauffées à un très-haut degré, & dans une agitation extrême ?

Ces phénomenes ne font ſentir leur violence que dans les régions les plus arides de la Zone torride, & dans les bandes de terres voiſines, où les chaleurs ne font pas moins vives, eu égard à leur ſituation & à l'action du fluide ignée terreſtre combinée avec celle du ſoleil, qui produiſent ces effets étonnans, dans des pays abandonnés aux horreurs d'une ſechereſſe éternelle ; par-tout ailleurs les vents ſont plus ou moins impétueux, relativement à la quantité des matieres qui les produit, & à la durée de leurs caufes. On fçait que les vents les plus forts de terre fe font fentir d'ordinaire dans les golfes ou grandes baies, fur les grands lacs qui fe trouvent dans l'intérieur des terres, & parmi cette multitude d'ifles raffembées dans quelques mers. On voit que les vapeurs dans toutes ces fituations différentes fe réuniffent & fe condenfent plus aifément, & donnent enfuite un cours déterminé à l'air : leurs qualités répondent à celles des matieres qui les produifent.

Un vent qui vient du côté de la mer, eft toujours humide, frais en été, & chaud ou au moins tempéré en hiver, à moins que la mer ne foit glacée. C'eft pourquoi, dans les latitudes les plus avancées aux deux poles, où le froid devient extrême, on trouve une mer plus ouverte, plus libre, un air plus tempéré, & des vents moins violens & plus réglés que ceux qui regnent au milieu des glaces du Grœnland & de la nouvelle-Zemble, ou dans la partie la plus connue des terres Auftrales. La raifon en eft que, toute furface d'eau

fournit la matiere d'une évaporation
abondante & continuelle, ſoit qu'elle
ſoit expoſée à l'action du ſoleil, ſoit
par la ſeule impulſion du fluide ignée.
On peut en juger par la promptitude
avec laquelle l'eau expoſée à l'air dans
un vaſe, s'évapore, même dans les
ſaiſons où la chaleur eſt à peine ſenſible : d'où il s'enſuit que l'air qui couvre
immédiatement un certain eſpace de
la mer, eſt chargé de beaucoup de vapeurs aqueuſes, & que les vents qui
viennent de ce côté, doivent toujours
être frais & humides, relativement
aux climats dont le ſol eſt échauffé par
le ſoleil qu'ils ont à leur zenith. En
été l'eau s'échauffe moins que la terre
par les rayons du ſoleil; elle en ab-
ſorbe beaucoup moins, & leur pré-
ſentant ſans ceſſe une ſurface mobile
ſur laquelle ils ſe briſent, ils ne peuvent pas y établir une forte chaleur;
au lieu qu'en hiver, l'eau de la mer,
qui reſte toujours fluide, & qui, jamais n'intercepte les émanations du
fluide ignée qui ſort du fond de ſon
lit ou qui circule dans ſa maſſe, conſerve plus de chaleur qu'une terre hé-

riffée de glaces & de neiges, & refferrée à une grande profondeur, par des ge-lées longues & très-vives. Or comme l'air contigu à un corps partage fon de-gré de froid ou de chaud, l'air qui cou-vre la mer doit être plus chaud en hiver que celui qui eft contigu à la terre, & le même air eft réciproquement plus frais en été. On peut dire encore que les vapeurs que l'eau exhale en hiver, étant plus chaudes que l'air dans lequel elles fe répandent, ainfi qu'on en peut juger par la condenfa-tion qui les rend fenfibles auffi-tôt qu'elles s'éloignent du lieu de leur origine ; il faut que ces vapeurs entre-tiennent du mouvement & confervent de la chaleur, plus dans la partie de l'atmofphère qui eft au-deffus de la mer, que dans celle qui couvre les terres voifines : mais en été les rayons réflé-chis de la furface de la terre dans l'air, étant plus directs & plus actifs que ceux qui fe réfléchiffent de l'eau, les exhalaifons feches & chaudes étant plus abondantes que les vapeurs hu-mides & fraîches, parce que les éma-nations du fluide ignée fe font alors plus librement & sans mélange ; l'atmofphère terreftre fera beaucoup plus échauffée que l'atmofphère maritime.

Dès-lors les vents qui viennent des continents, doivent être fecs & chauds en été & froids en hiver : ces degrés différens portés à l'extrême dans quelques climats, y produifent les effets extraordinaires & fouvent fi nuifibles, dont nous venons de rapporter quelques exemples. Dans des régions beaucoup plus tempérées, les vents ont quelque analogie avec ces vents extraordinaires, parce que les vapeurs ou exhalaifons qui s'élèvent de la terre dans la faifon des plus fortes chaleurs, font beaucoup plus atténuées & moins fenfibles que celles qui s'élèvent de l'eau : les vents des continents entraînent alors peu de vapeurs dans leur cours, & font plus fecs & plus chauds que ceux qui viennent de la mer, mais ils font plus froids en hiver, & rendent l'air ferein & fec, tandis que ceux de mer y apportent une humidité qui y établit des brumes plus ou moins épaiffes, relativement à l'abondance des vapeurs & au degré du froid.

'Ainsi les vents du Nord & du Sud doivent être regardés comme l'effet de la chaleur de l'atmosphère ou du froid qui y regne. Nous pouvons en juger par ce qui se passe dans nos climats dans les deux saisons opposées ; un vent du Sud tourne au Nord, & devient froid s'il est tombé de la neige ou de la grêle ; & celui qui est au Nord dans les matinées fraîches ou dans les gelées médiocres de l'hiver, tourne insensiblement au Sud par l'Est à midi, après que le soleil a échauffé l'air & le sol : le soir, lorsque la terre se refroidit, il retourne au Nord par l'Est. C'est une observation que j'ai souvent repétée, & que toujours j'ai trouvée juste dans nos climats plus froids que chauds : elle peut servir à nous donner une idée des causes qui produisent les variations des vents alternatifs de terre & de mer, & des moussons entre les tropiques.

§. X X.

Bonaces ou calmes de mer, & leurs causes.

Le vent général qui regne dans les grandes mers entre les tropiques, les vents alifés ou changeans, & les mouffons qui fe fuccédent & foufflent de différens points du cercle horifontal pendant prefque toute l'année, les uns affez avant en pleine mer, les autres feulement à quelques diftances des côtes , n'empêchent pas que l'on ne trouve, dans plufieurs de leurs parages , des calmes fréquens , que les vaiffeaux redoutent autant que les tempêtes : ils font capables de les arrêter dans un même endroit, fouvent un long efpace de tems, dans un air ftagnant , échauffé , qui fe corrompt promptement, & peut caufer des maladies dangereufes aux équipages qui reftent dans une inaction forcée.

Ces parties de la mer font inabordables, parce que alternativement on

y tombe dans des calmes, ou on y eſt
expoſé à des ouragans. Les Eſpagnols
ont appellés ces endroits, calmes ou
Tornados. Les plus conſidérables ſont
auprès de la Guinée, à deux ou trois
degrés de latitude nord ; ils ont 300
ou 350 lieues de longueur ſur autant
de largeur. Le calme & les orages
ſont continuels ſur cette côte, où
des vaiſſeaux ont été retenus trois mois
de ſuite ſans pouvoir en ſortir. On en
trouve de ſemblables ſur les côtes
d'Angola, du ſixieme au quinzieme degré de latitude méridionale : ils ſont
moins dangereux que ceux de la mer
de Guinée. Vers la baie d'Arica, ſur
les côtes occidentales de l'Amérique,
environ le dix-huitieme degré de la
même latitude, on éprouve des calmes
à 30 ou 40 lieues des côtes : ils durent
deux ou trois jours, & rarement au-
delà ; ce ſont les moins dangereux de
tous. Ils ſont très-fréquens & preſque
continuels ſous l'Equateur, à deux ou
trois degrés de chaque côté de la ligne ;
de ſorte que ſans le ſecours de quelques vents d'orage, on feroit difficilement cette traverſée qui eſt au plus de

120 ou 130 lieues, que les vaisseaux
sont quelquefois plus de temps à parcourir que la grande mer qui s'é-
tend du cap de Bonne-Espérance à la
ligne.

Si les vaisseaux qui passent de l'Europe aux Indes orientales, prennent
leur route par la mer de Guinée où elle
est la plus courte, souvent ils y sont
arrêtés jusqu'à trois mois de suite, &
n'en sortent que par le secours des ouragans ou tornados aussi fréquens dans
cette mer que les calmes qu'ils précédent ou qu'ils terminent ; c'est pourquoi les pilotes, pour ne pas tomber
dans ces inconvéniens, prennent la
route la plus longue, & portent directement sur les côtes du Brésil, afin
qu'au moyen des vents obliques, ils
passent plus promptement au-delà de
la Zone torride, où ils trouvent des
vents favorables dans les latitudes australes, qui leur facilitent les moyens
de doubler le cap de Bonne-Espérance.

Il y a quelque chose d'étonnant dans
ces calmes propres à cette partie de la
mer Atlantique, & que l'on n'éprouve
pas

pas dans les autres qui se trouvent également dans la Zone torride; il est difficile sans doute d'en déterminer la cause. Varénius l'attribue au peu d'effet de l'évaporation qui se fait dans les terres situées entre la Barbarie & la Guinée ; on n'y voit point de montagnes ni de neiges dont la fonte produise assez de vapeurs pour que leur expansion détermine le cours de l'air vers l'Occident. On trouve ailleurs (*Dict. Encyc. Art. Vents*), une autre explication de la cause de ces calmes constans « qui regnent dans certaines par-» ties de l'Océan Atlantique vers le » milieu : car dans cet espace qui est éga-» lement exposé aux vents d'Ouest vers » la côte de Guinée , & aux vents alisés » d'Est, l'air n'a pas plus de tendance » d'un côté que de l'autre, & par con-» séquent est en équilibre. ...). M. de » Buffon (*Hist. natur. t. 2, edit. in-*12, *pag.* 269), leur assigne une autre cause relative à la théorie générale de la terre. ... « Lorsque les vents contraires » arrivent à la fois dans le même en-» droit, comme à un centre, ils produi-

» sent les tourbillons & les tournoye-
» mens d'air par la contrariété de leurs
» mouvemens, comme les courants
» contraires produisent dans l'eau des
» goufres ou des tournoyemens. Mais
» lorsque ces vents trouvent en oppo-
» sition d'autres vents qui contrebalan-
» cent de loin leur action, alors ils tour-
» nent autour d'un grand espace dans
» lequel il regne un calme perpétuel,
» & c'est ce qui forme les calmes dont
» nous parlons, & desquels il est sou-
» vent impossible de sortir.... A la véri-
» té je serois porté à croire que la con-
» trariété seule des vents ne pourroit
» pas produire cet effet, si la direc-
» tion des côtes, & la forme particu-
» liere du fond de la mer dans ces en-
» droits n'y contribuoient pas. J'ima-
» gine donc que les courans causés en
» effet par les vents, mais dirigés par
» la forme des côtes & des inégalités
» du fond de la mer, viennent tous
» aboutir dans ces endroits, & que
» leurs directions opposées & contrai-
» res forment les tornados en question,
» dans une plaine environnée de tous

» côtés d'une chaîne de montagnes ».
Je ne prétends pas révoquer en doute
tout ce que cette hypothèse a de vraisemblable ; mais si les tornados de
terre nous peuvent donner une idée
de ceux de mer, nous verrons d'après
des observations certaines, que souvent ils se forment à la surface des plaines les plus unies, autour desquelles
l'air s'élève en circulant avec une véhémence étonnante, tandis qu'au centre il regne un calme parfait ; on y
entend le bruit du vent, on en voit
de loin les effets, mais on ne les ressent pas.

Ne trouvera-t-on pas plutôt la cause
de ces accidens particuliers aux mers
que nous avons désignées, sur-tout à
celle de Guinée, dans la nature du sol
des régions voisines, qui n'est formée
que de rochers arides ou de sables brulans. Ces matières s'échauffent éton-
namment par l'ardeur du soleil, & conservent plus long-temps leur chaleur
que toute autre espece de terrein ; ainsi
non-seulement pendant le jour, mais
même pendant la nuit, ce sol est ardent
de même que son atmosphère immé-

diate, qui doit être en conséquence très-
légere & très-raréfiée (*a*). Par une suite
de ces mêmes principes, l'air que le
mouvement général d'Orient en Occident apporte sur ces contrées, s'é-
chauffe, se raréfie & s'éleve tellement
qu'il en coule peu sur l'Océan; son
cours n'y est plus sensible : l'air des
contrées plus voisines du midi, du
couchant & du nord, poussé par son
propre poids, reflue dans cette région
de l'atmosphère où il prend les mêmes
qualités : c'est cette direction simulta-
née de tous ces courans d'air opposés
entre eux, & leur anéantissement à un
même point, qui forme ce calme, dans
lequel tout mouvement est suspendu.

On ne doutera pas que ces divers
courans d'air n'aboutissent sur ces parages, si l'on fait attention aux nuées
qui se forment au-dessus, dans la région
la plus élevée de l'atmosphère, où les
vapeurs & les exhalaisons sont portées
par la réflexion des vents qui soufflent

(*a*) Voyez le T. 1 de cette Hist. Disc. 2,
§. 22.

en sens contraires. Leur éloignement
& leur hauteur, lorsque l'on commence à les appercevoir, font qu'elles ref-
semblent aux noix ou à un œil de bœuf,
dont les pilotes leur ont donné le
nom. Leur chute produit les tempêtes
horribles dont nous avons parlé. Elles
font à craindre, & cependant les gens
de mer font contraints de les fouhaiter,
comme le feul moyen qu'ils aient de
fortir de ces calmes dangereux où ils
fe trouvent pris.

Ces tempêtes difperfent ordinairement les vaiffeaux, s'il s'en trouve
plufieurs enfemble, & les portent à
différens points ; il femble alors que
l'air devenu plus actif & plus libre re-
prenne fon cours naturel, & fuive les
directions qu'il avoit avant que de
s'être entiérement raréfié dans cet efpace. Il fort de ces nuages finguliers
plufieurs vents contraires qui portent
les vaiffeaux fur des plages oppofées,
parce que l'équilibre qui s'étoit établi
entre eux par les difpofitions de l'atmofphère où ils aboutiffoient, venant à
être rompu, & leur direction changée,
ils prennent chacun leur cours du côté

où ils trouvent le moins d'obstacle. Les causes des bonaces & des tempêtes fréquentes dans ces mers, font donc les mêmes ; il est nécessaire que ces vents opposés qui tombent dans un même espace, y rassemblent beaucoup de vapeurs qui se condensent dans la région supérieure de l'air par le froid qui y domine, s'y forment en nuées épaisses dont la chute excite de violens orages, utiles en ce qu'ils rétablissent la circulation dans ces espaces où les eaux de la mer trop long-temps stagnantes se corromproient, si un air nouveau ne venoit les rafraîchir & leur rendre le mouvement qu'elles avoient perdu. Les Navigateurs qui se trouvent arrêtés par ces calmes, s'apperçoivent qu'après un certain temps les eaux de la mer deviennent fétides, & répandent une puanteur aussi nuisible qu'elle est insupportable.

§. XXI.

Vents périodiques de terre ou Ethésiens généraux.

On appelle, sur terre comme sur

mier, vents périodiques, ceux qui ont des termes marqués pour leur retour & leur cessation. Le tems de leur durée les distingue les uns des autres, ainsi ils sont annuels, journaliers, d'un ou de plusieurs mois. Tels sont ceux que l'on appelle Ethésiens, qui reviennent tous les ans à des jours fixés. Ce sont ceux que les anciens ont le mieux connu : ils n'avoient aucune idée du vent général alisé, ni des moussons qui regnent entre les tropiques.

La cause des vents qui reviennent à des tems précis & marqués, est donc constante, puisqu'elle détermine le mouvement de l'air aux saisons pendant lesquelles ces vents parcourent certaines régions. C'est le soleil qui, dans sa révolution autour de l'écliptique, s'approchant & s'éloignant alternativement des deux poles, excite ces vents annuels par son cours en-deçà & en-delà de l'Equateur ; il échauffe ou raréfie, ou laisse refroidir & condenser l'air, d'où suit son mouvement alternatif, & la direction des vents d'une des deux latitudes sur l'autre.

Le degré de rapidité ou de lenteur de
ce mouvement de l'air, tient, non-
seulement à la diſpoſition générale
qu'y établiſſent la diſtance ou la proximité du ſoleil, mais encore à la nature
des terreins différens d'où il prend ſon
cours, & de ceux ſur leſquels il eſt dirigé. Car ſi le ſol eſt hériſſé de roches,
formé de pierres ou de ſables, s'il eſt
ſtérile & nud, il reçoit du ſoleil, lorſqu'il eſt vertical, le plus grand degré
de chaleur, & devient, à ſon tour, une
cauſe d'ardeur & de raréfaction pour
l'air : ce qui n'arrive pas à un ſol couvert de bois ou d'épaiſſes bruyeres.
Plus les terreins de la premiere eſpece
ſont étendus, plus l'air s'échauffe & à
une plus grande hauteur.

Dès que le ſoleil eſt au zénith des
régions dont le ſol eſt ainſi modifié, ſur
les déſerts de l'Afrique, par exemple,
il eſt néceſſaire que l'air des contrées
dont cet aſtre eſt plus éloigné, qui a
eu le tems de ſe refroidir, de devenir
plus denſe & plus peſant, prenne ſa
direction ſur cette partie de l'atmoſphère plus raréfiée, par un mouvement,
dont le degré de vîteſſe répondra à

celui de son refroidissement, de sa pesanteur & du peu de résistance qu'il trouve à son point de tendance. C'est par ces causes que nous avons fait voir que les vents de nord & de sud s'éloignoient ou s'approchoient du vent général d'est qui les sépare, & revenoient plus ou moins sur les deux poles, suivant l'état de l'atmosphère qu'ils avoient à parcourir.

Le soleil peut encore faire naître des vents annuels par d'autres raisons ; si lorsqu'il s'approche alternativement des deux poles, il fond les neiges & les glaces qui s'y sont accumulées pendant l'hiver, & les résout en vapeurs, leur expansion excite un mouvement dans l'air, qui se porte nécessairement vers l'Equateur ; par la raison que tout fluide qui s'étend avec célérité sur un plan égal, se répand de tous les côtés & sur-tout par celui où il trouve le moins de résistance : or le vent doit se porter dans la partie de l'atmosphère où l'air est le plus léger. Si toutes ces causes se réunissent, si le soleil vertical établit dans l'air une chaleur redoublée par ses rayons ré-

M v

fléchis fur un fol aride & fablonneux,
& par les exhalaifons feches & brûlantes qui en fortent, fi en même tems
les vapeurs s'élevent en abondance
des neiges qui fe fondent dans les zones froides, alors le vent fera dans fa
plus grande force, qui pourra encore
être augmentée par des effervefcences
locales, excitées dans le fein de la
terre ; fur-tout fi les vapeurs & les
exhalaifons qu'elles envoient dans l'atmofphère, prennent, au moment de
leur éruption, la même direction que
le vent périodique : mais auffi elles
peuvent en arrêter le cours, & le
forcer à une direction contraire, fi
elles fe préfentent en fens oppofé à la
direction du vent, & fi leur mouvement eft égal ou plus fort.

Dans le tems de la fonte des neiges
& des glaces, lorfqu'elles produifent
une évaporation abondante, le foleil
peut exciter des vents annuels, particuliers à certaines régions, & qui fe
feront fentir au moins pendant le jour,
fi les chaînes des montagnes dans les
terres feptentrionales font difpofées de
façon que l'un des côtés regarde l'orient

& l'autre l'occident. Du côté oriental,
lorsque le soleil sera au solstice d'été,
on y sentira le matin ou environ midi,
un vent d'occident ; après-midi il re-
gnera un vent d'orient du côté occidental : si la chaîne des montagnes est
tournée obliquement entre le Midi &
& le Nord, le vent coulera le long de
ces montagnes, par le côté même où le
sol aura été suffisamment échauffé par
les rayons du soleil. On a la preuve
de cette théorie par les vents qui soufflent le long de la Cordiliere en Amérique, dans les montagnes qui s'étendent du Sud au Nord, de Smirne aux
extrêmités de l'Asie, & dans les Alpes, relativement à la France & à
l'Italie septentrionale.

Ce que nous venons de dire des
vents périodiques, s'accorde avec les
observations faites sur les vents du
nord reguliers en certaines régions. De
tous les vents annuels de terre, ce
font ceux qui reviennent le plus exactement, aussi les appelle-t-on simplement Ethésiens ou annuels. On en connoît de deux especes, les uns qui commencent à se faire sentir un mois en-

M vj

viron après le solstice d'été, qui regnent sur la Thrace, la Macédoine, la Grece & l'Egypte : ce sont les plus forts des Ethésiens & les plus connus : les autres paroissent deux mois & demi après le solstice d'hiver, environ le 15 Mars ; ils sont plus foibles & connus sous le nom d'Ornithiens ou de vents des oiseaux ; c'est à leur faveur que les hirondelles & les cailles passent des régions méridionales aux septentrionales.

Aristote, qui étoit à portée d'observer ces vents assez sensibles en Grece, dit, (*Liv. 2 des Météores, Chap. 5*) que les Ornithiens commencent quelques 70 jours après le solstice d'hiver. Leur cause est connue : elle est dans la fonte des neiges des montagnes de la lune en Afrique, dont les sommets en sont presque toujours chargés. Comme elles sont relativement à l'Egypte & à la Grece, de l'autre côté de la ligne, lorsque l'été regne dans ces climats pendant que nous avons l'hiver, le soleil étant dans la partie méridionale de l'Ecliptique, elles envoient dans l'air une grande quantité

de vapeurs raréfiées dont l'expanfion
détermine le cours vers l'efpace qu'elles trouvent libre au-deffus des plaines d'Egypte, d'une partie de la Méditerranée & des régions méridionales
de la Grece. Ces vents font de fud &
courent dans une direction oppofée
aux grands vents Ethéfiens ou caniculaires : ils font foibles & inconftans,
de peu de durée, rendent la mer agréable, & annoncent le retour des oifeaux. Quelquefois ces vents s'affoi-
bliffent tellement dans leur courfe,
fans doute faute de matiere, qu'ils
n'achevent pas leur carriere ordinaire ;
quelquefois ils font arrêtés par un vent
contraire & plus impétueux, & alors
les oifeaux, dont ils favorifent le paffage, font plus rares en Europe.

Le peu de connoiffance qu'avoient
les Anciens de la furface & de l'étendue
du globe, même dans leur hémifphère,
ne leur permettoit pas de rendre raifon des phénomenes de la nature les
plus ordinaires : ils étoient prefque
perfuadés que la zone Torride étoit
inhabitable ; ils ne croyoient pas qu'il
fût d'aucune importance de réfléchir

fur ce qui s'y paffoit ; ils n'avoient
même aucune obfervation qui pût les
en inftruire : auffi Ariftote , voulant
rendre raifon du peu de force des vents
Ornithiens , la tire de la caufe même
qui les arrête ; il prétend que , lorfqu'ils foufflent, le foleil étant encore
fort éloigné du pole Arctique, n'étant
pas même arrivé au cercle Equino-
xial , il a peu d'action fur les neiges
qui fe font accumulées pendant l'hiver fur les montagnes des régions boréales , dont il ne réfout que la fuperficie la plus légere , & où il n'excite
qu'une évaporation médiocre de leurs
parties les plus fubtiles : fi peu de vapeurs ne peuvent donner à l'air qu'une
impulfion prefque infenfible. Il n'eft
donc pas étonnant que l'action de ces
vents foit fi foible : elle répond à
l'état de l'air qui , du côté du fepten-
trion, eft encore très-froid, & à la proximité de leur origine peu éloignée des
pays fur lefquels ils foufflent, & où
ils font en général fort doux ; femblables aux fleuves dont le cours devient
d'autant plus impétueux & plus rapide
qu'ils s'éloignent davantage de leurs

fources, & qu'ils reçoivent plus de nouvelles eaux, les vents fe fortifient dans une longue courfe par les vapeurs qui les entretiennent , & redoublent leur activité.

Il y a une erreur totale de fait dans l'explication que le philofophe de la Grece donne des vents Ornithiens : il leur attribue la même caufe qu'aux vents caniculaires , cependant ils fouffloient comme de nos jours dans une direction oppofée. Les faifoit-il venir de ces montagnes qui s'étendent à l'Ouest de l'Afie , & qui terminent de ce côté la chaîne du Taurus? C'est ce qu'il n'a pas dit , mais il n'imagina jamais qu'ils fortissent des montagnes d'Afrique qui s'étendent des deux côtés de l'Equateur , où les neiges n'étant pas fort abondantes , mais fe fondant lorfque le foleil revient à l'Equinoxe du printems , produifent les vents de fud qui courent d'Egypte en Grece , & dont la douceur répond au peu de matiere qui les entretient : tandis que de l'autre côté de ces mêmes montagnes , la même caufe excite des vents de nord & de nord-ouest , qui fe font

fentir dans les mers à l'orient de l'Afrique, en même tems que les Ornithiens
regnent fur la Méditerranée & en
Grece.

Comme les régions boréales étoient
plus connues des Anciens, qu'ils pouvoient avoir des obfervations faites
non-feulement au nord de la Grece,
mais dans toute la Thrace, & même
dans les vaftes plaines prolongées jufqu'à cette chaîne de montagnes qui
féparent au Nord & à l'Eft la Ruffie
Européenne de la Sibérie & de la Tartarie ; ils ont indiqué avec plus de précifion la caufe des vents du nord caniculaires ou Ethéfiens d'été, par oppofition aux premiers, qu'ils appelle-
rent Ethefiens d'hiver.

Ces vents commencent à fouffler
environ un mois après le folftice d'été,
lorfque les régions feptentrionales font
le plus échauffées, tant parce que le
foleil s'approche alors de leur zénith,
que par la longueur des jours ; les
terres les plus voifines du pole étant
éclairées dans cette faifon prefque
pendant quatre mois de fuite par le foleil, qu'elles ne perdent jamais de vue,

ou seulement pour quelques instans. L'atmosphère de ces régions étant alors au plus haut degré de chaleur où elle puisse arriver, l'évaporation produite par les neiges qui subsistent perpétuellement sur les montagnes, y répand la plus grande quantité de vapeurs, qui se portent nécessairement du côté où l'air est le plus chaud & le plus raréfié, où il résiste moins à leur expansion. Ainsi ces vents augmentent de force à mesure qu'ils s'éloignent du lieu de leur origine; ils sont plus violens en Grece qu'en Macédoine, plus forts en Egypte qu'en Europe : leur course s'étend du cercle polaire à celui du tropique ; & dans l'espace immense qu'ils parcourent, ils sont entretenus & fortifiés par une quantité de vapeurs nouvelles qui s'élevent de la terre, des lacs, des fleuves & de la mer, qui se raréfient d'autant plus aisément, qu'elles s'approchent davantage de l'air brûlant de la zone Torride.

On éprouve dans une partie des Indes orientales, sur tout au Royaume de Guzarate, depuis Mars jusqu'en

Septembre, une autre sorte de vents
Ethéfiens, produits par les neiges qui
fe fondent fur les montagnes au nord
du Taurus. Le Royaume de Congo en
Afrique en a de pareils : les faifons dans
ces climats font plus réglées que dans
ceux que nous habitons ; les neiges
fondent à des tems fixés, & produifent
des vents dont le retour & la durée
font réglés. Si l'atmofphère dans nos
régions n'étoit pas fujette à tant de vi-
ciffitudes, nous aurions de même des
vents Ethéfiens réglés qui, relativement à nous, viendroient alternativement des Alpes, des montagnes d'Au-
vergne ou de celles du Nord, & re-
gneroient dans les tems où la fonte des
neiges fe feroit dans ces régions différentes. Mais il arrive quelquefois
qu'elles fondent plutôt au Nord qu'au
Midi, & alors nous avons des vents
de nord, lorfque nous devrions avoir
des vents de fud ; ou bien elles fondent en même tems, & produifent des
vents oppofés, qui excitent des mouvemens de tourbillon dans l'air, dont
le plus fort, c'eft-à-dire, celui qui s'é-
leve à la fuite de l'évaporation la plus

abondante, prend le dessus & entraîne les autres dans sa direction.

Ce vent général & fixe, connu sous le nom d'Ethésien, commence donc à souffler environ le vingt-un du mois de Juillet, & dure quarante jours. Il est précédé par des vents de nord incertains & plus foibles, qui durent huit jours environ, cessent au lever de la canicule, & laissent une espece de calme dans l'air. Par-tout où ces vents se font sentir, on les regarde comme très-salutaires : ils temperent la véhémence de la chaleur, & établissent dans l'atmosphère un principe de salubrité dont on s'apperçoit, sur-tout en Egypte : c'est dans ce tems que cessent les maladies contagieuses qui y sont endémiques. Nous avons vu plus haut qu'on doit encore attribuer cette heureuse disposition de l'air à la fraîcheur que portent dans l'atmosphère les eaux du Nil, lorsqu'elles se sont répandues sur tout le sol de l'Egypte : ce qui s'accorde à-peu-près avec le tems auquel les vents Ethésiens commencent à y regner.

Ces vents ne soufflent que pendant

le jour, & même ne se levent que tard
le matin, aussi les anciens les appel-
loient-ils délicats & paresseux : ils ne
se font sentir qu'après le lever du
soleil, lorsqu'il a déja répandu quelque chaleur dans l'air : circonstance
qui ne permet pas de se tromper sur
leurs causes, parce que les neiges ces-
sant de fondre pendant la nuit, la raréfaction des vapeurs & leur expansion
sont arrêtées, ou du-moins deviennent
insensibles. Ces vents s'affoiblissent
alors tellement qu'on ne s'apperçoit
pas de leur existence : il n'est pas
même rare qu'un vent tout contraire
s'établisse & se soutienne, jusqu'à ce
que les premiers soient devenus assez
forts pour reprendre le dessus : c'est
ainsi que certaines rivieres ou torréns
qui coulent des montagnes du Pérou
dans la mer du Sud s'arrêtent tout-à-
fait pendant la nuit, parce que le soleil cesse alors de fondre la neige des
sommets d'où ils tirent leurs sources.

Il semble que ces vents de nord devroient durer depuis que les Ornithiens
ou vents d'Afrique cessent, jusqu'à la
fin des éthésiens, pendant cinq mois

environ, du 15 d'Avril au 15 de Septembre : il ne devroit y avoir de variété que dans leur véhémence relative
au lieu de leur source, à son abondance,
& aux accidens qui l'augmenteroient
ou la diminueroient. Cela est vrai jusqu'à un certain point : ces vents n'entretiennent pas dans l'air un mouvement égal, ils sont foibles, ne soufflent
que par intervalles ; ou après avoir été
très-violens, ils cessent tout-à-fait : ce
qui vient de l'inégalité de l'évaporation qui se fait dans les régions septentrionales. Nous avons vu qu'elle n'y
est jamais interrompue, mais pendant
l'hiver les effets ne s'en portent point
ailleurs : l'air y est trop condensé, les
brumes y sont trop épaisses, le fluide
y devient en quelque sorte solide, à
peine l'atmosphère y est-elle perméa-
ble ; souvent même les vapeurs & les
exhalaisons réunies par un froid extrême s'élevent peu, & retombent à
la surface de la terre qu'elles couvrent
d'une croute épaisse de glaçons, qui
cependant fournissent encore quelque
matiere à l'évaporation, mais qui est
alors si subtile que son poids ne peut

caufer qu'un très-léger mouvement
dans l'air plus échauffé fur lequel il fe
porte. C'eft ce que l'on éprouve dans
les régions où il regne un froid prefque toujours égal & perpétuel, lorfque l'on approche des deux poles à la
fuite de cet efpace où des deux côtés
du globe, les vents, les tempêtes, les
neiges & les glaces entretiennent un
mouvement continuel de confufion &
de défordres. Au-delà de la Nouvelle
Zemble d'un côté, de la Terre-de-feu
& du cap Horn de l'autre, quand on
a paffé ces parages formidables, on
trouve des vents doux & réglés, un
air affez pur & un ciel ferain dans les
faifons où le jour permet d'y aborder:
ces vents foufflent du Sud & du Nord
aux deux poles, & y portent directement: à en juger par les relations des
navigateurs qui y ont pénétré, ce doivent être les vents les plus égaux que
l'on connoiffe, ceux qui produifent le
moins de tempêtes, quoique le froid
foit très-vif. Il paroît que l'air coule
autour de ces parties de la terre affaif-
fée vers les poles, & fuit conftamment
la direction que lui donnent les terres

& les mers sur lesquelles il s'étend.

L'égalité du mouvement de l'air, & sans doute les émanations du fluide ignée, rendent la température de ces parages reculés, plus supportable qu'on ne l'imagine, & le froid n'augmente pas à proportion que l'on approche des poles. Le Spitzberg est moins froid que la Nouvelle-Zemble. Joseph Moxon assuroit avoir été près du pole arctique, où il faisoit aussi chaud qu'à Amsterdam. Le capitaine Gouldens, qui avoit fait trente fois le voyage au Nord, disoit qu'au 89e degré il avoit trouvé une mer libre sans glaces, & aussi profonde que celle de Biscaie : toutes les relations s'accordent à dire que la partie septentrionale du Groenland est plus fertile que la méridionale, qui est même inabordable à cause des glaces & des vents du Nord qui s'y font continuellement sentir, ainsi qu'à la Nouvelle-Zemble. La flotte d'Anson trouva une mer douce & tenable, des vents réglés, & une saison égale, quoique froide, au delà du 72e degré de latitude australe, auquel il ne paroissoit pas possible d'arriver, tant la mer, les

glaces, les vents & le froid sont terribles, dès le 60ᵉ degré. Mais en-deçà
des poles au-moins jusqu'au 66ᵉ degré,
il se fond si peu de neige avant le
mois de Mai dans tous les pays sep-
tentionaux, l'air est alors encore si
grossier & si froid que, quoique l'évaporation y soit très-forte, les vapeurs
se raréfient difficilement ; il faut donc
que la saison soit déja avancée, que le
soleil au solstice ait agi vivement sur
toutes les régions boréales, pour que
le cours des vents de Nord soit bien
établi.

Ces vents ne sont pas égaux dans
toutes les parties de la Zone tempérée d'Europe, non plus que dans les
plus voisines des montagnes du Nord,
où ils prennent leur origine : on ne les
connoît point en France, en Allemagne, ni même en Italie ; où s'ils y
soufflent, ils y sont comme les autres,
purement incertains. On doit attribuer
cette différence autant à la qualité du
sol, à la configuration de cette partie
de la terre, & à l'état accidentel de
l'atmosphère, qu'à la position de ces
régions. Il s'élève des vents contraires :

res: produits par des évaporations fouterraines affez abondantes, pour interrompre le cours des vents réglés de
Nord : la fonte des neiges fur les montagnes dont la fituation dirige le vent
relativement à leur afpect ; ces caufes
& plufieurs autres qu'on peut fe rappeller après tout ce que nous en avons
déja dit, font, que ces vents annuels
n'ont pas, fur-tout en France, un
temps fixé pour leur retour & leur
durée. Les différentes chaînes de montagnes qui s'y trouvent & s'étendent
en fens oppofés, les minéraux qu'elles
contiennent, les feux fouterrains ma-
nifeftés par quantité de fources d'eaux
chaudes, l'inflammation des fouffres
renfermés dans le fein de la terre ; les
plaines plus ou moins arides, leurs
inégalités, tous ces accidens font autant d'obftacles au retour réglé des
vents éthéfiens & à leur continuité.
La pofition même de la France & de
l'Allemagne relativement au Nord,
doit encore y mettre empêchement.
On a remarqué que ces vents font
plus Nord-Eft que Nord, que fouvent
même ils s'approchent encore davan-

tage de l'Eſt ; or la Grece eſt ſous cette
direction relativement au pole , plus
près de l'équateur que les régions où
ces vents ne ſont point réglés , & ils
y arrivent ſans rencontrer d'obſtacles
qui les arrêtent & les faſſent changer
de route. Ils coulent des montagnes
élevées du Nord, toujours chargées de
neiges & de glaces , par les vaſtes plaines du nord & de l'eſt de l'Europe,
arroſées par de grands fleuves , entre-
coupées de lacs & de forêts , qui four-
niſſent une évaporation abondante
très-propre à entretenir le cours de
ces vents , & à leur aſſurer une longue durée : on peut les regarder comme perpétuels dans toutes les régions
les plus orientales du globe , ſurtout
dans la haute Tartarie, où leur ſéche-
reſſe & leur violence eſt cauſe de la
ſtérilité qui y regne.

Ce mouvement de l'air du Nord au
Midi , ne s'étend guères au-delà du
tropique du cancer , dès qu'il tombe
dans le courant du vent général aliſé ,
il faut qu'il en prenne la direction, &
qu'il abandonne celle qu'il ſuivoit , en
ſe repliant vers l'Oueſt , dont il ap-

proche plus ou moins, suivant les forces respectives du vent général d'Est
& de celui du Nord. Celui des deux
qui l'emporte, décide de la direction
de ce vent nouveau qui devroit se
porter à l'Occident, mais qui par les
différentes réflexions qu'il éprouve,
court souvent en sens opposé.

Il est donc certain qu'en général
toutes les causes qui produisent dans
l'air une raréfaction ou une condensation considérable, font aussi naître des
vents, dont le cours vient directement
des lieux, où ces modifications abso-
lues de l'air sont bien établies, si rien
ne leur est opposé. La pression des nuages, les exhalaisons de la terre, l'inflammation des météores, la résolution des vapeurs en pluies, sont autant de causes qui occasionnent des
agitations considérables dans l'atmosphère ; chacunes se combinent de
mille façons différentes & produisent
des effets très-variés. Que l'on juge
de-là s'il est possible de donner une
théorie exacte des vents ? Leurs causes étant donc si variables & si incertaines, que quand même on auroit une

longue suite d'obfervations incontefta-
bles, on ne pourroit encore rien prévoir que de fort douteux fur les différens états du ciel, & la variété des faifons ; il faut fe borner à écrire l'hiftoire
même de ces variations, qui cependant
dant aura fon utilité, en ce qu'elle ap-
prendra à fe précautionner contre leurs
effets les plus pernicieux.

§. X X I I.

Autres variétés des vents.

Vents femeftres.

Comme dans les Zones tempérées
il fe fait des changemens annuels dans
l'état de l'air, qui donnent naiffance
aux vents qui y répondent, ainfi que
nous l'avons obfervé, au fujet des
vents éthéfiens, & relativement à la
proximité ou à la diftance du foleil,
il eft néceffaire de même que le foleil,
qui paffe deux fois par an à l'Equateur, établiffe dans l'air des modifications particulieres, d'où forte la différence des vents. Lorfque le foleil ap-

proche des points des équinoxes ou
qu'il y est, le vent général d'Orient
doit se porter droit sous l'Equateur,
si quelque obstacle étranger ne l'arrête ; car les vents qui soufflent alors
des deux poles sous la Zone torride,
étant également forts, le mouvement
de l'air général & perpétuel d'Orient
en Occident ne se portera ni au Nord,
ni au Midi, par les causes collatérales
& particulieres qui le détournent souvent de sa direction naturelle dans les
autres saisons. Nous avons établi assez
au long la théorie de ce vent, pour ne
pas avoir besoin de nous y arrêter davantage ; de même que celle des moussons ou vents alternatifs des mers situées entre les Tropiques, qui soufflent
ordinairement six mois dans une direction, & autant de tems dans une autre,
& dont les changemens paroissent relatifs au séjour du soleil, dans l'une des
deux bandes de l'écliptique.

Vents périodiques de jours & de mois.

On peut appeller vents périodiques
journaliers ceux qui soufflent le ma-

N iij

tin du levant & le soir du couchant : à
moins qu'un autre mouvement accidentel n'arrête cette direction réglée,
des caufes fixes & permanentes doivent faciliter le retour périodique de
ces vents.

Y en a-t-il qui reviennent deux fois
chaque jour, chaque année, chaque
mois, & qui foient réguliers ? On ne
peut répondre à ces queftions que fur
les obfervations différentes qui ont été
faites à ce fujet.

La lune peut-elle influer fur le mouvement de l'air comme fur celui de la
mer ? Ou cette planete n'agit-elle que
fur la partie la plus élevée de l'atmofphère, attendu la divergence &
le peu d'activité de fes rayons ? C'eft
une queftion particuliere, & qui pourroit être réfolue par la connoiffance
de l'état des eaux au fond des grandes
mers, fi elles font auffi agitées qu'à
leur furface dans le tems du flux & du
reflux. Ces queftions ne font pas ab-
folument étrangeres à la théorie des
vents, mais elles font fi peu éclaircies,
que l'on a rien de précis à leur fujet,
& jufqu'à préfent on n'a pas mis l'ac-

tion de la lune au rang des caufes des vents, quoique dans quelques mers, à des tems déterminés, il y ait des tempêtes réglées qui répondent à certaines phafes de la lune.

Quoi qu'il en foit de ces queftions, outre les vents périodiques qui foufflent tous les jours de la terre à la mer, & de la mer à la terre, dont nous avons parlé ; nous devons ajouter ici qu'il y a des vents qui fe font fentir journellement quelques heures dans certains endroits, à des tems marqués de l'année, & qui doivent être comptés parmi les vents périodiques réglés. Les uns font perennes, ou doivent être regardés comme tels, çe font les vents alternatifs des Ifles & de quelques continents fitués dans la Zone torride : il y en a d'autres qui leur reffemblent beaucoup, fans être auffi conftans ; ils viennent, comme eux, de l'intérieur des terres ou de la mer, mais fans alternative de l'un à l'autre.

Sur les côtes de l'Amérique, de Carthagene à Porto Belo, on diftingue deux fortes de vents alifés, les uns nommés brifes, les autres vandavales. Les premiers foufflent par Nord-Eft, les autres par Oueft-Sud-Oueft; quoique ces brifes ne foient bien réglées qu'au commencement ou vers le milieu de Décembre, qui eft l'été du pays, elles commencent à fe faire fentir dans le milieu de Novembre, & continuent dans leur grande force & fans varier jufqu'au milieu de Maï; alors elles ceffent, & les vandavales leur fuccédent, mais ceux-ci ne fe font fentir que jufqu'à la hauteur de 12 ou 12 degrés & demi de latitude; au-delà les brifes regnent conftamment, & fraîchiffent quelquefois plus, quelquefois moins, tantôt à l'Eft, tantôt au Nord.

Pendant le fouffle des vandavales il furvient des gros tems mêlés de pluie, mais qui durent peu; dès qu'ils ceffent le calme fuccéde pour quelques heures, & peu-à-peu le vent fe leve, fur-tout près de terre, où il eft plus régulier. On éprouve la même chofe à la fin d'Octobre ou au commencement de Novembre, où les vents ne font pas encore bien établis : pour naviger fûrement entre Carthagene & Porto-Belo,

& éviter les courans qui portent dans le golfe de Darien par les vandavales, & en éloignent par les brises, & se souftraire aux vents opposés de terre, qui commencent en Avril, il faut se porter par les 12 ou 13 degrés, ou même plus haut, suivant l'occasion.

Sur la côte de Malabar pendant l'été, depuis Septembre jusqu'en Avril, il regne de minuit à midi, des vents de terre qui viennent de l'Eft, & dont on ne s'apperçoit pas de plus de dix milles en mer ; & depuis midi jusqu'à minuit, le vent de mer souffle de l'Oueft, mais fi foiblement, que les vaiffeaux en tirent peu d'avantage. Les premiers font occafionnés en partie par le vent général alifé, en partie par les nuages dont les montagnes des Gattes font chargées dans cette faifon : les autres font excités par les nuages qui viennent de l'Oueft, où ils avoient été pouffés par le vent du matin, & raréfiés enfuite par le foleil tendant du Midi au couchant. Dans le refte de l'année les vents fecs de Nord, de Nord-Eft & d'Eft regnent fur ces régions, & y font affez forts pour que

N. v

l'on ne s'apperçoive pas des vents
doux & réglés de terre & de mer.

Aux environs de Maſulipatan, ſur
la côte de Coromandel , les vents de
terre commencent à ſouffler les premiers jours de Juin , & durent qua-
torze jours ; ils ſont aſſez forts pour faciliter le départ des vaiſſeaux de ce
port : les vents de mer ne les interrompent pas dans tout ce tems.

A Pulo-Catte , ſur la côte de Cam-
baye , les vents de terre & les briſes
de mer ſe ſuccédent de deux jours
l'un, depuis le 28 Juillet juſqu'au 4 ou
6 d'Août , alors les mouſſons ceſſent
dans ces parages , & il y regne un
calme parfait. Les vents de terre viennent de l'Oueſt & du Nord-Oueſt ,
mais les briſes de mer viennent de l'Eſt
& des points collatéraux qui tournent
au Nord , enſuite elles retournent au
Sud , & ſont ſuivies d'un calme qui
dure juſqu'à l'arrivée des vents frais
de terre, qui ne ſe font pas ſentir à plus
de deux milles de la côte.

Sur les côtes de la Nouvelle-Eſpagne , entre le Cap Blanc & Acapulco ,
les vents de terre ſoufflent ſur la mer

Pacifique à minuit, & les vents de mer regnent pendant le jour aux environs de la Havane : dans l'Ifle de Cuba on a les mêmes vents.

Dans le Royaume de Congo, le long des côtes occidentales de l'Afrique jufqu'au Cap de Lopes Confalvo, qui n'eft qu'à un degré de la ligne au Sud, les vents de terre foufflent du foir au matin, enfuite les vents de mer commencent à fe faire fentir, & tempérent la chaleur du jour : tous ces vents & quantité d'autres, occafionnés par les mêmes caufes, font périodiques & journaliers.

Le vent pontias en Dauphiné, dont nous avons indiqué l'origine dans la Théorie générale de l'air (Tom. 4, difc. 6, §. 11) celui qui fort de la montagne de Malignon en Provence, les vents de terre du matin, qui font affez fenfibles dans toutes les régions méridionales de l'Europe, fur tout dans les plaines tournées au Midi, fituées au pied des montagnes, & qui font remplacés le foir par des vents de mer affez réguliers pendant toute la belle faifon ; ceux qui fe font fentir

N vj

à Rio-Janeïro, & y répandent tous les matins une fraîcheur aussi agréable que salutaire ; tous ces vents & une multitude d'autres semblables sont périodiques, constans, & ont des causes spéciales qui se renouvellent sans cesse dans les régions où ils se font sentir : les uns sont communs à plusieurs contrées, quelqu'autres reviennent souvent sans avoir de durée ni de saison déterminée.

Quant aux vents qui regnent sur les côtes du Chili & les terres basses du Pérou, l'état de l'air dans les terres & les mers Australes, les glaces énormes & les neiges que l'on y rencontre, les brumes épaisses qui jamais ne se raréfient, & le poids de l'atmosphère, font autant de causes actuellement bien connues pour déterminer le vent de Sud-Ouest à souffler continuellement sur ces régions. Leur déclinaison de Sud à Sud-Ouest est occasionnée par l'air plus chaud & plus léger du Chili & des parties intérieures de l'Amérique méridionale, & par cette chaîne de montagnes si hautes qui s'étendent du Nord au Sud, & séparent le Chili &

le Pérou de la partie orientale de l'A-
mérique, du Paraguay & du Brésil.
Ces montagnes arrêtent le vent général d'Est, & le dirigent dans la région
supérieure de l'atmosphère, ainsi que
nous l'avons observé, relativement à
la température & aux saisons de ces
contrées du Nouveau-Monde : ce qui
est d'autant plus vraisemblable, que le
Sud-Ouest ne domine que sur les côtes
du Chili & les terres basses du Pérou :
plus avant c'est l'Est avec ses collatéraux.

Les mêmes vents de Sud regnent
d'ordinaire à l'isle Juan Fernandès, vis-
à-vis les côtes du Chili, au 36 degré
30 minutes de latitude méridionale.
Cette Isle est importante à connoître,
de même que les vents qui peuvent y
porter ou en éloigner, à cause de sa position heureuse dans la mer du Sud, &
de la nature de ses productions & de
ses eaux, qui fournissent des rafraîchissemens utiles & une retraite assu-
rée aux vaisseaux qui ont passé des
côtes orientales de l'Amérique aux
occidentales, soit en doublant le Cap
de Horn, soit en traversant le détroit

de Magellan ; paſſage qui ne ſe fait qu'avec beaucoup de peines & de dangers. Voici ce qui eſt rapporté des vents ordinaires à cette Iſle dans le voyage d'Anſon (l. 2 , ch. 1.) « Les » vents de Nord , les ſeuls auxquels » la baye de Cumberland , dans l'iſle » de Juan Fernandès , ſoit expoſée , » ſoufflerent rarement dans le ſéjour » que nous y fîmes ; & comme nous » étions alors en hiver , il y a lieu de » ſuppoſer que dans d'autres ſaiſons » la choſe eſt encore plus extraordi- » naire , toutes les fois que le vent vint » de ce côté-là , il ne fut gueres fort : » ce que l'on doit peut-être attribuer » à la hauteur des terres qui ſe trou- » vent au Midi de cette baye , arrê- » tent le vent , ou du moins en dimi- » nuent la force ; car vraiſemblable- » ment il étoit bien plus fort à quel- » ques lieues au large , parce qu'il en » venoit une mer extrêmement haute » qui nous faiſoit rudement tanguer. » Les vents de Sud qui regnent ici or- » dinairement , viennent ſouvent de » terre par rafales avec beaucoup » d'impétuoſité , mais durent rare-

» ment plus de deux ou trois minu-
» tes »... Sans doute que ces vents,
après avoir été arrêtés par les montagnes voisines de la baye, se trouvant
comprimés à un certain point, s'ou-
vrent à la fin une route par les vallées
étroites qui, leur laissant un passage,
augmentent en même tems leur vîtesse.

Vents topiques ou locaux.

Plusieurs provinces ont des vents
particuliers & locaux, qui ne soufflent que dans un espace déterminé &
toujours égal : tel est le vent de Nord
qui se fait sentir dans la partie occidentale des Alpes maritimes, dont le
canal n'a que quelques milles de longueur sur une largeur de mille toises
environ ; il souffle tous les jours &
paroît regner constamment dans ces
climats, à moins qu'une cause étrangere ne vienne le troubler : c'est une
espece de bise (Nord-Nord-Ouest)
connue par les Anciens sous le nom
de *Circius*, qui est le *Maestro* de la Méditerranée. Sénéque remarque à ce
sujet qu'il n'y a presque point de pays

qui n'ait son vent particulier qui y naît & y finit. Le *Circius*, dit-il, regne dans la Gaule Narbonnoise, souvent il y fait des ravages considérables, mais les habitans le chérissent & le regardent comme la cause de la salubrité de l'air. Auguste même étant dans la Gaule, lui fit élever un Temple. (*Quæst. nat. lib. 5. c. 17*). Le *Yapix* regne dans une petite partie de la Pouille au Royaume de Naples ; il est d'un côté Ouest-Nord-Ouest, & de l'autre Est-Sud-Est (*Maestro ponente, ou levante Siroco*).

Il n'y a peut-être aucune province au monde qui ait autant de vents topiques que celle du Dauphiné ; outre le pontias dont nous avons parlé, on y connoît le vent de vezine qui souffle à une lieue au-dessus du pontias au Nord : le solore qui regne continuellement le long de la riviere de Drome, la ville de Vienne ressent presque toujours un vent de Nord-Est qui lui est favorable. Les Baronnies de Montauban & de Meouillon sont si fécondes en vents topiques, qu'on peut regarder leurs montagnes comme la caver-

ne d'Eole (*Chorier* , *Histoire du Dau-*
phiné , *l.* 1). Il ne faut pas chercher
ailleurs la cause de ces vents que dans
la position des lieux , le resserrement
des vallées , les cavernes des montagnes & les obstacles qu'elles présentent
aux courans de l'air , où souvent elles
excitent par réflexion des vents qui
prennent un cours tout-à-fait contraire à celui qu'ils avoient d'abord ;
car il en est des vapeurs exaltées &
raréfiées, qui font la matiere des vents,
comme de l'eau des fleuves ; plus elle
est resserrée dans un lit étroit , plus
elle court rapidement, parce qu'ayant
alors plus de profondeur que dans un
lit plus large , son mouvement est accéléré en raison du poids de la masse
réunie. Ainsi dans ces vents locaux
l'air étant resserré dans un passage
étroit, & les parties antérieures étant
vivement comprimées par celles qui
suivent, non-seulement elles font pous-
fées par leur premier mouvement de
direction , mais encore en vertu de la
force élastique propre à chaque partie considérée à part , chacunes d'elles
étant alors fort rapprochées ; elles

agiſſent les unes ſur les autres, tendent toutes à s'échapper par le paſſage qui leur eſt ouvert, & ſuivent avec impétuoſité la direction imprimée à la maſſe totale qu'elles compoſent.

Vents libres, vagues, irréguliers.

On appelle vents libres ceux qui, ſans aucun rapport aux ſaiſons, à aucun lieu particulier, à aucune direction fixe, ſoufflent de tous les points de l'horiſon, tantôt dans un tems, tantôt dans un autre, avec plus ou moins de véhémence. La mer Méditerranée n'a d'autres vents réguliers que les éthéſiens généraux de la fin de l'hiver & du milieu de l'été, dont nous avons parlé : les autres vents y ſont auſſi variables & auſſi incertains que ſur terre, d'où ils viennent preſque tous, & dépendent de l'état où ſe trouve l'air dans chaque ſaiſon. C'eſt le vent de Nord-Oueſt qui porte de Marſeille en Candie & aux échelles du Levant ; quand il eſt frais, il faut peu de temps pour faire cette route. M. de Tournefort fit cette traverſée, qu'il

dit être de 1600 milles, en neuf jours:
il remarque que la longueur des milles
n'eſt pas déterminée avec préciſion
dans les mers du Levant, où chacun
les allonge & les racourcit ſuivant ſon
caprice. (*Tom. 1 , let. 1.*).

Tout le long des côtes de la Méditerranée, on éprouve des vents de
terre qui ſouvent ſont très-impétueux,
& rendent la navigation difficile. Les
vents de Nord y regnent beaucoup en
hiver & la rendent impraticable. Les
vents ſont auſſi multipliés dans l'Archipel de Grece, que les iſles dont il
eſt rempli ; ils ſont preſque tous de
réflexion, ils dépendent de la hauteur
des côtes & des qualités particulieres
à l'atmoſphère de chacune de ces iſles :
les tempêtes y ſont fréquentes, & la
navigation très-difficile pour les grands
vaiſſeaux qui ne peuvent pas profiter
de ces petits vents particuliers, & aller
d'une iſle à l'autre comme les barques
ou les petits bâtimens corſaires. Les
vents du Sud & de Nord regnent alternativement dans le détroit de Conſtan-
tinople, mais ſans avoir rien de reglé;
le long des côtes d'Eſpagne les vents
tirent plus ſouvent à l'Eſt qu'à tout

autre point. En général les vents dans
toute cette mer font auffi incertains
qu'inconftans, & répondent à la température dominante dans les régions
qui la bordent.

Sur terre les vents libres femblent
affecter certaines heures du jour : ainfi
les zéphirs ou vents légers & indécis
paroiffent avec l'aurore, & annoncent
le retour du foleil qu'ils accompagnent
quelques heures : ils reviennent dans
l'après-midi, & fur-tout avant le coucher du foleil, rafraîchir l'air enflammé par l'ardeur de fes rayons ; ils doivent leur exiftence aux mouvemens
qu'excitent dans l'atmofphère les divers degrés de chaleur ou de fraîcheur dont elle eft fufceptible aux différentes heures du jour. Les vents
de Sud & d'Oueft beaucoup plus impétueux, regnent plutôt la nuit que le
jour ; les vents de Nord & d'Eft fe font
plus fentir le jour que la nuit, &
leur mouvement s'accroît à mefure
que le foleil s'éleve au zénith, & diminue de même. L'action du foleil fur
l'air peut rendre raifon de ces viciffi-
tudes qui paroiffent certainement en
dépendre. Au refte on ne peut rien

dire d'assuré sur ces vents libres & irréguliers qui sont les plus communs dans notre continent ; plus encore dans les parties montueuses que nous habitons, que dans les plaines immenses qui s'étendent du nord & de l'orient de l'Europe, par la Pologne & la Russie, jusqu'à l'Empire de la Chine, même jusqu'à la mer du Sud, où les vents sont moins variables qu'en Europe. Car quoique l'atmosphère de cette partie du monde ait le même mouvement d'Orient en Occident que celle du reste du globe, cependant les différentes hauteurs des terres, le mélange des plaines & des montagnes, le dégré du froid & de la chaleur qui modifient de mille manieres différentes les vapeurs, en variant à l'infini leurs degrés de condensation & de raréfaction ; les exhalaisons dispersées dans l'air, & susceptibles de tant de modifications, le déterminent à prendre toutes sortes de directions, & à suivre les mouvemens les plus contraires à celui qui lui est naturel, & qui devroit être général.

Voilà ce qui fait que nos vents sont

incertains, n'ont aucun temps particulier, & soufflent indifféremment
dans toutes les saisons : on ne peut en
connoître la cause que par leurs effets :
très-souvent ils doivent leur existence
aux vapeurs, & aux exhalaisons que
des effervescences imprévues font sortir du sein de la terre : leur mélange
dans l'atmosphère avec d'autres matieres, détermine l'air à un mouvement
quelconque. La plupart de ces vents
précedent ou accompagnent les tremblemens de terre ; dans ces derniers
temps on en a senti de semblables en
Westphalie & en Bretagne. Les secousses
de tremblement de terre que l'on res-
sentit à Pise au mois de Janvier 1767,
& qui y causerent quelques dommages, annoncerent le grand vent de
Sud-Est qui s'étendit des Alpes sur une
partie de la France, & regna près d'un
mois ; il étoit presque toujours plus
impétueux la nuit que le jour. Les volcans en produisent qui ne durent qu'autant que l'éruption qui les excite. Les
neiges rassemblées accidentellement
en quelques régions, occasionnent
des vents incertains, & qui prennent

des directions variées : ainsi on les voit souffler dans la même contrée en sens contraires : ils sortent tous du même point, & prennent chacun une route opposée. L'évaporation qui se fait dans un terrein inégal & élevé, dont les côtés s'étendent à l'Orient & à l'Occident, les fermentations qui peuvent s'y faire, & dont l'effet se portera en même temps des deux côtés, produiront deux vents opposés. La même chose arrivera si les neiges se fondent en même temps des deux côtés de la montagne. Si aux deux extrémités d'une large plaine, se trouvent deux montagnes paralleles dont les deux côtés soient en opposition, les vapeurs qui s'en éleveront par quelque cause que ce soit, prendront leur cours sur le milieu de la plaine, & passeront plus loin, si au point de leur rencontre & de leur choc, ils se détournent tant soit peu, l'un à droite, l'autre à gauche. Si l'un de ces vents, à raison des matieres qu'il entraîne, court plus bas, & l'autre plus haut, à raison de sa légereté, ils couleront l'un au-dessus de l'autre sans se faire beaucoup de tort;

ce que l'on a dit de deux vents oppofés, doit également s'étendre de plufieurs : s'ils peuvent partir d'un même
point & fe faire fentir dans un efpace très-borné, à plus forte raifon
peuvent-ils regner en même temps
dans des régions éloignées.

Tous les continents terreftres font
fujets à ces vents variables qui produifent des effets finguliers. La province
de Cachemire au nord des Etats du
Mogol, a environ 30 lieues de long fur
12 de large. Elle eft bornée des deux
côtés par de hautes montagnes qui font
partie de la grande chaîne qui traverfe
l'Afie dans toute fa longueur de l'Oueft
à l'Eft. On éprouve alternativement
dans ce pays des changemens de température qui font paffer tout d'un-coup
des chaleurs de l'été au froid de l'hiver, par deux vents directement oppofés, l'un de Nord & l'autre de Midi,
que l'on fent à moins de deux cens pas
de diftance l'un de l'autre : les relations nous apprennent qu'ils foufflent
d'une des montagnes à l'autre par le
travers de la province à laquelle cependant ils ne caufent aucun préjudi-
ce ;

ce ; le pays eſt agréable, fertile, peu-
plé, la race des hommes eſt belle,
les femmes ſur-tout ſont célebres par
leurs agrémens & leur beauté. La tradition de ces peuples eſt que toute
cette province n'étoit autrefois qu'un
grand lac dont les eaux ſe ſont écou-
lées par une ouverture qui s'eſt faite à
la montagne de Bara - Moulai. On y
voit encore de grands lacs d'eau douce,
dont on tire des ruiſſeaux qui ſervent
à inonder dans la ſaiſon, les terres à
riz. On pourroit à l'inſpection du pays,
juger quelle eſt la cauſe de ces deux
vents ſinguliers qui y regnent.

La réſolution des nuées ou les fermentations qui peuvent ſe faire dans
l'air occaſionnent encore des vents incertains, qui ne ſont pas toujours également ſenſibles. Nous expliquerons
dans la ſuite de ce diſcours, comment
les exhalaiſons & les vapeurs combinées excitent des vents de tourbillon
qui ſemblent ſe jouer à la ſurface de
la terre, & qui n'ont rien d'incommode tant qu'ils ſont doux & légers.

Il ſort donc des vents accidentels de
la terre, des eaux, des antres, des

gouffres, des abymes : ils font prefque tous produits par des fermentations locales qui fe font plus fréquemment dans le fein des montagnes que
par-tout ailleurs, par le mélange des
matieres graffes, fulfureufes & falines
qui s'y trouvent mêlées avec les eaux
qui s'y filtrent ; il en réfulte des éruptions de vapeurs qui occafionnent des
vents fenfibles par-tout où elles fe font
une iffue. Les directeurs & les ouvriers
des mines de fel de Cracovie, difent
que des coins & des finuofités de ces
mines, il s'éleve quelquefois des tempêtes fi violentes qu'elles renverfent
ceux qui travaillent, & emportent
leurs cabanes. La plupart des montagnes ont des cavernes de cette efpece,
d'où il fort des vents impétueux périodiques ou incertains, qui delà s'étendent dans l'atmofphère, & s'y font
fentir quelque temps. Pour concevoir comment fe forment ces fortes de
vents, il ne faut que fe rappeller à
quel point les liqueurs échauffées fe
raréfient dans l'éolipile, & quelle eft
la violence & l'accélération du mouvement avec lequel elles en fortent.

Ces vapeurs chassées violemment,
communiquent leur mouvement à l'air
qui s'oppose à leur éruption, & y établissent un courant sensible par un
flux successif souvent interrompu,
ou moins fort dans un moment que
dans l'autre, qui semble imiter le
mouvement des flots, & fait les bouffées.

L'abbaissement des nuages, leur
jonction & les grosses pluies, sont encore autant de causes qui font naître
ou augmenter le vent. En effet, lorsque l'air est le plus calme, une nuée
prête à se dissoudre, qui gravite sur
l'air renfermé entre elle & la terre & le
force à s'écouler, produit tout-d'un-
coup un vent impétueux qui dure peu.
La hauteur, la largeur & la situation
des montagnes rétrécissent quelquefois le passage ouvert aux vapeurs &
à l'air agité, & causent l'accélération
de leur mouvement qui devient plus
sensible; ainsi quand les vaisseaux passent le long des côtes de Gênes bor-
dées de hautes montagnes, & qu'ils
sont vis-à-vis de quelques vallées qui
regardent la mer, ils y trouvent des

vents confidérables qui viennent de terre.

Vents de réflexion.

Les vents rencontrent-ils dans leur cours les hauteurs des montagnes ou les inégalités des nuages abaiffés, ils fe réfléchiffent faifant un angle de ré-flexion égal à celui d'incidence, & fouvent prolongé plus loin. De-là ces vents de Nord paralleles à ceux de Sud qui foufflent affez près l'un de l'au-tre, parce que depuis le point d'inci-dence jufqu'à un certain éloignement, ils ont rencontré des corps folides qui les ont rapprochés; l'un & l'autre vien-nent d'une même caufe. Il parut fort étonnant que le froid de l'hiver de 1709, qui fut fi extraordinaire & fi rigoureux, fe maintint à Paris pen-dant plufieurs jours par un vent de Sud. Deux raifons pouvoient y contribuer: la premiere que les montagnes d'Au-vergne qui font au Sud de Paris, étoient alors couvertes de neige; la feconde, qu'un vent de Nord très-froid qui ve-noit de loin & s'étendoit bien au-delà de la capitale, ayant précédé, le vent de Sud n'étoit qu'un reflux du même air que le Nord avoit poussé contre ces montagnes dont l'atmosphère étoit alors condensée par un froid extrême, & qui loin de s'échauffer à son point d'incidence, ne s'en réfléchissoit que plus froid encore, ainsi que l'expérience le démontra.

D'ordinaire le vent de réflexion est beaucoup plus fort que le vent direct. J'ai observé plusieurs fois, étant à cinq ou six toises d'un bâtiment élevé, qui réfléchissoit un vent de Sud assez violent & accompagné de pluie, que les gouttes qui en tombant suivoient les deux directions, étoient plus pénétrantes & chassées beaucoup plus fort par le mouvement réfléchi, que par le mouvement direct : quoique à très-peu de distance de la cause de la réflexion, la chute des gouttes de pluie qn'elle déterminoit, étoit beaucoup plus oblique que celle des gouttes qui suivoient le courant direct. La pluie étoit assez grosse pour en bien distinguer la chute en sens opposés, & voir les gouttes se croiser.

On peut s'appercevoir dans les villes

de la force des vents de réflexion dans les différentes rues qui se croisent; souvent on sent dans l'une que l'air a un mouvement tout-à-fait opposé à celui qu'il a dans un autre. On l'éprouve à Venise par les vents de Sud-Ouest & de Nord-Est, qui quelquefois sont très - impétueux. Le mouvement de l'air dans les tournans où se fait la réflexion, à l'embouchure des canaux particuliers dans le grand canal, est si violent que tout l'art des Gondoliers ne peut y résister. Souvent la gondole est rejetée contre l'angle du revêtissement d'un des canaux, avec tant de force, qu'elle est prête à se briser. On sçait combien ces vents de réflexion l'emportent par leur force & leur violence sur les vents directs, entre les isles de l'Archipel.

La force des vents, leurs mouvemens divers, le bruit même qu'ils produisent dans l'air, ont souvent excité ma curiosité; souvent j'ai cherché les positions les plus propres à observer leurs cours, leur impétuosité, leur action pour vaincre les obstacles qu'ils rencontrent, & les effets qui en résultent ; & toujours j'ai remarqué que c'eſt au milieu des plaines élevées qui dominent ſur un vaſte horizon, que l'on eſt le plus à portée d'interroger la nature ſur les phénoménes les plus tumultueux de ce météore ſingulier. J'ai conſidéré la mer dans le temps que ſes ondes étoient ſoulevées par des vents impétueux ; j'ai vu avec admiration les flots mugiſſans ſe ſuivre avec précipitation, ſe culbuter les uns ſur les autres, & modifier l'air de façon à faire entendre des ſons très-forts & très-variés. Si le flot ſe briſoit contre quelque rocher ou contre une digue artificielle, le bruit redoubloit, & ſon effort pour vaincre la réſiſtance de ce corps ſolide, le portoit à une très-grande hauteur : l'onde ſe diviſoit, ſe raréfioit, & le jet ſe terminoit en vapeurs légeres que l'on voyoit ſurmonter les ſommets des édifices les plus élevés ; l'air étoit en même temps très-agité & preſſé par le flot ; on le ſentoit s'échapper avec rapidité dans la direction qu'il en recevoit. Qu'eût-ce été, ſi cette onde irritée eût acquis un plus grand degré de raréfaction, eût

O iv

trouvé plus d'obstacles à surmonter,
que ne lui en présentoit la surface mobile de la plaine liquide? Combien le
bruit n'eût-il pas été plus violent ?

Cette comparaison ne nous démon-
tre-t-elle pas la cause de l'action des
vents plus forte dans certaines positions que dans d'autres ; de ces siffle-
mens variés qu'ils font entendre ; de
ces efforts interrompus & toujours re-
nouvellés pour renverser les corps qui
s'opposent à leur passage, qu'à la
longue ils dégradent, & qu'enfin ils
détruisent, secondés par l'action des
autres météores, qui tous agissent de
concert avec eux pour anéantir ces
obstacles.

Il me semble voir la plaine de l'air
hérissée de flots qui se précipitent en
tumulte les uns sur les autres en suivant une même direction ; plus leur
route est inégale, & plus les coups des
vents sont sensibles à ceux sur-tout qui
sont placés sur les bords les plus isolés des hauteurs dominantes. Je vois
de-là les flots du fluide insensible se précipiter dans les vallons, les remplir,
y causer un mouvement passager de

tourbillon en comprimant l'air inférieur, passer ensuite sur les hauteurs
voisines, & les surmonter avec autant
de bruit que d'effort ; sur-tout quand
elles sont escarpées, & qu'il est nécessaire que ce fluide rejaillisse du point
sur lequel il frappe jusqu'au haut de la
digue, pour suivre son cours & aller
plus loin. Voila pourquoi les tours,
les bâtimens élevés, les grands arbres,
qui se trouvent dans ces situations,
sont vivement battus par les vents,
& n'ont de calme qu'autant que l'air
n'est point agité. C'est cet agent impétueux qui dépouille de leur verdure
les branches les plus hautes des arbres :
c'est par cette raison que les vastes
plaines de la Tartarie orientale, continuellement battues par les vents secs
& violens du Nord & de l'Est, sont
stériles, arides, sans arbres ni buissons.

Si l'on s'en rapporte à Lucrece,
non-seulement les inégalités de la
terre, mais celles qui sont accidentelles à l'atmosphère, irritent la violence
des vents, & en redoublent le bruit.
On ne les entend jamais avec autant

O v

de force, que lorsqu'ils soufflent entre
les nuées : ces masses inégales sont autant de tas de matiere mobile, agités
en tout sens par les vents, qui se heurtent les uns contre les autres, & rendent des sons différens, tels qu'il en
sort d'une forêt épaisse où le choc réciproque des branches excite le bruit
confus qui se répand au loin : un nuage
partagé par la véhémence du vent, ne
doit-il pas aussi rendre des sons prodigieux ? Le Poëte philosophe imaginoit
encore des vagues dans les nuées, qui
se frappant mutuellement, faisoient le
même bruit que les flots des plus grandes eaux ou de la mer, lorsqu'ils sont
agités & se brisent les uns sur les autres. La rapidité avec laquelle sont
emportées les nuées les plus épaisses
& les plus grosses, le faisoit juger de
l'impétuosité des vents dans la moyenne région de l'air : il regardoit le bruit
qu'ils produisent comme le seul effet
du choc des nuées ou de leur résistance au cours du vent. Il est constant
aussi que toutes choses égales, jamais
les vents ne sont aussi impétueux que
lorsqu'ils soufflent entre la terre & un

ciel obscurci par des nuages épais ;
mais c'est qu'alors l'espace où ils courent est resserré par la pression de ces
nuages, la matiere qu'ils entraînent
& dont ils sont formés, se dévelope
plus difficilement, leurs coups sont
plus sensibles, en un mot les vents sont
plus forts (*a*).

(*a*) *Est etiam ratio cùm venti nubila perflant,*
Cur sonitus faciant, etenim ramosa videmus
Nubila sæpè modis multis, atque aspera ferri:
Scilicet ut crebram silvam cùm flamina cauri
Perflant, dant sonitum frondes, ramique fra-
     gorem.
Fit quoque ut interdum validi vis incita venti
Perscindat nubem, perfringens impete recto :
Nam quid possit ibi flatus, manifestq docet res ;
Hic ubi lenior est in terra, cum tamen alta
Arbusta evolvens radicibus haurit ab imis.
Sunt etiam fluctus per nubila, qui quasi murmur
Dant infringendo graviter ; quod item fit in
     altis
Fluminibus, magnoque mari, cum frangitur æstu.

Lucretius, l. 6. v. 131, & *seq.*

O vj

§. XXIII.

Qualités générales des vents.

Les qualités des vents que nous avons à considérer ici, sont leur force, leur différens degrés de vîtesse ou de lenteur, les causes de l'irrégularité ou de l'interruption de leurs mouvemens; la hauteur à laquelle ils se portent dans l'atmosphère, le froid ou le chaud, l'humidité ou la secheresse qu'ils y établissent, & les dispositions générales avantageuses ou nuisibles qui en résultent.

Force des vents.

Tous les vents excités par des causes puissantes sont violens : elles agissent sur l'air avec force, subitement, & donnent à son cours une impétuosité proportionnée à leur énergie. Les plus actives & les plus promptes sont les effervescences qui se font dans les entrailles de la terre, & dont les effets sont relatifs à la quantité de matiere qui est en fermentation, à la célérité avec laquelle elle se répand, à son agitation & à l'espace qu'elle occupe ensuite dans l'atmosphère. Les choses supposées dans cet état, l'émanation étant abondante, elle donnera à l'air un cours rapide, sur-tout s'il est resserré dans le lieu sur lequel le principe du mouvement dirige sa direction. Nous avons déja vu que les exhalaisons condensées entre les nuages qu'une fermentation violente détermine à une éruption subite, brisent le tissu du nuage par le côté où elles trouvent le moins de résistance, & agissent sur l'air de maniere à produire un vent d'orage très-impétueux.

Cette violence s'augmente beaucoup quand deux vents soufflent en direction contraire, & viennent tomber l'un sur l'autre à un même terme. De ce choc il se forme un troisieme vent qui part du point où les deux premiers se rencontrent, prend un autre cours & semble réunir toute l'impétuosité du mouvement de l'un & de l'autre. Ce concours condense nécessairement l'air, & retrécit l'espace où il se meut ; ce qui augmente sa véhémence. Lé plus impétueux de tous les vents, seroit le vent général alisé d'Est, s'il se faisoit sentir dans un espace moins vaste & moins ouvert que celui où il regne, & dans des régions qui ne fussent pas continuellement échauffées par la présence du soleil, qui presque toujours leur est vertical; parce qu'alors rien n'empêcheroit les vents des poles, les plus soutenus & les plus forts de tous, de se porter en direction opposée sur un terme commun où ils aboutiroient l'un & l'autre, & où ils joindroient leurs forces à celles du vent général. Le vent devient aussi plus rapide, lorsque d'un canal plus large il passe dans un plus étroit, alors les divers points de direction se rapprochent, deviennent convergens, & augmentent de force & d'activité.

Là célérité seule avec laquelle le vent se meut, est capable de le rendre très-impétueux. S'il se porte circulairement, & que rien ne fasse obstacle à ses efforts, il produit les plus grands effets, il renverse les édifices, arrache les arbres, dévaste les campagnes : l'air est alors à un haut degré

de condenfation, fes particules appli-
quées à un corps fur lefquels elles tombent immédiatement dans leur état naturel, peuvent à peine exciter quelque fenfation. Pour produire donc
les violens effets que nous venons
d'annoncer, il faut que les premieres
arrivées foient refferrées de façon par
celles qui furviennent, qu'elles foient
rapprochées, autant qu'il eft poffible,
les unes des autres ; que tous leurs
refforts foient d'autant plus gênés ,
que leurs forces foient d'autant plus
réunies, qu'elles ayent toutes acquis
une certaine dureté par l'état de compreffion où elles fe trouvent, & dès-
lors plus de tendance à fe développer.
Ce n'eft que dans cet état que les der-
nieres agiffent fur les premieres , qui
font comme l'inftrument qui fert à renverfer, à arracher les corps folides,
qui contribuent d'autant plus à cet
effet, qu'ils réfiftent davantage, & occafionnent la compreffion d'une plus
grande quantité de particules d'air.
Les corps qui ont quelque folidité,
mais qui cependant cédent à la longue
à l'impreffion du vent, prennent une

conformation relative à son action sur eux : les vents de Sud-Est sont très-impétueux & presque continuels au Cap de Bonne-Espérance, ils empêchent les arbres de s'élever lorsqu'ils sont isolés ou simplement en avenue, il les forcent à se courber & à étendre leurs branches dans leur direction, ce qui les rend désagréables à la vue. Ils ne sont pas renversés, parce qu'ils cédent dans le tems des fortes bouffées, & se rétablissent dans les intervalles de calme qui succédent ; ces deux mouvemens font que les particules d'air s'échappent avant que s'accumuler ; leur pression réitérée peut altérer un corps solide, mais elles ne le renversent que lorsque leur ressort est tendu au point que la résistance des corps sur lesquelles elles agissent, ne puisse plus leur donner une tension plus forte « lorsque le vent assaillit les » corps, les agite, & enfin les em- » porte, lorsque le froid les pénetre » de ses traits piquants, chaque par- » ticule de la matiere à laquelle ils doi- » vent leur existence & leur action, » n'est pas sensible, c'est la réunion

» de leurs parties qui en fait sentir la
» violence, & qui leur donne la force
» & la solidité des corps les plus actifs
» & les plus pénétrans » (*a*).

D'ordinaire au printems & en automne, les vents sont plus impétueux
qu'en été & en hiver, tant sur mer que
sur terre. C'est dans ces deux saisons
que changent les vents périodiques
ou les moussons des mers entre les
Tropiques, 1°. par le mouvement
que l'action du soleil produit dans
l'air, & par le flux & le reflux de l'atmosphère, qui ne sont jamais plus
forts que dans la saison des équinoxes,
qui est aussi celle des plus grandes
marées. 2°. Par la fonte des neiges au
printems & l'abondance des pluies en
automne, occasionnées par la forte

(*e*) *Ventus enim quoque paulatim cum verberat
       & cum*
*Acre ferit frigus, non primam quamque so-
       lemus*
Particulam venti sentire & frigoris ejus;
Sed magis universum; fierique perindè videmus
Corpore tum plagas nostro, tanquam aliqua res
Verberet atque sui det sensum corporis. .....
                    Lucretius, l. 4, v. 259.

évaporation de l'été, qui produit les vents, ou du moins qui en augmente la force & la durée. 3°. Par le paffage du froid au chaud ou du chaud au froid, qui ne peut fe faire fans augmenter ou diminuer confidérablement le volume de l'air, ce qui feul doit produire de très-grands vents. 4°. Par le poids de l'air augmenté, ou par une forte condenfation, ou par une évaporation abondante : ces deux caufes produifent les vents des terres voifines des cercles Polaires, toujours fi violens, & les vents locaux qui, fe portant dans la direction où ils trouvent le moins d'obftacle, parcourent fouvent une très-grande étendue de pays, ainfi qu'on a pu le remarquer dans les vents de Sud du mois de Février 1767 & de Janvier 1768, qui tenoient toutes les régions tempérées de l'Europe, dès Alpes jufqu'aux montagnes qui féparent la Suede de la Norwege. Dans ces régions reculées au Nord, le froid de Décembre & celui de Janvier avoit été infiniment moins vif que celui que l'on avoit reffenti de la Suiffe jufqu'aux extrêmités de l'Allemagne. La tem-

pérature douce qui fe fit fentir enfuite, s'étant établie dans tous ces climats par une étendue de près de vingt
degrés, l'évaporation y fut égale, &
le cours de l'air fe détermina avec impétuofité du côté des régions les plus
voifines du cercle Polaire, où l'atmofphère plus refferrée lui offroit un
efpace libre à parcourir.

Hauteur à laquelle les vents s'élevent.

Les vents font plus violens dans les
lieux élevés que dans les plaines. Plus
on avance dans les hautes montagnes,
plus la force du vent augmente, jufqu'à
ce que l'on foit arrivé à la hauteur ordinaire des nuages, qui eft toujours
relative à celle du fol, c'eft-à-dire,
à cinq ou fix cens toifes d'élévation
perpendiculaire au-deffus d'un fol
quelconque, & non pas de hauteur ab-
folue; au-delà le ciel eft ordinairement ferein, au-moins pendant l'été,
& le vent diminue.

On a cru long-temps fur la foi des
Anciens, que le vent étoit tout-à-fait
infenfible au fommet des plus hautes

montagnes ; cependant la plupart &
même les plus élevés, étant continuellement couverts de neiges & de glaces,
il est naturel de penser que les vapeurs
font portées jusqu'à cette région au-
moins, qu'elle est dès-lors agitée par
les vents qui poussent les nuages qui
s'y résolvent en neiges & en pluie.
Ainsi ce n'est que pendant l'été, lorsque
l'air est entierement raréfié, qu'il peut
y regner une espece de calme, qui a
fait croire que les vents ne s'élevoient
pas jusques là ; ou dans la saison opposée, lorsque les vapeurs extrêmement condensées, ne suffisent à l'entretien des vents que dans la région
inférieure de l'atmosphère.

En traversant les Alpes en deux saisons différentes, au solstice d'été &
à l'équinoxe d'automne, j'observai sur
la plaine du Mont Cenis, qu'en Septembre le vent étoit fort doux & à
peine sensible ; à la fin de Juin il y regnoit un vent de Nord vif & piquant,
plus froid que chaud. Un homme qui
en venoit au mois de Septembre 1768,
m'assura peu après, y avoir été battu
par un vent d'orage très-impétueux,

produit par un nuage chargé de très-groffe grêle, qui y tomboit en même-tems. Lorfque j'y paffai, tous les fommets qui font au Midi, étoient chargés de neiges & de glaces, qui ne fondent jamais. J'ai traverfé de même les différentes branches de l'Appenin, dont je crois que le fommet le plus élevé eft à Radicofani fur les frontieres de la Tofcane, du côté de la province du patrimoine de S. Pierre. Le vent qui étoit Sud-Oueft le 30 Novembre, étoit beaucoup plus vif au bas de la montagne que dans le haut fur cette petite plaine, à la pointe de laquelle eft bâti le château fur un rocher élevé, où l'on jouit ordinairement d'un ciel ferein, tandis que le bourg, qui eft au pied même des fortifications, eft fouvent couvert de brouillards. Je ne fçais s'il y pleut beaucoup, mais le matin de ce même jour, il y tomboit une bruine épaiffe qui plus bas, dans le vallon qui fépare cette montagne d'Aquapendente, devint une pluie forte & à très-groffes gouttes. Le lendemain le vent tourna au Nord-Eft, & fe faifoit fentir vivement fur

la plaine élevée , qui conduit d'Aquapendente à Bolsene ; il fut le même
tout le jour , peu sensible dans les
vallons , mais extrêmement vif sur les
hauteurs moyennes , sur-tout à Monte-
fiascone.

En général il est difficile de déterminer à quelle hauteur les vents arrivent dans l'atmosphère ; on est re-
venu du préjugé des Anciens sur certaines montagnes telles que l'Olym-
pe, où ils prétendoient, sur des preuves peu concluantes, que les vents ne
s'élevoient jamais. Nous avons vu que
David Frélichius, cité dans la Géographie générale de Varénius, assuroit
que sur les rochers nuds qui couron-
nent les monts Krapacs, le calme étoit
si grand, qu'un cheveu même y restoit
immobile. Mais des observations plus
exactes & plus récentes nous apprennent que l'on ressent sur des montagnes beaucoup plus élevées des vents
très-forts : le pic de Ténériffe n'en est
pas exempt ; on voit bien au-dessus
du Pichinca , un des sommets les plus
élevés des Andes, les nuages emportés
par les vents en divers sens ; autour de

ces sommets ils sont d'une violence extrême, ainsi que l'ont écrit Mrs de la Condamine & Bouguer. On peut donc dire que les vents s'élèvent à la hauteur de l'atmosphère, où les vapeurs peuvent être portées, qui partout est relative au niveau du sol & des eaux d'où elles sortent ; que même à en juger par les phénomènes de l'aurore boréale, & par quelques autres expansions d'une matiere lumineuse, dont nous avons parlé dans le discours sur l'évaporation (*Tom. 5, disc. 8*), il y en a de beaucoup plus élevés, qui ne font que locaux, & ne peuvent pas être sensibles dans la région de l'atmosphère que nous habitons. Mais ils ne sont jamais plus violens que lorsqu'ils sont près de terre, non pas des régions les plus basses, car ils sont beaucoup plus impétueux sur les hauteurs que dans les vallées, ainsi que l'ont éprouvé les Académiciens qui ont fait des observations tant sur la Cordiliere du Pérou que sur les montagnes du Nord, ou ceux qui ont parcouru les plaines élevées de la Tartarie orientale, dont la hauteur, relati-

vement au niveau de la mer, surpasse
celles des plus grandes montagnes du
monde.

Par-tout on observera que l'action
du vent répond à la densité de l'air,
qui est plus grande à la surface de la
terre que dans toute autre bande de
l'atmosphère ; la hauteur des lieux ne
changeant rien à cette régle générale,
parce que le degré du froid qui y regne
étant relatif, les vapeurs qui s'y élèvent ne font que plus condensées : c'est
ce que l'on doit éprouver lorsque le
ciel est serein. Au contraire, s'il est
chargé de nuages, la plus grande force
du vent sera à leur hauteur ou sous leur
direction, ainsi que l'on peut s'en assurer en mesurant leur élévation, &
en estimant l'effet local du vent par la
projection de leur ombre ; car soit que
l'air soit plus condensé, soit que son
mouvement soit accéléré par la pression du nuage, le vent n'en augmente
pas moins. On doit donc dire que la
force & la hauteur du vent doivent
s'estimer, non-seulement par la vîtesse,
mais aussi par la densité de l'air, de quelque cause qu'elle puisse provenir ; ainsi

il peut arriver qu'un vent qui n'aura
pas plus de vîteſſe qu'un autre vent,
ne laiſſera pas de renverſer des édifices,
d'arracher des arbres, uniquement
parce que l'air en mouvement ſera plus
denſe.

On doit donc regarder comme un
fait certain, que le vent ſouffle avec
plus de force dans quelques bandes de
l'atmoſphére que dans d'autres. Lors
des expériences faites ſous l'Equateur,
M. d'Ulloa, Officier Eſpagnol, qui
s'étoit joint aux Académiciens François, fit pluſieurs obſervations qui l'aſ-
ſurerent que ce n'eſt pas immédiatement à la ſurface de la terre que le
vent a ſa plus grande force : il en ju-
geoit par les vents du Sud, dont l'action étoit plus marquée & plus vive
par un intervalle un peu ſéparé de la
terre, mais non pas au point de ſur-
paſſer celui où ſe forme la pluie, dans
lequel les vapeurs ſe réuniſſent pour
compoſer des gouttes de quelque
poids. On voit au Pérou, que les nuées
ou les vapeurs qui ſont portées au-deſſus de cet eſpace, c'eſt-à-dire, celles qui
s'élèvent le plus, ſont venues beau-

coup plus lentement que celles qui ont
le vent au - deſſous d'elles. Souvent
hors des vallées, ces nuages ſe meuvent
dans un ſens contraire à celui des nuées
plus épaiſſes qui ſont au-deſſous ; on
peut donc ſuppoſer que la partie de
l'atmoſphère où les vents ſoufflent
d'ordinaire avec le plus de force , eſt
la même où ſe forme la pluie … (*Hiſt.*
générale des Voyages, Tom. 13 , *in-*4°).

Etendue de la courſe des vents.

Vîteſſe & durée.

Juſqu'où le vent s'étend-il , & l'air
peut - il être porté loin de la cauſe
qui le met en mouvement ? Quelque
véhémente que ſoit l'impulſion à laquelle il doit ſon cours déterminé , il
ne peut aller bien loin , parce que
communiquant ſa force à l'air tranquille ſur lequel il agit immédiatement , & ſa peſanteur diminuant à
meſure que ſa raréfaction augmente
par l'agitation où il eſt , il ne peut conſerver long temps la même diſpoſition,
ſi de nouvelles cauſes ne la ſoutien-

nent. On en a la preuve dans le peu
d'espace que suivent sa direction, les
flocons de laine cardée, les fils les plus
légers, & les autres corps semblables
dont on se sert pour mesurer la vîtesse
& l'impétuosité du vent ; ils gardent
peu de tems la direction horisontale
que le mouvement de l'air leur donne
d'abord. Les vents excités par les
éventails ou les soufflets, se font sentir
à peu de distance de leur cause. Les
vents produits par la chûte des nuages,
& les orages occasionnés par l'effervescence des exhalaisons & des vapeurs, ne durent qu'autant que l'air
en reçoit un mouvement concentré
dans l'espace où se fait sentir la tempête. Il est donc nécessaire que l'air
reçoive sans cesse de nouveaux principes d'impulsion, dans la direction
même où il coule, pour que les vents
arrivent à des lieux fort éloignés de
leur origine. Si l'évaporation dure
long-temps, si les matieres qu'elle
porte dans l'air reçoivent continuellement de nouvelles causes d'expansion,
d'un principe constant de raréfaction,
les vents sont durables, se portent au

loin, sur-tout si dans leur course ils
sont fortifiés de nouveaux principes
d'accélération, par d'autres évaporations locales, qui redoublent leur activité dans leur premiere direction :
c'est ce qui arrive aux vents occasionnés par la fonte générale des neiges
dans toute une partie d'un des hémisphères, & c'est ce qui donne tant de
violence aux vents du Sud. Quelquefois ceux du Nord ont la même impétuosité, parce qu'ils proviennent d'une
même cause, mais ils sont plutôt excités par le poids d'un air condensé, qui
s'écoule sur un air plus léger, que par
un principe de raréfaction bien établi.

Tels sont encore les vents qui courent des poles à l'Equateur : ils sont
continuels, violens, & tiennent un
très - grand espace. Une multitude
d'observations rassemblées dans cette
histoire, nous ont démontré la pesanteur de l'air, des poles & des terres
qui les avoisinent au-dessus de celui de
la Zone torride, ou des Zones tempérées qui s'en approchent. La disposition même des terres qui s'élèvent des
deux côtés, facilitant ce cours de

l'air, il doit se faire une impulsion
non interrompue des poles à l'Equateur, dont la continuité & le long espace qu'il parcourt, augmentent l'activité & la durée. D'autres circonstances accroissent encore la vîtesse
des vents. Un courant d'air augmente
de vîtesse comme un courant d'eau,
lorsque l'espace de son passage se ré-
trecit. Le même vent qui ne se fait
sentir que médiocrement dans une
plaine large & découverte, devient
violent en passant par une gorge de
montagne, ou seulement entre deux
bâtimens élevés, & le point de la plus
violente action du vent, est au-dessus
de ces mêmes bâtimens ou de la gorge
de la montagne : l'air étant comprimé
par la résistance de cet obstacle, a plus
de masse, plus de densité ; & la même
vîtesse subsistant, l'effort ou le coup du
vent en devient beaucoup plus fort.
(*Hist. Natur. du Cabinet du Roi*, T. 2,
Ed. in-12, p. 242). On sent de même
que le vent réfléchi par un bâtiment
isolé, est bien plus violent que le vent
direct par lequel il est produit, parce
que l'air chassé se comprime contre ce

bâtiment & se réfléchit non-seulement
avec la vîtesse qu'il avoit auparavant,
mais encore avec plus de masse : ce
qui rend son action beaucoup plus
forte.

Toutes ces variétés sont cause que
l'on ne peut compter sur les essais que
l'on a faits pour mesurer la vîtesse des
vents, & que les expériences se rapportent si peu entr'elles. M. Mariote
a prétendu que la vîtesse du vent le
plus impétueux est de trente-deux
pieds par seconde. M. Derham lui
donne le double. Ces contrariétés
viennent sans doute du degré de mouvement qu'avoit l'air, & des matieres
qu'ils ont employées pour mesurer sa
vîtesse. Il paroît constant que les vents
d'orage sont infiniment plus actifs. On
en peut juger par les corps solides
qu'ils déplacent & transportent si rapidement. Mais comment entreprendre de mesurer la force & la vîtesse
d'un mouvement qui varie à chaque
instant ? & quand même on parviendroit à s'en assurer par le calcul, pour-
roit-on jamais prévoir le tems auquel
elles seront au même degré, ou si elles

n'augmenteront pas encore par des caufes imprévues ?

Inégalités du mouvement des vents.

Les vents de terre foufflent avec une force très-inégale : on ne les fent que par intervalles ; leur action bien que continuelle, eft interrompue & redoublée de momens à autres. La maffe de l'air, quoiqu'infenfible, fe conçoit alors fous la forme d'une mer agitée, dont les vagues fe fuccédent & viennent fe brifer les unes fur les autres. La premiere caufe de ce mouvement interrompu, eft l'inégalité même de l'éruption des vapeurs & des exhalaifons, & celle de la raréfaction de ces vapeurs, qui dépend du plus grand ou du moindre degré de fermentation établi, foit dans l'air foit dans la partie de la terre d'où elles fortent, & dès-lors du poids de l'air qui répond à ces variations, & qui gravite plus ou moins fur le courant qu'il forme.

L'état du ciel y contribue encore : l'épaiffeur des nuages, leur étendue,

le degré de hauteur auquel ils font, &
qui n'eft pas toujours le même ; voilàce
qui caufe les variations dans la force &
la durée des vents qui regnent d'ordinaire fur les grands continents. Quant aux
vents généraux, aux vents décidés de
Nord & de Sud, que l'on peut regarder
comme perennes, les inégalités du globe, les montagnes, les forêts, les édifices, font autant d'obftacles qui s'oppofent à leur cours régulier, qu'il faut
qu'ils furmontent pour paffer au-delà,
qui les arrêtent à chaque inftant, & établiffent ce mouvement général de fluc-
tuation, qui leur donne l'apparence de
ne fouffler que par reprifes. Ainfi plus
le pays eft inégal, plus il s'y trouve
de hauteurs, d'arbres, de maifons &
d'autres corps folides ; plus le bruit
que le vent y excite eft violent, plus
fes coups y font fenfibles. Il en eft de
ce fluide comme d'un courant d'eau
retenu par des rochers, qu'il faut qu'il
furmonte : il forme de grands flots à
fa furface, il devient plus bruyant,
& ne reprend fa tranquillité que lorfqu'il coule fans obftacle fur un fol
uni.

Le concours de plusieurs vents opposés, soit qu'ils aboutissent l'un sur
l'autre perpendiculairement , qu'ils
soient en direction tout-à-fait opposée,
ou que l'un tombe d'en haut sur celui
qui court plus bas , comme que l'on
l'imagine , leur direction ne peut que
changer , & leur choc mutuel doit
produire des mouvemens impétueux
& irréguliers dans l'air par-tout où ils
se rencontrent soit sur terre , soit sur
mer , où ils produisent des tempêtes
proportionnées à leurs forces respectives. Si elles sont égales dans l'un &
dans l'autre , l'orage n'en est que plus
dangereux : il faut qu'une nouvelle
cause vienne augmenter l'action de
l'un pour que l'autre cede , change de
direction , ou suive le plus fort : ce
qui porte les effets de leur choc sur
toutes les régions que le plus violent
peut parcourir. Quelquefois ils s'é-
tendent fort loin , & font la source de
ces tempêtes qui bouleversent une
grande étendue de mer , ou de ces
orages qui dévastent des provinces-en-
tieres , & que l'on voit passer successivement d'un royaume à un autre. Ils

P v

font plus marqués dans quelques régions, parce que des caufes nouvelles
augmentent la force de l'action ou
celle de la réfiftance ; fouvent encore
ces vents changent de direction fans
diminuer de violence. Une évaporation plus abondante les peut faire tourner du Sud à l'Oueft ou au Nord, &
les ramener par degrés au premier
point d'où ils font partis. C'eft ainfi
que fe forment les grands ouragans
qui parcourent une partie du globe,
dont les révolutions imprévues feront
toujours étonnantes, quoique les caufes en foient connues ; mais on ne peut
les placer que fur les indications que
donnent leurs effets.

Les vents de mer foufflent avec plus
de force & de continuité que les vents
de terre : ils font plus réguliers, parce
que la mer eft un efpace libre, dans
lequel rien ne s'oppofe à la direction
du cours de l'air comme fur la terre,
où tant d'obftacles changent l'état des
vents & en produifent de tous contraires aux premiers. Les vents réfléchis
fur-tout par les montagnes, non-feulement fe font fentir dans toutes les

contrées qui en font voifines, avec
une impétuofité & des effets fouvent
égaux à ceux du vent direct qui les
produit ; ils font auffi très-irréguliers,
parce que le degré de leur mouvement
dépend du contact, de la hauteur &
de la fituation des montagnes qui les
réfléchiffent ; ils durent peu au-moins
dans la même direction, & fouvent
ils changent plufieurs fois par jour les
difpofitions de l'atmofphère. Ceux de
mer au contraire font moins variables,
& durent plus long-temps : on en a la
preuve dans les mouffons dont la durée eft fixe, & dans les vents réglés
que l'on trouve conftamment dans des
parages marqués. La preffion des nuages, le voifinage des côtes & la nature de leur fol, de même que les
mouvemens extraordinaires ou les
calmes auxquels quelques mers font
expofées, y apportent du changement : par-tout ailleurs ils font les
mêmes. Nous avons vu qu'à une certaine diftance des côtes dans la mer
Pacifique la navigation eft sûre, parce
qu'il y regne un vent général & conftant. Dans les vents de terre, quelque

violens qu'ils ſoient, il y a des momens de remiſſion & quelquefois des
inſtans de repos, dans leſquels il ſemble que leur ſource ne fourniſſe pas à
leur entretien. Dans ceux de mer le
courant d'air eſt conſtant & continuel,
ſans aucune interruption, parce que
l'évaporation eſt à-peu-près la même
dans une certaine étendue, & que
dans une autre le poids de l'air gravite
toujours également ſur les parages,
où il occaſionne des vents réguliers.
Ils ne deviennent impétueux & fort
incertains que dans les paſſages reſſer-
rés dont les côtes ſont inégales, où ils
établiſſent des courans dangereux &
des tempêtes fréquentes ; ainſi qu'on
l'éprouve dans toutes les mers à l'entrée des détroits, & dans le voiſinage
des iſles peu éloignées de la terre, où
l'on reſſent des vents locaux & interrompus, qui empêchent ſouvent de
profiter des avantages du vent général.

§. XXIV.

Qualités sensibles des vents.

Ce sont les vents qui établissent les dispositions générales de l'air, décident de sa température, & rendent la différence des saisons plus ou moins sensible : il est donc utile de déterminer leurs qualités principales, relativement aux variations qu'ils peuvent causer dans l'état de l'atmosphère, au froid & au chaud, à la secheresse & à l'humidité, & au mélange de ces dispositions, qui forment des températures moyennes, tantôt nuisibles & désagréables, tantôt salutaires & gracieuses.

Vents chauds & froids.

On peut assurer que ces qualités premieres des vents, varient suivant les lieux d'où ils s'élèvent & ceux qu'ils parcourent ensuite. Les vents qui viennent des contrées brûlantes du Midi, & traversent des pays dont le

fol eſt ſec & fort échauffé , répandent
une chaleur qui répond aux facilités
qu'elle trouve à s'établir dans des régions où les diſpoſitions habituelles de
l'atmoſphère lui ſont oppoſées , ſur-
tout ſi l'air qui ſort de ces climats
chauds , conſerve juſques-là une chaleur qui n'a pas dû ſe diminuer dans
ſon cours. La cauſe d'origine de ce
vent ſuppoſée lui peut communiquer
de la chaleur ; cette diſpoſition eſt
encore augmentée par l'efferveſcence
des exhalaiſons , qu'elle ſe faſſe dans
la terre ou dans l'air , & dès-lors les
matieres nouvelles qui s'y mêlent ,
augmentent ou au-moins entretiennent la chaleur au même degré. Ainſi un
vent produit par des exhalaiſons raréfiées , eſt toujours plus chaud que celui
qui a pour cauſe des vapeurs très-atténuées. Il eſt donc néceſſaire que les
vents ſoient fort chauds , lorſqu'ils
ſoufflent des grands continents , où ſe
trouvent de vaſtes contrées couvertes
de rochers , de pierres & de ſables
brûlans : l'air y eſt toujours ardent , ſa
chaleur n'eſt tempérée par aucunes vapeurs humides & rafraîchiſſantes , au

contraire, elle devient beaucoup plus
pénetrante par les matieres âcres dont
il se charge dans son cours ; tels sont
en général les vents d'Afrique. Le vent
qui souffle par bouffées interrompues
dans une atmosphère ainsi modifiée,
est plus chaud, ses impulsions inégales
donnent aux particules de l'air un
mouvement de vibration qui les rend
plus actives & y excite une raréfaction
extraordinaire, qui se fait à-peu-près
au même degré dans les corps sur
lesquels ce vent agit. C'est ce que
l'on éprouve quelquefois à la côte
de Coromandel, à Golconde, en
Arabie, en Perse, dans les terres
voisines du golfe : au dernier siege
d'Ormus, quand certains vents venant de ces terres où il n'y a que des
sables brûlans, étoient dans leur force,
si l'on se tournoit de ce côté-là, on
tomboit mort, comme si l'on eût avalé
du feu. La cause du mouvement interrompu de ces vents, a pour principe
les éruptions inégales des matieres en
effervescence : lorsqu'elles sont plus
fortes, elles donnent à l'air une com-
motion plus vive, & redoublent sa

chaleur , qu'elles rendent extrême.

Un vent également chaud , dont le cours eft à peine fenfible , établit une chaleur fuffoquante, dont il eft plus dif-ficile encore de fe garantir, fur-toutdans les terres humides & marécageufes, dans les détroits des montagnes ou-verts au Midi , où l'évaporation eft forte. On connoît ces fortes de cha-leurs dans la Guyanne , le long du golfe de Darien , à Carthagene & à Porto-Belo , dans quelques-unes des Antilles , & particulierement à Saint-Domingue. On s'en plaint quelque-fois en Italie & même dans des régions plus avancées au Nord. Au contraire l'air fe renouvellant fans ceffe par la célérité de fon mouvement , diminue d'ordinaire l'action de la chaleur géné-rale , dont les effets ne peuvent pas fe joindre à celle qui eft naturellement produite par l'atmofphère de tous les corps vivans , & qui eft alors auffi forte qu'elle puiffe être.

Par la raifon contraire les vents font froids lorfque fortant des régions gla-ciales ou produits par des matieres qui les modifient de même, ils parcourent une atmosphère où le froid domine & dont l'air est épais & condensé. Ainsi les vents qui courent des poles à l'Équateur, sont d'autant plus froids dans un très-grand espace, que leur température est d'ordinaire entretenue par les neiges & les glaces dont sont couvertes les terres où ils naissent, & celles qu'ils parcourent. Bien plus, les vents chauds dans leur origine & par leur cause, deviennent froids, s'ils passent sur des lieux couverts de neiges : le vent du Midi qui succéde aux gêlées blanches & aux frimats, est presque toujours froid & piquant, parce que les émanations de la terre portant alors dans l'air une multitude de particules glaciales toutes formées, y établissent une cause de froid si active, qu'il gêle souvent plus fort par un vent humide de Sud, que par les vents secs de Nord & d'Est.

La violence du vent augmente le froid & diminue les causes de la chaleur & son action, parce que plus son mouvement est fort & accéléré, plus il applique d'air froid sur les corps, & par conséquent plus il les refroidit,

sans que cet air ait le tems de se tem-
pérer par la chaleur propre à l'atmosphère particuliere de tous les animaux
vivans; c'est pour cela que la sensation
du froid augmente autant que celle de
chaleur diminue. « Si l'on souffle con-
» tre quelque partie du corps décou-
» verte avec un soufflet, on sent du
» froid, quoique l'air poussé contr'elle
» ne soit pas plus froid que celui dont
» elle étoit environnée auparavant;
» mais c'est qu'elle étoit enveloppée
» aussi bien que le reste du corps d'une
» atmosphère chaude, formée par la
» transpiration; le vent l'en dépouille,
» & fait que l'air extérieur plus froid
» s'applique immédiatement sur elle.
» Cette maniere de recevoir l'impres-
» sion du froid, ne peut avoir lieu
» que sur les animaux, & non sur les
» thermometres »... (*Voyez les Mémoires de l'Acad. des Sciences, an. 1710,
pag. 13*).

N'est-il pas vraisemblable encore,
que plus l'impétuosité des vents est
grande, plus les particules intégrantes de l'air sont comprimées, & dès-
lors la matiere subtile ignée qui cir-

cule entr'elles, principe du sentiment
de la chaleur & de son action sur les
corps, perd autant de ces deux mouvemens de tourbillon & de vibration.
Quand même elle en conserveroit encore quelque chose, étant emportée
par un mouvement fort, continuel &
égal contre la surface des corps, sa
volubilité essentielle & ses vibrations
non-seulement ne sont pas augmentées,
mais elles sont éteintes & rendues
nulles, parce qu'elles sont entraînées
dans le courant rapide d'un air condensé avant que d'avoir pu se développer & agir. Il n'en est pas de même des
autres liquides dont les parties sont
plus solides & tout-à-fait impénetra-
bles entr'elles : plus leur mouvement
est accéléré, plus la matiere ignée qui
conserve leur fluidité a d'action déve-
loppée. L'eau naturellement n'est jamais plus chaude, que lorsqu'elle court
rapidement ou qu'elle est violemment
agitée.

Vents secs & humides.

Les vents sont secs lorsqu'ils sortent
de lieux arides, ou qu'ils s'étendent

sur des régions stériles, qui renferment en elles les causes de leur aridité. Leur effet n'est nulle part dans l'univers aussi sensible que dans les plaines immenses de la Tartarie orientale, que l'on traverse en partie en allant de la Russie à la Chine, ou dans les déserts sablonneux de l'Afrique. Il ne sort de ces terres aucunes vapeurs assez abondantes pour changer la disposition habituelle de l'air. Si la chaleur s'y fait sentir, elle tire du sol des exhalaisons qui par elles-mêmes ne peuvent que rendre l'air plus sec & plus dévorant. Il ne faut donc pas s'étonner si des vents ainsi modifiés, répandent une aridité générale, sur-tout quand ils sont chauds, ils ne font alors que plus absorbans ; ils tirent des corps tous les principes d'humidité qu'ils contiennent, & quand même ils ne les dessé-cheroient pas par la force de la chaleur dont ils les pénetrent, leur véhémence seule y établiroit promptement la plus grande sécheresse : ils ébranlent tous les corps, ils les pressent, ils en font sortir toute l'humidité qui se résout en vapeurs légeres, qu'ils emportent plus loin. C'est ainsi qu'après des pluies abondantes, les vents impétueux du midi & du couchant dessèchent très-vîte les terres, & reportent dans l'atmosphère la matiere de nouvelles pluies qui retomberont bientôt. Ils occasionnent quelquefois des ouragans terribles qui dessechent & brûlent toutes les productions de la terre dans un instant. Le 8 Septembre 1768, il s'éleva dans les environs de Bordeaux, vers les six heures du soir, un vent de Sud-Ouest qui dura jusqu'à trois heures du matin, & qui fut si violent, sur-tout depuis sept heures jusqu'à onze, qu'il renversa des édifices très-solides : mais le dommage le plus considérable fut dans la campagne où l'ouragan coucha par terre, rompit ou arracha une grande quantité de pieds de vignes. Il grilla toutes les feuilles des arbres, comme si elles eussent été gelées. Ce vent le plus impétueux que l'on ait éprouvé depuis vingt ans dans ce pays, se fit sentir dans l'Agenois à 20 lieües de Bordeaux, où il causa les mêmes ravages.

Les vents froids deſſechent les corps par accident, en rapprochant leurs parties par une forte condenſation, dont ils fixent l'humidité de maniere qu'elle ne circule plus, ou ils l'emportent en les pénétrant. C'eſt ce que font dans nos climats les vents ſecs de Nord & d'Eſt pendant l'hiver, lorſque la terre reſſerrée à ſa ſuperficie, interrompt le cours de l'évaporation, & devient auſſi aride que par les chaleurs brulantes de l'été. On éprouve en certaines ſaiſons à la côte de Guinée un vent ſec & froid qui produit plus rapidement encore les mêmes effets, aucun animal qui y reſte quelque temps expoſé, ne peut y réſiſter. (*Voyez le Tom.* 1 *de cette Hiſt. diſc.* 1, §. 10).

Au contraire les vents ſont humides quand ils viennent des mers, des étangs, des lacs, des marais, & de toutes les terres inondées, quand leur cours eſt enſuite dirigé ſur des régions dont l'humidité conſtante fournit à une évaporation continuelle, qu'aucune cauſe étrangere n'interrompt. Ainſi le degré de l'humidité dépend de l'éner-

gie de ces causes plus ou moins soutenues. Pendant la saison des pluies, les
vents sous la zone torride sont continuellement chargés de la plus grande
quantité de vapeurs, d'où se forment
ces nuages épais qui y versent des eaux
si abondantes. Il semble que ce liquide
fort atténué, ne fasse que circuler de la
superficie du sol dans la region inférieure de l'atmosphère, à différentes
hauteurs : c'est ce qui arrive dans nos
provinces lorsque les étés sont pluvieux , & que les vents , de quelque
côté qu'ils soufflent, établissent dans
l'air une humidité constante, dont ils
multiplient les causes dans toute l'étendue de leur direction. Il est vrai que
souvent l'évaporation qui se fait dans
quelques contrées , semble attirer
toutes les vapeurs humides dispersées
dans l'air, & déterminer les pluies à
tomber dans un certain arrondisse-
ment. Il arrive encore que le vent,
sans changer de direction, humide &
pluvieux dans une contrée, d'un côté
d'une chaîne de montagnes, est sec de
l'autre : ou bien humide dans son origine, il dépose à un terme marqué

toutes les vapeurs aqueuſes dont il eſt chargé, & plus loin il devient abſorbant. Aux environs de la ville de Saint-Domingue, & quatre lieues au-delà, les pluies ſont aſſez fréquentes : plus loin, le même vent qui a cauſé les pluies eſt ſec & brûlant. Les vents d'Occident, humides & pluvieux dans toute la Guienne, y dépoſent toute leur humidité; ils ſont conſtamment ſecs & dans le même temps en Languedoc ; tandis que ceux du midi qui amènent ſur le Languedoc des nuages qui y verſent des pluies abondantes ſont ſecs & chauds en Guienne : ainſi le même vent, relativement à divers climats, a des effets très-variés ſans changer de direction.

Comment on peut connoître les qualités des vents.

Les regles générales pour connoître les qualités primitives des vents, celles qui ont des ſuites plus réglées, ſont donc de ſçavoir d'où viennent les vents, où ils aboutiſſent, quelles régions ils parcourent, comment eſt modifiée

difiée l'atmosphère aux lieux de leur origine, avec quelle vîtesse ils courent & dans quelle saison ils regnent, parce que la température de l'air & des climats varie suivant la vicissitude des saisons.

Autrefois on regardoit l'Europe comme livrée aux froids & à l'humidité depuis le commencement de l'hiver jusqu'au milieu du printemps. La chaleur & la sécheresse dominoient ensuite jusqu'après l'automne commencée; cet ordre ne subsiste plus depuis quelques années, l'humide & le froid se sont fait également sentir dans toutes les saisons qui à peine ont eu quelques jours secs & chauds, au moins dans toute la partie qui s'étend des Alpes au cercle polaire : car pendant que la France étoit inondée de pluies continuelles, & battue de vents orageux, toute l'Italie méridionale jouissoit d'un été sec, & éprouvoit des chaleurs ardentes.

En général les vents du printemps sont plus forts & plus constans que ceux des autres saisons, c'est le temps où se fondent les neiges qui restent

après l'hiver. Le retour du soleil vers
notre tropique, tire du sein de la terre
humectée une quantité de vapeurs qui
produisent & entretiennent les vents:
ces mêmes causes les font naître même
pendant l'hiver, si les neiges se fondent avant la saison que la nature semble avoir fixée pour cette opération.
D'ordinaire en été & au commencement de l'automne, les vents sont plus
modérés, parce que la terre dessé-
chée envoie peu de vapeurs dans l'atmosphere. Encore à s'en rapporter aux
observations les plus suivies, ces causes souvent n'ont pas leurs effets relativement aux vents principaux de Nord,
de Sud & d'Ouest, qui venant de loin,
trouvent dans une évaporation quoique médiocre, assez de matieres pour
les entretenir, ou dans un air plus raréfié un espace libre, où ils s'étendent
avec d'autant plus de force, qu'ils reçoivent à leur source des principes plus
actifs de mouvement, soit dans un air
condensé & pesant, soit dans une évaporation abondante & suivie. Alors
même les vents qui sont ordinairement
les plus secs, peuvent amener dans nos

contrées une grande quantité d'eau,
quand dans les régions intermédiaires,
ils trouvent de vastes espaces inondés
par des pluies précédentes. C'est ainsi
qu'au mois d'Octobre 1767, les vents
de Nord nous apporterent d'Allemagne des pluies épaisses & froides qui
tomberent long-temps & presque sans
discontinuer.

Ces variétés accidentelles sont cause
qu'il est si difficile de donner une bonne théorie des vents, & que ceux qui
en ont écrit, ont parlé si différemment
de leurs qualités. Relativement à la
Grece, Aristote dit que les vents d'Occident sont doux & agréables ou qu'ils
sont impétueux, rassemblent les nuages, & amenent des pluies très-fortes ;
ce qui est vrai en diverses saisons. Au
printemps ils sont humides & pluvieux
à cause de l'évaporation qui se fait à
la suite de l'hiver : en automne ils sont
plus secs & plus doux, parce que l'air
est plus raréfie, & le sol des régions
qu'ils parcourent plus aride. Ainsi dans
toutes les régions connues les vents ont
des qualités qui répondent à l'état des
pays sur lesquels ils dominent ; c'est ce

que nous avons été obligés d'établir &
de répéter plus d'une fois dans la théorie générale de l'air, par rapport à la
température des différens climats.

Les mêmes caufes qui établiffent les
premieres qualités des vents, confti-
tuent leur falubrité ou les intempéries
qu'ils occafionnent : elles dépendent
des influences que les vents rencontrent dans l'atmofphère, & qu'ils font
paffer d'un pays à un autre. Ils ne font
jamais plus nuifibles que lorfqu'ils tra-
verfent des terres qui envoient dans
l'air des exhalaifons arfénicales, mer-
curielles, fulfureufes, métalliques en
général, & dangereufes, foit immédiatement par elles-mêmes, foit par leur
mélange. L'intempérie n'eft jamais plus
forte que lorfque ces émanations font
plus abondantes, à raifon d'une fermentation plus grande dans le fein de
la terre, ou de la chaleur du foleil
jointe à l'humidité, qui occafionnent
des effervefcences aériennes d'où fort
un principe conftant de corruption.
Combien n'avons-nous pas rapporté
d'exemples de ces fortes d'intempéries
locales qui fe font fentir dans les mêmes

lieux depuis très - long-temps , dans
toutes les régions de la terre indifféremment ! Combien de fois n'avons-
nous pas remarqué qu'il sort des terres marécageuses & des eaux stagnantes, infectées d'une multitude de végétaux & d'animaux en putréfaction ,
des courans d'air qui répandent au loin
une infection dont on peut les regarder comme le laboratoire toujours actif, respectivement à certains climats.
Ces inconvéniens sont communs dans
les pays le plus heureusement situés ,
les plus riches par eux-mêmes, les plus
fertiles. On ne les connoît pas dans
les vastes plaines de la Tartarie Orientale , où les vents froids & secs du
Nord ne parcourent que des terreins
encore plus secs ; dans toutes nos plaines élevées qui ressembleroient à ces
régions incultes , si par un travail assi-
du, une population plus nombreuse &
fixée, ne s'appliquoit à en tirer sa sub-
sistance. Les vents n'établissent d'ordinaire en tous ces pays aucune intempérie ; on peut même en général les regarder comme fort sains, ils tiennent l'air
dans un mouvement continuel, & empê-

Q iij

chent que les exhalaisons nuisibles qui s'élevent de presque toutes les terres dans l'atmosphère, ne s'y réunissent en trop grande quantité, ne rendent l'air épais & stagnant, & ne le corrompent à la longue, comme tout autre fluide qui ne reçoit pas du mouvement de l'air une sorte de rafraîchissement qui lui est nécessaire pour le préserver de la corruption.

Les eaux ne s'altèrent & ne se gâtent que parce qu'elles restent stagnantes : la mer elle-même dans les longs calmes prend une odeur fétide ; & l'air qui l'environne, participe à ces mêmes qualités, & devient pestilentiel. Les exhalaisons & les vapeurs qui s'élevent d'une mer échauffée ou des terres en fermentation, s'entassent, se mêlent les unes dans les autres, épaississent la masse de l'air, arrêtent l'action de la matiere subtile qui entretient sa fluidité & son mouvement, & y produisent une corruption effective. Ces effets de la matiere abandonnée à une trop grande tranquillité, annoncent la nécessité des vents pour entretenir la salubrité générale ; ils dispersent les miasmes nuisibles répandus dans l'air, les atténuent, les brisent, les dissol-vent, & les élevent dans une région supérieure où ils se décomposent & se dépouillent de toute qualité dange-reuse. De-là, toutes choses égales, les régions les plus saines sont celles qui sont le plus exposées aux vents, les plaines hautes plus que les terres bas-ses ; de maniere que l'on pourroit dire qu'un pays élevé, quoique battu par des vents incommodes & fâcheux, se-roit plus sain à habiter qu'une vallée profonde, à l'abri de tous les vents, où l'air seroit constamment tranquille.

§. X X V.

Qualités qui distinguent les vents généraux entre eux.

Les vents principaux & leurs colla-téraux qui approchent le plus de leur direction, participent plus ou moins aux qualités générales que nous avons indiquées.

Vent du Midi.

On regarde le vent du midi comme chaud & humide ; il se montre tel en Europe relativement aux régions voisines de la mer Méditerranée. Ce vent vient d'Afrique où l'action du soleil vertical en plusieurs endroits, & les qualités du sol portant dans l'atmosphère des exhalaisons seches, épaisses & presque toujours brûlantes, ne peuvent que le rendre très-chaud. L'évaporation continuelle & abondante de la Méditerranée, répand une quantité prodigieuse de vapeurs dans l'air, dont ce vent se charge en la traversant, avant que d'arriver sur les terres d'Europe. Il en laisse une partie sur les campagnes voisines de la mer, où il fournit la matiere de ces rosées salutaires & abondantes qui rafraîchissent les plantes, & entretiennent une humidité très-utile aux succès de la végétation, mais quelquefois dangereuse à l'espece animale, pour laquelle elle est trop pénétrante & trop active. Ils atténuent le reste par leur chaleur & leur mouvement, le portent jusqu'à la moyenne région de l'atmosphère, dont la fraîcheur naturelle arrête les progrès de la raréfaction, & ramene insensiblement les vapeurs à leur premier état. Elles se réunissent au sommet des montagnes, où se pressant les-unes contre les autres, elles forment ces nuées épaisses, dont le poids étant devenu supérieur à celui de l'air qui les soutient, elles se dissolvent en pluie toujours sous la direction de ce même vent, que ces pluies paroissent calmer pour quelque temps, mais dont elles sont ensuite la cause la plus réelle par rapport à nous.

Car ce vent diminuant de force & d'impétuosité, la chaleur générale de l'air diminue en proportion : les vapeurs n'étant plus agitées par ce mouvement de raréfaction qui les tenoit divisées, & empêchoit leur condensation, l'atmosphère s'en trouve extraordinairement chargée : les pluies deviennent abondantes par ce même vent, qui reprend toute sa force : telle est la cause de son humidité.

Sa chaleur a pour principe les exhalaisons brûlantes du sol de l'Afrique

& d'une partie de l'air de ce grand continent, qu'il fait refluer jusques dans l'atmosphère des provinces que nous habitons. Relativement aux régions du milieu & du Nord de l'Europe, les Alpes semblent intercepter une partie de ces effets, & les diviser. Elles laissent à l'Italie, à la Grece, à l'Espagne, & aux régions situées dans cette bande, les rosées, la chaleur & la sérenité; elles ne nous transmettent que les effets ultérieurs des vents du Midi, & ces pluies interrompues qui paroissent augmenter leur impétuosité & entretenir l'intempérie des saisons: nous venons de l'éprouver; tandis que l'été étoit d'une sécheresse excessive & d'une chaleur égale dans toutes les régions méridionales, à suivre la distribution dans laquelle j'ai parlé de la température de l'air de ces contrées situées de l'Ouest à l'Est par le Sud, le long de la mer Méditerranée. (*Voyez le Tom.* 4, *disc.* 6, *du* §. 2 *au* §. 7).

Il ne faut cependant pas s'étonner si dans nos provinces, le vent de Midi est souvent plus froid que chaud, même en hiver, où ses effets sont encore

plus fenfibles qu'en été, quand rien ne
les arrête ; c'eft que l'atmofphère des
lieux qu'il traverfe, eft alors refroidie
par la neige & les frimats dont ils font
couverts. Souvent encore il eft fec
quand il n'eft produit que par dès exhalaifons chaudes, ou que la difpofition de l'air, portant à une grande hauteur les vapeurs qui s'élèvent des eaux,
elles fe difperfent de maniere à devenir infenfibles, ou ne fe réuniffent que
par l'action d'un autre vent. Il eft
pourtant vrai que d'ordinaire le vent
du Midi tempére la froideur des régions où il fouffle, & diminue l'intenfité de la chaleur de celles où il répand
des pluies falutaires & des rofées affez
abondantes pour favorifer ou foutenir
les progrès de la végétation, & que
toutes chofes égales, il échauffe beaucoup plus que tout autre vent.

On en doit juger par fon action fur
les corps des animaux, fur-tout quand
il répand dans l'atmofphère des vapeurs mêlées d'exhalaifons abondantes & vivement agitées ; fa chaleur
détend & raréfie les parties molles des
folides ; & les exhalaifons dont il eft

Q vj

chargé pénetrant à l'intérieur, l'effervefcence du fang augmente, les humeurs fe mettent en mouvement, les
vaiffeaux fe relâchent, s'étendent, &
leur volume s'accroît fur les parties
relâchées. De-là ces pefanteurs de
tête, occafionnées par un fang trop
raréfié qui détend les petits vaiffeaux
répandus dans le cerveau : les autres
fens font émouffés, l'ouie n'eft plus
auffi fine, la vue auffi pénetrante : les
fenfations font confufes, les vaiffeaux
deftinés à diftribuer les efprits animaux dans leurs différens organes,
font comprimés par le relâchement
général de la machine.

Cette diftribution ne fe faifant plus
qu'avec peine, ou par un cours irrégulier & interrompu, tout eft dans le
trouble; les fonctions animales ne peuvent plus fe faire avec l'ordre & la
précifion habituelle : l'agitation des
humeurs met le défordre dans toute
l'économie animale; les efprits vitaux
font confondus dans les liquides les
plus épais; les organes des fenfations
relâchés & chargés d'humeurs étrangeres, ne font plus également propres

à remplir leur deſtination, ils ne reçoivent plus que difficilement les im-
preſſions des objets, & ne les portent
au cerveau que dans la confuſion où ils
les ſaiſiſſent.

Par une ſuite de ces mêmes cauſes,
les corps des animaux, dont les nerfs,
les fibres, & toutes les autres parties
deſtinées à ſoutenir & à continuer leurs
mouvemens, ſont dans le relâchement,
deviennent pareſſeux, languiſſans, in-
capables de ſoutenir des fatigues de
quelque durée ; parce que, pour affer-
mir les forces & les mettre en état de
fournir ſans peine aux efforts néceſſai-
res dans les travaux pénibles, il faut
que les parties molles ſoient dans un
état moderé de conſiſtance, qu'elles
ne ſoient pas diſtendues par une af-
fluence d'humeurs extravaſées, & que
les eſprits vitaux puiſſent circuler par-
tout librement.

Le vent du Midi produit des effets
tout contraires, & même dans les hommes il diminue conſidérablement les
forces par le relâchement qu'il établit
dans les pores de la peau, par leſquels
il ſe fait une trop grande tranſpiration

des esprits vitaux. C'est un des incon-véniens les plus marqués de ce vent, beaucoup plus sensible dans les régions méridionales & dans les terres basses tournées à l'Equateur, que dans les pays situés en montagne, ou plus éloi-gnés de la ligne.

Les Orientaux, quoiqu'ils en sen-tent les effets beaucoup plus vivement que nous, l'aiment d'autant plus, qu'il les force à rester dans la mollesse & dans l'inaction, où ils mettent l'essence du bonheur. Dans les régions méri-dionales de la Turquie, tout est dans une langueur universelle : le bruit du commerce & les travaux des arts ne font presque aucune sensation. Si le si-lence général qui y regne, sur-tout dans la saison des chaleurs est troublé quelquefois, c'est par le désordre tu-multueux de la guerre, ou par des actes d'une justice énorme & outrée, qui font une violence sensible au carac-tere dominant de la nation.

Le vent du Midi agit de même sur la plupart des Italiens, quoiqu'ils ne paroissent pas le craindre beaucoup, tant ils se conforment aisément au

genre de vie que semblent leur pres-
crire la chaleur & l'humidité de l'atmosphère. Ils cédent tranquillement
aux effets de la température regnante,
dans un anéantissement presqu'entier,
que leur imagination & l'aversion pour
le travail rendent plus réel qu'il ne le
devroit être. Beaucoup d'Etrangers
plus actifs vont à l'ordinaire, à toutes
les heures du jour, & ne sont pas ac-
cablés par ce vent incommode, au
grand étonnement des Italiens, que
l'habitude plonge alors dans la plus
profonde inertie.

Ce que nous avons dit du vent de
Midi, ne doit s'entendre que relativement à notre latitude boréale, & aux
terres qui s'étendent de l'Equateur au
pole Arctique ; de l'autre côté de la ligne le vent du Nord a les mêmes effets
dans quelques régions qui ne sont pas,
à beaucoup près, prolongées aussi loin
du côté du pole Austral que dans notre
latitude. Des mers plus étendues &
des terres plus élevées, laissent peu
d'action à la chaleur dans toute cette
partie du globe.

Vent du Nord.

Le vent de Nord eft froid, fec, violent ; il rend l'air pur & le ciel ferein.
Il eft froid, parce qu'il fouffle de régions fort éloignées du cours du foleil,
& qu'il eft prefque toujours chargé
d'exhalaifons nitreufes qui fortent des
neiges abondantes dont les terres Polaires font couvertes. La matiere
étherée ou l'air élémentaire qui fe répand de l'Equateur aux poles, eft trop
atténuée, trop divifée, pour exciter
ou entretenir une chaleur fenfible à
une fi grande diftance de fon origine.
Nous avons fait voir ailleurs que les
émanations du fluide ignée terreftre,
étoient plutôt la caufe de la douceur
de la température de ces régions pendant leur été, que l'action du foleil
qui les éclaire plufieurs mois de fuite,
fans aucune interruption.

Ce vent eft fec, fa froideur naturelle empêche les effets ordinaires de
l'évaporation des corps folides, &
même diminue celle des eaux. Ce qui
s'en répand dans l'air ne fe porte pas

au loin, parce que les caufes de la raréfaction font rendues nulles par les
qualités particulieres à ce vent. Les
vapeurs ou reftent à-peu-près dans le
même état qu'elles fortent des eaux,
retombent promptement à terre & fe
divifent, fans rien changer à la feche-
reffe qui domine, ou elles font difper-
fées dans l'atmofphère, où elles deviennent infenfibles en perdant leur
humidité. De-là cette férénité de l'air
& la beauté du ciel, par les vents du
Nord à l'Eft, qui déchargent l'atmofphère de toutes vapeurs furabondan-
tes.

Néanmoins, relativement à quelques régions & à quelques mers, il
eft humide par intervalles, & il eft
accompagné de grandes pluies. Il charge l'atmofphère de la mer Noire de
nuages épais qu'il y raffemble des terres qui s'étendent au loin au Nord &
à l'Oueft, il y caufe des pluies abondantes & de violentes tempêtes : c'eft
pour cela que les Turcs lui donnent
le nom de vent noir, & que cette mer
qui, anciennement étoit appellée l'Hel-
lefpont, a aujourd'hui le nom de mer

Noire. Mais en général il desseche les terres & les corps, par le mouvement égal & continuel avec lequel il agit sur eux, & qui est tel, parce que son cours & sa direction dépendent de la pesanteur de l'air qui est toujours à-peu-près égale dans les régions où il prend son origine. Il conserve son même degré de vélocité, parce que la fonte des neiges & la résolution des vapeurs se fait proportionnellement au retour du soleil & à son degré de hauteur sur l'horison. Ainsi la force & la diminution de ce vent seroient toujours égales, s'il n'éprouvoit point de variations par le mélange accidentel des vapeurs & des exhalaisons, que des fermentations locales portent dans l'air, & qui rendent son mouvement irrégulier sur les régions qui sont au-dessous de celles où il trouve les causes de son changement; sans elles il seroit constamment le plus froid, le plus sec & le plus égal de tous les vents.

Avec des qualités contraires à celles des vents du Midi, le vent de Nord doit avoir des effets opposés. Il rafraîchit & desseche, il condense les parties molles des animaux , les raffermit & les rend plus robustes. Il resserre tellement les voies de la transpiration , qu'il ne permet plus que les sécretions nécessaires & les plus utiles , celles qui sont une suite de l'atténuation parfaite des humeurs , & qui en emportent les parties surabondantes ; de-là vient cette vigueur avec laquelle les fonctions animales se font. Les esprits vitaux circulent librement , chaque viscere agit & remplit sa destination , relativement au reste de la machine. La force & la santé sont annoncées par l'état du sang , la beauté des couleurs & leur vivacité. Les organes des sens , plus délicats , plus libres , dégagés de la surabondance des humeurs, saisissent leurs objets avec une finesse & une sagacité rares. Il est vrai que pour jouir de ces avantages , il faut être habitué à la température qu'établit ce vent par-tout où il domine , être assez robuste pour la soutenir. Ses effets sur des tempérammens délicats deviennent dangereux, parce qu'ils excédent les forces qu'ils ont pour les supporter ; ils leur rendent la respiration laborieuse & pénible, ils irritent la gorge & les bronches du poulmon, & leur font en général fort contraires par les affections qu'ils excitent dans le genre nerveux.

Les peuples des régions du Nord, en-deçà du cercle polaire Arctique, font communément beaux, grands, bien faits : ils ont la vue perçante, l'ouïe fine, & quand les terres qu'ils habitent ne font pas exposées trop continuellement à l'impétuosité des vents, qu'ils ne font pas toujours occupés à se garantir d'un froid excessif, & qu'un gouvernement sage & réglé les soutient & les encourage, ils déploient avantageusement les ressources de leur génie. Les Danois & les Suédois en font aujourd'hui la preuve : de tous les peuples du Nord ce font les plus doux, les plus honnêtes, & peut-être les plus robustes, avantages qu'ils doivent sans doute, autant aux loix sous lesquelles ils vivent, qu'aux qualités du fol & de l'air, ou à l'action des vents. Ce font les loix qui ont tempéré en eux cette espece de férocité, ou si l'on veut adoucir le terme, cette fierté exceſſive & intolérante qui vient du ſentiment de ſes propres forces , & de cette chaleur interne qui tient le ſang dans un mouvement vif , peu éloigné de la fermentation. La fineſſe des ſens, le bon état des organes , la tenſion du genre nerveux , diſpoſent les tempérammens à l'irritation. Le plus petit ſujet les émeut & les choque : ils ſe portent d'autant plus aiſément à la vengeance , qu'ils ſe ſentent plus en état de la ſoutenir & de la pouſſer loin : leurs forces leur donnent de l'audace dans les entrepriſes , & une fierté qui ſouvent devient cruelle. C'eſt ce que l'on remarque dans les Sauvages du Nord de l'Amérique : les Iroquois ſont les plus fiers & les plus intolérans, ils ont détruit toutes les petites nations voiſines pour n'avoir point de concurrens à la chaſſe & à la pêche. Ces peuples & leurs voiſins habitent des climats beaucoup moins avancés vers le cercle Polaire que ceux des régions ſeptentrionales de l'Europe , mais on ſçait que les vents de Nord en Amérique ſont plus froids que dans notre hémiſphère.

En Europe, dans des latitudes plus voisines du pole Arctique, mais où l'espece humaine n'a pas à lutter continuellement contre la rigueur du froid, cette férocité des Sauvages, qui n'obéissent qu'à une espece d'instinct animal, se tourne en force & en courage, parce qu'elle est assouplie par les loix : depuis que ces nations sont tout-à-fait policées, elles le disputent par les qualités de l'esprit & les effets du génie aux peuples de l'Europe les plus célebres. Plus loin la race des hommes, quoiqu'assez active & encore vigoureuse, est abrutie par les excès du froid ; comme dans la Zone torride, en approchant de l'Equateur, les forces sont anéanties par une chaleur extrême & continuelle.

Ce n'est donc que dans les régions tempérées, où le froid & le chaud sont en proportion à-peu-près égale que l'on trouve des hommes vraiment forts, courageux & entreprenans, dès qu'ils vivent sous des loix fixes ; car tous les Sauvages & les Barbares, n'ont d'ordinaire point de suite dans leurs desseins & leurs entreprises. Ils se por-

tent aux choses les plus difficiles , s'ex-
posent volontiers à tous les travaux de
la guerre , à toutes les incommodités
des voyages , parce qu'il y regne toujours un certain désordre , un caprice
habituel, une incertitude d'événemens,
qui satisfait leur légereté naturelle.
Mais le soin des terres & les travaux
de la campagne , demandent une uni-
formité d'occupations, qu'ils détestent,
ne pouvant s'assujettir à la distinction
des jours & des saisons : les Illinois ,
qui ont reconnu les avantages de l'a-
griculture à laquelle ils s'appliquent ,
sont plus doux & moins entreprenans
que les Iroquois , qui ne s'occupent
que de la chasse. Dans notre hémisphère les Tartares Tongous sous le
plus sauvage des climats , endurcis
aux fatigues de la chasse , aux horreurs
du froid & de la faim , souhaitent à
leurs ennemis pour toute vengeance ,
de labourer un champ ; ils regardent
cette occupation comme le comble de
l'infamie & du malheur. La plupart
des habitans du Kamchatka , pensent
à-peu-près de même : paresseux & ennemis de toute gêne , manquant de

tout ce qui peut procurer les aisances de la vie, ils ont un goût si décidé pour l'indépendance, qu'ils sont persuadés qu'il vaut mieux mourir que de ne pas vivre à sa fantaisie, ou ne pas satisfaire ses desirs.

Dans des régions plus heureusement situées, mais élevées, où les vents froids & secs du Nord dominent sur tous les autres, les peuples sont vifs, audacieux, remuans. De tous les Italiens, les habitans de l'Abruze, au Royaume de Naples, sont les plus entreprenans, les plus durs, les plus difficiles à gouverner. L'impétuosité des vents, les mouvemens qu'y excitent les tremblemens de terre qui y sont presque continuels, semblent y avoir conservé plus d'attachement qu'ailleurs, aux révolutions qui ont si long-temps troublé cet Etat. Dès le temps de Virgile, sous l'Empire absolu d'Auguste, ils avoient le caractere qu'ils conservent encore aujourd'hui, & qui paroît tenir au sol & à l'air (*genus acre virùm Marsos, pubemque Sabellam. Georg. 2*).

Ce

Ce font ces Marfes qui, de tous les
peuples anciens de l'Italie, étoient les
plus vaillans, les plus vigoureux &
les meilleurs foldats, qui avoit donné
lieu à cet éloge, qui avoit paffé en pro-
verbe, (*fine Marfis triumphaffe nemi-
nem*) qu'aucun Général n'avoit mérité
les honneurs du triomphe fans le fe-
cours des Marfes. Point de peuples
plus belliqueux dans la Gaule que les
Gafcons & les Provençaux, quoique
plus méridionaux que les autres. Le
Volturne ou l'Eft-Sud-Eft qui s'éleve
à l'Orient du folftice d'hiver, & le
Nord-Oueft ou quart-Nord qui y foufflent toujours, leur donnent une certaine inquiétude, un goût décidé pour
le mouvement & l'exercice : ils fubti-
lifent auffi leurs idées. En Circaffie,
où l'air eft fort tempéré, le regne des
vents, peut-être plus violent qu'en aucun autre endroit du monde, rend les
peuples féroces & cruels. En général,
tous les habitans des montagnes, où
les vents froids & fecs dominent, confervent un penchant naturel à l'indépendance : ils font braves & courageux. Les Suiffes, les Albanois, les

Ecoſſois, les Arabes des montagnes, les Marattes de la preſqu'iſle de l'Inde, qui vivent libres dans le centre du deſpotiſme, les Braſiliens retirés dans les terres hautes du Pérou, que tous les efforts des Européens n'ont pu ſubjuguer, en ſont la preuve dans toutes les parties du monde, dans les climats les plus chauds, comme dans les plus froids.

Vent d'Orient.

De tous les vents, celui d'Orient eſt regardé comme le plus ſalutaire, par-tout où il ſe fait ſentir. Dans la Zone torride, où il ſouffle continuellement, il doit être impétueux & ſec, également éloigné du froid & du chaud, quoique le matin il répande une fraîcheur ſenſible, mais agréable. Nous trouvons la cauſe de ſa véhémence dans celle de ſon origine, que nous avons rapportée plus haut; & encore dans le mélange des vents collatéraux de Sud & de Nord, dont le courant ſe joint à celui du vent d'Eſt, & en augmente la violence & la ſechereſſe. Dans les autres Zones, le

vent d'Orient n'a point de cause générale & déterminée, il suit ordinairement le cours du soleil, qui, dès qu'il
se montre sur l'horison, commence à
raréfier l'air, & à donner de l'expansion aux vapeurs & aux exhalaisons
répandues dans l'atmosphère ; c'est en
quelque sorte moins un vent qu'un
effet nécessaire de l'action du soleil sur
l'air & les substances qui y sont répandues. On conçoit que ce vent est toujours frais : il est formé par le cours
des vapeurs refroidies pendant la nuit,
qui remplacent immédiatement celles
que la chaleur du soleil raréfie, &
emporte à sa suite. Plus il est violent,
plus il est frais, parce qu'il entraîne
davantage de vapeurs condensées, &
qu'alors l'air en est aussi rempli qu'il
peut en contenir. S'il traverse des mers
ou d'autres amas d'eaux, il se charge
de molécules aqueuses, qui le rendent humide, & qu'il répand d'une
maniere sensible sur les terres par lesquelles son cours est d'abord dirigé.
L'exposition des lieux à l'action de ce
vent & à l'abri des autres, passe pour
la plus saine & la plus agréable.

R ij

Vent d'Occident.

Le vent d'Occident tient affez le milieu entre le chaud & le froid ; mais il paffe aifément de l'une à l'autre de ces qualités , fuivant les lieux qu'il parcourt , & les faifons où il fouffle. Il eft moins violent que celui d'Orient, & plus fouvent humide. La caufe de fa foibleffe vient de ce qu'étant produit , lorfque le foleil tourne à fon coucher , il ne doit pas être bien fort, parce qu'il ne peut pas établir une grande raréfaction dans un air déja échauffé & raréfié par le cours de cet aftre pendant le jour ; c'eft ce qui fait encore qu'il tend plus à la chaleur qu'au froid, eu égard à fa douceur & à l'état de l'air fur lequel il agit. Son humidité eft occafionnée par le reflux des vapeurs que le foleil a entraînées à fa fuite dans l'atmofphère, & que ce vent y reporte. Ce font-là les qualités du vent d'Occident, relatives au cours du foleil , & entant qu'il eft produit par les modifications qu'imprime à l'air cet aftre à fon coucher ; mais il

peut en avoir d'autres particulieres &
très-actives, qui le rendent impétueux
& plus ou moins humide. Les plus
puissantes sont les vapeurs & les exhalaisons répandues dans l'air par les
fermentations souteraines, ou qui sortent subitement des nuages où elles
étoient renfermées. Les neiges en se
fondant, peuvent le produire & le
rendre froid & piquant. Il est regardé
comme le moins salutaire de tous les
vents, & les positions à l'Ouest, à couvert de l'Est, passent pour les plus mal-
saines. Les terres tournées à cet aspect
ne sont échauffées que tard par le soleil, & lorsqu'il est déja fort élevé au-
dessus de l'horison : les vapeurs ont le
tems d'y séjourner, de s'étendre dans
l'air, & même de résister au principe
de raréfaction que le soleil pourroit
leur communiquer ; d'où il résulte plusieurs inconvéniens sensibles pour l'espece animale, tels que les embarras
dans les organes de la respiration &
la transpiration interceptée. Le sang
ne reçoit plus d'un air ainsi modifié,
cette substance pure qui le vivifie, le
renouvelle & le rafraîchit ; les pores

font obstrués par l'épaisseur des matieres hétérogenes dont l'air se trouve chargé , ou par leurs mauvaises qualités ; par-tout on s'apperçoit de ces effets nuisibles , sur-tout dans les régions chaudes , où l'air est plus disposé à se corrompre.

Ce que nous avons dit des vents principaux , doit s'appliquer en partie à leurs collatéraux ; & pour juger de leurs effets , il faut voir duquel ils tiennent le plus , & ne jamais perdre de vue les causes générales ou particulieres qui les modifient , de maniere à les changer absolument : on doit en conclure encore qu'il n'est pas indifférent de réfléchir sur l'action des vents, dans les établissemens que l'on projette.

Pour terminer en peu de mots , ou plutôt pour rapprocher sous un même point de vûe , ce que nous avons dit jusqu'à présent des vents tant généraux que particuliers , on doit se persuader que tous les changemens subits qui arrivent dans l'atmosphère , à raison de la secheresse & de la chaleur , du froid & de l'humidité , qui se font sentir dans des saisons où les dispositions de l'air devroient être toutes contraires, sont toujours occasionnés par des vents, non seulement par ceux qui regnent sur l'étendue des terres où ces variations sont plus remarquables, mais encore par ceux qui soufflent dans les pays voisins. Un vent de Midi domine sur une contrée assez vaste, dans laquelle il a pu même trouver les causes de son existence : il devroit en adoucir la température & y répandre une chaleur sensible ; mais un autre vent qui est Nord dans la région voisine, qui vient de plus loin & de plus haut, fait refluer sur la premiere, par le courant d'air qui y est établi, quoiqu'en direction opposée, assez d'un air sec, subtil & pénétrant, pour donner la sensation d'un froid incommode. A ces causes qui peuvent se varier à l'infini dans tous les sens, & produire une multitude de vents opposés, ajoutons l'air plus subtil & élémentaire, celui qui est répandu dans les régions supérieures de l'atmosphère, & qui, venant à se mêler à celui des régions inférieures, y cause des mouvemens inattendus & variés à l'infini, les vapeurs qui s'élèvent indifféremment des eaux & de la terre, les exhalaisons qui répondent à la nature du sol d'où elles sortent, les nuages qui preffent l'air en tant de fens différens, & le déterminent à un cours qui se soutient autant qu'il eft entretenu par la même caufe, & nous aurons une idée de tous les changemens qui arrivent dans l'atmosphère de la terre, & qui font occafionnés par les vents.

Il ne nous refte plus qu'à parler de ces mouvemens extraordinaires, d'où réfultent les tempêtes, de cette confufion qui s'établit tout d'un coup dans quelque partie de l'atmofphère, où le feu, l'air & l'eau agiffant l'un fur l'autre, produifent un défordre épouvantable dans un amas confidérable de la matiere ou de l'élément, répandent la terreur & l'effroi, & annoncent une ruine prefque inévitable à tous les corps expofés à la violence de leur action.

DISCOURS DIXIEME.

SECONDE PARTIE.

SUR LES VENTS.

JUSQU'À-PRÉSENT nous n'avons considéré les vents que dans leurs effets ordinaires, réglés dans leur inconstance, & agissant à-peu-près de même dans les climats différens, avec une force proportionnée à l'énergie de leurs causes. Ils vont nous donner un spectacle nouveau, plus intéressant, parce qu'il présentera des images plus grandes, des effets plus redoutables. Nous allons voir les vents du Septentrion & du Midi, de l'Orient & du Couchant, amener la discorde dans la vaste étendue de l'air, armer les élémens les uns contre les autres, & réunir leurs efforts pour replonger, s'il étoit possible, la nature dans son ancien cahos.

Nous verrons ces vents changer tout-d'un-coup la face de l'Univers;

R v

au milieu du plein midi, les ombres
d'une nuit affreuse couvrir la vaste
étendue du ciel ; le soleil accablé par
une masse énorme de nuées épaisses,
se plonger dans l'obscurité, & les téné-
bres les plus noires succéder immédiatement à la splendeur de cet astre à
son midi. Sa lumiere éclatante est subitement remplacée par un crépuscule
effrayant, mêlé de jour & de nuit qui
se combattent, se succedent & sortent
alternativement d'un groupe mena-
çant de vapeurs & d'exhalaisons condensées : la foudre gronde & n'offre
plus aux regards des mortels conster-
nés, qu'une lueur triste & incertaine,
mille fois plus redoutable que les té-
nebres.

La mer dans ses phénomènes éton-
nants, présente d'autres variétés plus
frappantes encore, & souvent plus
formidables. Comme la terre elle a
ses orages & ses nuées, d'où le choc
des vents fait sortir la foudre & les
éclairs ; mais elle a de plus ses trombes, ses tiphons, que l'on trouve ha-
bituellement dans des parages marqués, où les ondes s'élevent des pro-

fondeurs de la mer jufqu'à la hauteur des nuages, en colonnes mobiles, pour en retomber enfuite avec fracas, lorf-que la caufe qui les foutenoit en l'air ceffe d'agir ; phénomènes que l'on a redoutés long-temps comme les obfta-cles les plus dangereux à la fureté de la navigation, auxquels on fçait à-pré-fent fe fouftraire parce qu'on les con-noît mieux ; ils fe montrent quelque-fois fur la terre fous une forme diffé-rente : c'eft l'hiftoire de ces phéno-mènes variés que nous allons donner dans la fuite de ce difcours.

<h2 style="text-align:center">§. I.</h2>

VENTS DE TOURBILLON.

Leurs caufes générales.

Les tourbillons d'air, ou les vents de tourbillon, les ouragans qui an-noncent & produifent ces tempêtes défaftreufes qui foulevent les mers & femblent porter les flots du fein de l'abîme le plus profond jufqu'aux ré-gions les plus hautes de l'atmofphère,

ne font que des effets d'un air fortement comprimé, qui rompant tout-
d'un coup les barrieres qui le retiennent, & trouvant dans les matieres
dont il eſt chargé, ou dans la température de l'atmoſphere, un principe
extraordinaire de raréfaction, ſe répand avec une impétuoſité proportionnée à la violence de ſon mouvement. Ces vents terribles agiſſent ordinairement de haut en bas, quelquefois & plus rarement de bas en haut :
ils occupent en peu de temps un large
eſpace de l'horiſon : leurs directions
différentes produiſent des phénomènes
variés qui ont chacun leur nom, &
dont nous parlerons ſéparément, après
que nous aurons expliqué les principes
généraux auxquels ils doivent leur
exiſtence.

Ces vents extraordinaires ont un
mouvement circulaire très rapide ,
ainſi que l'indiquent le bruit horrible
qui les accompagne , & la véhémence
avec laquelle ils attaquent tous les
corps qui ſe rencontrent dans leur
tourbillon : ils emportent les corps
légers & mobiles à une très - grande

hauteur, ils ébranlent & renversent les corps solides.

Ces mouvemens terribles sont produits, suivant quelques Physiciens, par un air chargé d'exhalaisons fort raréfiées & enfermées entre deux nuages. Ils prétendent qu'il est nécessaire que l'un des nuages cede par quelque côté à l'action de ces vapeurs, & de ces exhalaisons combinées, qui font effort pour acquérir une plus grande expansion. Or la partie inférieure cede plutôt que la supérieure, celle-ci étant plus condensée & opposant plus de résistance, quoiqu'elles soient également pressées toutes les deux par l'action de ce même air en effervescence : mais il pénetre plus aisément le côté le plus rare de la nuée ; il divise ses parties, les amollit, les met en fusion, & les entraîne avec lui. Cet air comprimé s'étant ainsi ouvert un passage, fait explosion, les vapeurs & les exhalaisons se précipitent dans sa direction : il se forme un vent dont le cours est perpendiculaire à la terre sur laquelle son mouvement le dirige.

Mais parce que les exhalaisons &

les vapeurs dans la premiere impétuofité de leur éruption, compriment vivement la partie de l'atmofphère inférieure qui fe trouve à leur paffage,
elles en font repouffées à leur tour, fuivant les loix des corps élaftiques qui
agiffent réciproquement les uns fur
les autres. De cette réfiftance, qui
n'arrête cependant pas leur action, il
réfulte que le vent doit prendre un
mouvement circulaire, auquel il ne
trouve que peu ou point d'obftacle.
Cette direction bien établie, le courant de matiere fortant du nuage a
deux mouvements, l'un de haut en
bas qui lui a été communiqué par la
violence de l'éruption, l'autre horifontal & circulaire, occafionné par la
déviation à laquelle l'a forcé la réfiftance de l'air inférieur, qu'une explo-
fion fubite a comprimé, fans le divi-
fer. Ces deux mouvements ramenent
toutes les parties éparfes du courant
de vapeurs à une direction moyenne,
qui fe fait de haut en bas par une
ligne fpirale. L'air ambiant, agité par
le courant des vapeurs fe détermine
aifément au même mouvement de

tourbillon, dont l'impétuofité eft portée à la plus grande violence ; non-
feulement parce que la premiere caufe
continue d'agir avec la même intenfité, mais encore parce que dans cette
agitation circulaire, il fe détache des
branches du courant principal, qui fe
répandent obliquement & plus loin
dans la maffe de l'air, où elles établiffent le mouvement de tourbillon, ou
augmentent l'impreffion qu'elle en a
déja reçue.

Par une fuite de l'agitation circulaire des vapeurs & des exhalaifons,
forties du nuage & de l'air qui les environne immédiatement, toutes les
parties du tourbillon fe choquent, fe
repouffent les unes les unes les autres,
& fe portent du centre à la circonférence, tandis que l'effort contraire des
colonnes de l'air ambiant, leur preffion & leur poids, pouffent vers l'axe
du tourbillon tous les corps qui font à
fa bafe, où fe porte le plus grand effet
du mouvement. On conçoit de-là,
comment la pouffiere, les pailles, les
graines, les plumes, les infectes, tous
les corps mobiles & légers font empor-

tés à une très-grande élévation jusques
au haut de l'axe du tourbillon, dans
le nuage même où ils se confondent &
se répandent, d'où ils retombent ensuite mêlés avec les gouttes de pluie,
ou enfermés dans les grains de grêle.
On conçoit encore comment ce courant de vapeurs & d'exhalaisons resserré par la masse de l'atmosphère qui
l'environne, dont le poids est consi-
dérablement augmenté par la quantité
de corps terrestres qu'il entraîne, acquiert assez de force pour renverser
les édifices, arracher les arbres, enlever les toits des maisons ; effets qui
sont toujours proportionnés à l'impétuosité du cours de l'air ainsi modifié,
à son poids, & à la situation des corps
qui se trouvent sous sa ligne de direction : sur-tout s'ils sont immobiles &
présentent une résistance constante à
l'action de l'air.

Deux vents opposés, & d'une force
à-peu-près égale, peuvent se rencontrer dans un point de l'atmosphère, où
l'un est obligé de céder à l'autre ; le
vent le plus fort détermine la partie
de l'air sur laquelle il agit, à prendre

un mouvement circulaire : il entraîne dans son cours le tourbillon qu'il a formé, il en augmente la véhémence par son action continuée. Le vent vaincu dont la force reste à-peu-près la même qu'elle étoit à son point d'incidence sur celui auquel il cede, contribue tant qu'il se soutient à continuer ce mouvement de tourbillon : telle est l'origine de ces ouragans qui parcourent successivement une grande étendue de pays, jusqu'à ce qu'ils viennent s'anéantir sur la source même des vapeurs qui les entretenoient. Leurs momens les plus forts sont ceux où ils commencent & où ils finissent : le premier, parce que la résistance est encore entiere, & que le courant d'air ne peut recevoir qu'avec violence la détermination circulaire qu'il n'avoit point ; le second, parce que les exhalaisons & les vapeurs sont ordinairement plus abondantes & plus condensées à leur source, qu'après qu'elles ont parcouru un long espace. Il est assez vraisemblable que les ouragans désastreux qui se font sentir quelque temps dans le même endroit, sont entretetenus par la cause que nous venons d'indiquer.

Les ouragans qui suivent le mouvement direct du vent principal, ne peuvent pas avoir des effets aussi dangereux que ceux qui sont produits par des vents qui soufflent en même temps de tous les points de l'horison.

Mais les vents contraires que l'on peut supposer s'étendre au loin, occasionnent quelquefois des orages terribles, dont la source ignorée n'est connue que long-temps après, & lorsqu'on peut comparer l'état de l'air des différens climats.

C'est ce qui vient d'arriver en France le 11 Avril 1769. On y a éprouvé un ouragan dont l'impétuosité n'a pas été égale par-tout, mais qui s'est montré le même dans plusieurs provinces fort éloignées les unes des autres, dans une bande qui s'étendoit de l'Est-Sud-Est, à l'Ouest-Nord-Ouest, en s'avançant plus au Nord qu'à tout autre point du cercle. Le vent avoit été assez constamment du Nord-Ouest à l'Est-Sud-Est depuis le 21 Mars. Le 9 Avril il tourna au Sud par l'Est, & le

fit sentir par des bouffées très-impé-
tueuses. Le 11, le vent parut moins
fort le matin que les jours précédens ;
l'air étoit épais, humide, chargé à
une hauteur moyenne d'une espece
de brouillard flottant. A midi le vent
augmenta, de gros nuages coulerent
du Sud-Est au Nord-Ouest ; le vent se
détermina ensuite avec impétuosité au
Sud-Ouest, & il se forma des ouragans
accompagnés de vents de tourbillon,
qui déracinerent des arbres, enleve-
rent des toits dans une ligne courbe,
qui décrivoit un espace de près de cent
lieues, dans le même temps, depuis
trois jusqu'à cinq heures du soir, des
frontieres du Lyonnois, & peut-être
plus loin jusqu'aux environs de Paris.
Le vent Sud-Ouest avançant toujours
sur le Nord-Est, les ouragans se formerent aux points où l'évaporation
étoit plus abondante, & la condensation de l'air par les deux vents plus
marquée. Le bruit du tonnerre ne fut
pas égal par-tout, mais on l'entendit
généralement; quelques-uns de ces ouragans furent accompagnés de grêle
& de la chûte de la foudre, & le mou-

vement de l'air fut très-impétueux. Je suis assuré par des lettres, qu'il y eut des orages en même temps dans le Lyonnois, la Bresse, la partie septentrionale de la Bourgogne, en tirant du Sud-Est au Nord-Ouest, & de-là jusques dans la forêt de Fontainebleau, où il y eut des arbres rénversés : on peut juger par-là du désordre que des vents opposés excitent dans l'air aux différens points où ils se rencontrent en opposition, sur-tout lorsque l'atmosphère se trouve chargée par les matieres que répand une évaporation aussi forte qu'elle l'est au commencement du printems.

Les tournans d'eaux que l'on remarque dans les fleuves, ces gouffres que l'on rencontre dans quelques mers, qui sont si funestes aux Navigateurs, qui se laissent entraîner dans le mouvement circulaire qu'ils établissent dans une très-grande étendue, démontrent avec quelle facilité le mouvement de tourbillon peut se communiquer à tous les fluides qui, devant avoir un écoulement libre, sont emportés par un courant plus large ou plus étroit, dont les inégalités des bords ou du fond, embarraffent la direction ou la réfléchiffent en fens oppofé.

Les ouragans peuvent être encore produits par une grande raréfaction des exhalaifons & des vapeurs répandües dans l'air, occafionnée par une effervefcence fubite. L'air ambiant le centre de la fermentation, s'oppofant de tous les côtés à l'expanfion des vapeurs raréfiées, qui d'abord avoient pris un mouvement direct, elles ne peuvent plus retourner au point d'où elles font parties : elles font forcées de fe replier circulairement fur elles-mêmes, & de fe déterminer au mouvement de tourbillon, qui eft celui que prennent ordinairement tous les fluides dont le cours eft direct, lorfqu'ils rencontrent des obftacles qu'ils ne peuvent vaincre, & qu'ils font fuivis par une colonne qui les preffe dans la même direction. Ces ouragans ne font que locaux ; leurs effets & leur durée font proportionnés à la quantité de matiere qui les produit, & au degré de fa raréfaction ; ils pourroient

même agir long-temps sur le même
point, s'ils ne trouvoient une issue
pour s'échapper en se divisant. Ainsi
on voit quelquefois de ces petits tourbillons entourer un arbre, le tordre
& le rompre, tandis que ceux qui sont
voisins, sont à peine agités.

Lorsque les vents n'ont que des directions indécises, & qu'on les sent
souffler tantôt d'un point, tantôt de
l'autre, ce qui arrive à la suite d'une
raréfaction extrême, causée dans l'air
par une chaleur constante ou une grande agitation, on doit s'attendre à des
ouragans impétueux, soit sur terre,
soit sur mer. Nous en avons remarqué
plus d'un exemple : nous voyons sur
terre, dans ces instans, les oiseaux se
rassembler & fuir des lieux où l'action
du vent doit être la plus forte : leurs
organes délicats sont très-vivement af-
fectés par l'abondance & les qualités
des exhalaisons & des vapeurs qui se
raréfient ; ils cherchent à se mettre
promptement à l'abri de leurs effets,
dans des lieux où l'air est plus tranquille, où sa température est différente.

Il paroît plus difficile de rendre rai-

ſon de la durée de ces ſortes de tourbillons, qui ſouvent ne ſont que momentanés, ſouvent auſſi continuent
pluſieurs heures de ſuite, & même des
jours entiers. Car l'effluence de la matiere à laquelle ils doivent leur exiſtence, étant très-rapide, il paroît néceſſaire qu'elle s'épuiſe en peu de
temps, que les nuages d'où elle ſort
ſoient bien tôt détruits. Mais ſi l'on
réfléchit à quel degré de raréfaction
les vapeurs peuvent être portées, on
concevra qu'un nuage d'un petit volume peut fournir à l'entretien d'un
tourbillon, qui durera un temps conſi-
fidérable.

C'eſt ce qu'apprend l'expérience de
l'éolipile, dans laquelle l'éruption du
vent ou des vapeurs raréfiées, dure
très-long-temps, eu égard au peu de
matiere qui l'entretient. Le bois verd
mis au feu, ne produit-il pas des ſouf-
fles ou des courans d'air impétueux &
d'aſſez longue durée, quoiqu'ils ne
renferment dans ſa ſubſtance qu'une
petite quantité d'eau déja raréfiée par
la filtration ? Il en eſt de même des
fruits que l'on jette ſur les charbons

ardens, dont les parties aqueuses acquiérent tout d'un coup le plus grand
degré de raréfaction, & fournissent la
matiere d'une éruption longue & violente, relativement à leur volume.
Ne sçait-on pas encore quel degré
d'expansion la chaleur ou le mouvement peuvent donner à l'eau, en lui
faisant occuper un espace quatre mille
fois plus grand qu'elle n'avoit dans son
état naturel ? J'ai vu successivement
plusieurs petites gouttes d'eau exposées à l'action d'un vent assez fort, au
passage duquel elles s'opposoient, s'é-
tendre & former en moins d'une minute une bulle six cens fois au-moins
plus grosse, se rompre ensuite avec
un bruit aigu, se raréfier certainement
davantage, & devenir enfin insensible, de maniere que l'on ne pouvoit
plus juger de son degré d'expansion ;
cependant la chaleur répandue dans
l'air étoit alors très médiocre : c'étoit
à la fin de Février, par un vent de Sud
très - impétueux, accompagné d'une
forte pluie.

De ces expériences & de ces observations, on comprend comment les
exhalaisons

exhalaisons & les vapeurs, intercep-
tées entre les nuages, & condensées
par une forte compression, se raréfient
extraordinairement dès qu'elles sont
en fermentation, & peuvent suffire à
une longue effluence. Il est probable
encore que, tant par le mouvement
d'effervescence, que par le degré de
chaleur qu'elles acquièrent, elles agissent sur les parties intérieures du nuage qui les renferme, & détachent continuellement de nouvelles vapeurs,
qu'elles atténuent, raréfient, & s'assi-
milent de maniere à entretenir au
même degré la matiere & la force du
tourbillon. Tout cela bien considéré,
fait concevoir comment un tourbillon
de vent peut durer des heures & même
des jours entiers.

Mais comment une matiere si atténuée, si légere par elle même, peut-
elle avoir des effets si étonnans ? On
doit les attribuer à la densité de l'air
ambiant, emporté par le mouvement
de tourbillon du courant de vapeurs
& d'exhalaisons raréfiées. Plus cet air
est condensé, plus son ressort acquiert
de force & d'activité : c'est ce qui le

rend capable d'arracher les arbres les
plus gros, d'enlever les toits des maifons, de renverfer même les édifices.
Son action augmente alors, en raifon
de la réfiftance qu'il trouve dans les
corps folides ; il preffe continuellement fur eux , jufqu'à ce qu'il ait
anéanti l'obftacle qu'ils lui oppofent :
fon mouvement de réflexion eft beaucoup plus violent que celui de direction, ainfi que je l'ai déja obfervé. C'eft
la caufe pour laquelle les monumens
les plus folides ont beaucoup moins de
durée dans les régions hautes que dans
les plaines abaiffées , dans l'air froid
& condenfé des terres Polaires , que
dans les contrées heureufes de la Zone
tempérée, plus voifines de l'Equateur
que de la Zone glaciale. Dans ces pays
les productions de la nature & de l'art,
font continuellement & fortement battues par l'action des vents, foit directe,
foit de tourbillon. On ne peut pas
douter encore que la réfiftance des
corps folides n'augmente la maffe &
l'effort de l'air chaffé par un vent impétueux , puifqu'ils en font détruits,
tandis que les corps moins folides,

qui cedent à son effort, n'en éprouvent qu'une agitation passagere, &
rarement un dommage réel & perma-
nent.

Si l'on se rappelle ici ce que nous
avons dit de l'état de l'atmosphère dans
les terres & les mers situées entre les
Zones glaciales & les poles, on trou-
vera dans les deux hémisphères, la
preuve de la derniere cause que nous
avons assignée, de la formation des
vents de tourbillon. Les vents à ces
latitudes sont plus souvent circulaires
que directs, & presque toujours impétueux. Les bourasques ne s'élèvent
jamais avec plus de violence que lorsque les vents soufflent du côté du pole
opposé à celui dont on est le plus près.
Dans les mers Australes, ce sont les
vents de Nord & d'Ouest qui dégéne-
rent en bourasques ; dans les mers Arctiques, ce sont ceux de Sud & d'Est. La
raison en est qu'un courant d'air plus
raréfié venant à tomber dans une masse
épaisse & condensée, perd son mouvement direct, en prend insensiblement un circulaire, dont les effets deviennent d'autant plus violens, que

l'air de la partie de l'atmosphère, dans
laquelle ils aboutissent, les comprime
davantage par sa froidure & sa densité
habituelles.

§. II.

Ouragans & tempêtes, ou vents particuliers.

Quoique les connoissances physiques des Anciens fussent renfermées
dans un espace fort étroit, puisqu'ils
connoissoient à peine les régions de
notre hémisphère, situées entre le
Tropique & la Zone glaciale, cependant ils avoient fait des observations
fort justes sur les différentes modifications dont l'air est susceptible; nous
en avons déja rapporté quelques-unes,
& nous allons voir que, relativement
aux causes des ouragans & des vents
de tourbillon, ils s'étoient fait une
idée assez vraisemblable de leur origine, & que leurs conjectures n'ont pas
été inutiles aux plus célebres philosophes de ces derniers tems. Sénéque ne
passe pas pour un de ceux qui ayent
le mieux observé la nature, c'est pour-

tant celui que je citerai au sujet des vents de tourbillon ; sans doute qu'il ne raisonnoit que sur ce qu'avoient enseigné les Auteurs les plus accrédités , car il n'eut jamais la prétention de se faire chef de parti.

Il y a , dit-il (*a*) , des vents qui brisent les nuages , les resolvent , & leur donnent un mouvement précipité très-actif. Je crois qu'on peut leur assigner la cause suivante. Les exhalaisons & les vapeurs qui s'élèvent de la terre & des eaux , étant de configuration & de qualités très-différentes , les unes seches , les autres humides : ces particules de matieres diverses rassemblées , se trouvant dans une opposition qui occasionne des mouvemens contraires, des résiliemens , des chocs des unes contre les autres , d'où il est vraisemblable qu'il se forme des cavités dans les nuages , des intervalles fistuleux , des canaux longs & étroits , où se réunissent les exhalaisons les plus raréfiées & les plus subtiles ; elles s'y trouvent

______

(*a*) *Seneca, natur. quæst. lib.* 5 , *cap.* 22 & 23.

refferrées par des exhalaifons d'autre
nature, échauffées tant par l'action des
particules extérieures, que par celle
qu'elles ont fur elles-mêmes; elles fe raréfient davantage & acquiérent plus de
force, un mouvement plus accéléré,
par lequel elles brifent les barrieres qui
les retiennent, s'échappent fous la
forme d'un vent impétueux, & agiffent
vivement fur les parties du globe qui
leur font oppofées. Ce vent ne fe répand pas au large, mais il pénetre de
haut en bas dans la région de l'atmofphère la plus denfe, à travers laquelle
il s'ouvre une route par un effort fenfible. Il communique fon mouvement
à l'air de l'atmofphère qui, cherchant
à s'échapper, revient fur lui même, &
tourne autour de la colonne principale
du tourbillon. Delà cette direction
circulaire qu'ont tous ces vents d'en
haut : ils font tumultueux, fouvent
accompagnés du retentiffement des
nuages & même d'éclairs.

D'ordinaire ces vents font de peu
de durée ; mais s'ils fe réuniffent à
d'autres courans d'air excités par les
mêmes caufes, alors ils font plus im-

pétueux, & fe foutiennent plus long-
temps. Il en eft de ces mouvemens de
l'air comme des torrens d'eaux paffa-
gers : fi plufieurs aboutiffent au même
point, ils fe forment en fleuves, dont
le cours eft long & non interrompu.
De même les tempêtes les plus violentes ne durent pas, fi elles ne font que
l'effet d'une feule caufe ; mais fi plufieurs fe joignent, leurs ravages font
plus terribles, & leur durée plus longue. Tant que les fleuves ne trouvent
aucun obftacle à fuivre le cours qui
leur eft naturel, ils coulent uniment
en ligne droite, d'un mouvement pro-
portionné à la maffe de leurs eaux & à
la hauteur des terres qu'ils parcourent;
mais s'il fe rencontre fur un des bords
un roc avancé dans le fleuve, une digue forte & élevée, les eaux réfléchies
fur elles - mêmes, quittent leur premiere direction pour prendre un mouvement circulaire, & fe précipiter
dans le gouffre qu'elles fe forment,
d'où il femble qu'elles ne doivent plus
fortir. Il en eft de même du vent : il
fe répand avec activité tant qu'il ne
rencontre point d'obftacle, mais s'il

vient à se réfléchir contre un cap, s'il se trouve resserré entre des terres éle- vées & de directions inégales, alors il tourne sur lui-même avec impétuosité. Semblable à ces eaux dont nous ve- nons de parler, il forme une espece de gouffre où il rassemble tous les corps qu'il emporte dans son cours: c'est ce que l'on appelle tourbillon; les nuages de hauteur & de densité différentes, les inégalités du globe à sa surface produisent le même effet. Si ce mouvement circulaire dure long- temps, s'il est resserré dans un petit espace, alors le choc violent des ma- tieres hétérogenes dont l'atmosphère est chargée, les enflamme & en forme des tourbillons impétueux, mêlés de flammes, qui ajoutent à l'horreur & au danger de ces orages. On les a vu tout renverser, mettre le désordre dans les armées, culbuter les camps, dévaster les forêts, détruire les bâti- mens les plus solides, enlever les vaisseaux & les précipiter ensuite dans le fond des abîmes de la mer. Quel- quefois encore les vents produisent, par la force de la réflexion, des cou-

rans opposés entr'eux, d'où naiſſent,
ſur-tout dans les pays de montagnes,
ces phénomènes ſinguliers de vents ſi-
multanés, tous différens les uns des
autres.

Il y a donc des vents ſubits & irréguliers, plus propres à certains pays
qu'à d'autres, & qui ne paroiſſent qu'a-
vec un fracas horrible : ils ſont connus
depuis long-temps, & ſans doute qu'ils
exerçoient leurs ravages dans l'Archipel de Grece, car Ariſtote les déſigne
d'une maniere aſſez préciſe, & leur
donne des noms tirés de leurs effets
mêmes, & de la maniere plus ou moins
terrible, mais preſque toujours dom-
mageable, dont ils s'annonçoient (*a*).

Le Preſter, vent impétueux, porte
avec lui la foudre & le feu, qui le produiſent & l'accompagnent, ainſi que
le déſigne ſon nom ; il tire ſon principe
des diſpoſitions locales de l'atmoſphère, des exhalaiſons ſulfureuſes &
métalliques qui s'y répandent, dont
abondent les terres de pluſieurs iſles

(*a*) *Præſter inflammabilis : Ecnephias, nubes
prorumpens : Exhidrias, aquam latè ſpargens.*

de l'Archipel. Ce vent doit avoir le
même effet que celui qui est connu
sous le nom de Tiphon, dans les mers
des Indes & du Japon, & dans le voisinage de quelques côtes d'Afrique qui
étoient peu connues du tems d'Aristote ; les navigateurs ne se hasardoient
pas alors dans la pleine mer, ils suivoient toujours les côtes. Nous avons
vu plus haut, que les grandes expédi-
tions maritimes, tentées par Salomon,
se faisoient par la mer Rouge, en suivant les côtes jusqu'à Sofala.

L'Ecnephias, ou vent de haut en
bas, est produit par un nuage qui
s'abaisse d'abord insensiblement, &
fond ensuite avec rapidité sur certaines plages : c'est le même que celui
qui sort de ces petits nuages élevés,
auxquels les gens de mer donnent le
nom d'œil de bœuf ou de noix, que
l'on redoute au Cap de Bonne-Espérance, dans les mers qui s'étendent
entre l'Afrique & l'Amérique, dans
les bandes voisines de l'Equateur, sur-
tout aux mois d'Avril, de Mai & de
Juin. Il excite des tempêtes affreuses
sur les côtes de Guinée, qui revien-

nent quelquefois à deux ou trois reprifes par jour, ne durent pas plus
d'une demi-heure , mais dont le premier choc eft toujours funefte , fi on
n'a pas pris fes précautions pour y réfifter. Les vents de cette efpece ont
des temps & des retours affez réglés
dans les autres mers, dans la partie de
l'Océan oriental , qui s'étend de l'E-
quateur à l'Eft , & quelquefois dans
l'Archipel de Grece & jufques dans la
mer Noire : il faut les connoître pour
fe garantir de leurs coups, & fur-tout
ne pas refter fous voile , dans le moment de leur irruption.

L'Exhidrias eft un vent d'orage qui
fort d'une nuée ; il eft fuivi d'une pluie
abondante, fi forte, qu'elle ne femble
plus être divifée par gouttes, on la
prendroit plutôt pour une colonne
d'eau qui fe répand fur un terrein déterminé , ou fur une partie de la mer.
La furabondance des vapeurs aqueufes qui s'élèvent dans un air chaud , &
que le concours des vents oppofés porte à une région élevée de l'atmofphère , les raffemble en nuées épaiffes ,
dont les parties les plus hautes s'abaif-

sent insensiblement sur les plus basses.
Il en augmente le poids en les comprimant de façon que, le nuage venant à se résoudre subitement, agit
avec violence sur l'air, qu'il divise
tout d'un coup. Si les exhalaisons mêlées aux vapeurs, s'en séparent à mesure qu'elles s'enflamment, toute la
masse d'eau contenue dans le nuage,
se réunit, & il s'en forme une colonne, qui inonde le terrein sur lequel
elle tombe. Nous l'éprouvons en été
dans nos provinces, sur-tout dans les
pays de montagnes : nous voyons de
ces nuées où le bruit du tonnerre se
fait entendre, verser une quantité
énorme d'eau sur certaines terres,
qu'elles submergent avec tant de précipitation, qu'elles emportent loin du
lieu de leur chûte, la surface du sol
des montagnes, dont elles comblent les
vallées. Ces météores sont beaucoup
plus rares sur terre que sur mer, cependant on y en observe quelquefois,
& on reconnoît leurs causes aux effets
que nous venons d'indiquer.

Le 16 Juillet 1750, un ruisseau qui
traverse la petite ville de Sirke en

Lorraine, fur le bord de la Moſelle, qui, dans les temps ordinaires, n'a pas à ſon embouchure plus de deux ou trois pieds d'eau, s'enfla tout d'un coup ſi prodigieuſement, qu'il s'éleva à la hauteur de plus de vingt-deux pieds fur une largeur d'environ quarante toiſes. Il renverſa le mur d'enceinte de la ville, qui étoit très-épais, & toutes les maiſons qui ſe trouverent fur ſon paſſage, & ne trouvant, pour s'écouler, qu'une arcade de dix-huit pieds percée dans l'autre partie du mur de la ville, qui lui fert ordinairement de ſortie, il s'éleva ſi conſidérable-ment, qu'il renverſa ce mur & une tour qui étoit de ce côté-là : il ſortit par cette breche avec aſſez d'impé-tuoſité, pour ſuſpendre, pendant quel-que temps, le cours de la Moſelle, & porter de l'autre côté de cette ri-viere les décombres des bâtimens qu'il venoit de renverſer. Heureuſement cette derniere partie du mur ne put réſiſter à l'impétuoſité des eaux, ſans cela, en s'élèvant davantage, elles auroient détruit toute la ville : comme cet accident arriva de jour, il n'y eut que vingt-une perſonnes de noyées. Ce ruiſſeau reçoit les eaux de trois montagnes qui, priſes enſemble, ne compoſent pas deux lieues quarrées de ſurface : il n'y a dans toute cette étendue aucun étang, aucun réſervoir dont l'écoulement ſubit ait pu donner lieu à l'inondation : il n'avoit point plu de toute la journée, on avoit ſeulement ſenti quelques coups de vent : un bois qui couronne la montagne la plus élevée, avoit paru couvert d'un nuage fort épais qui, ſans doute, y avoit verſé cette énorme quantité d'eau ; car toutes les ravines qui avoient fourni de l'eau à l'inondation, tiroient leur origine du milieu de ce bois , & indiquoient clairement la cauſe qui l'avoit occaſionnée ſi promptement. (*Mém. de l'Académie des Sciences , an.* 1750 , *pag.* 34).

Ces ſortes d'orages ne peuvent pas avoir le même effet ſur la mer, mais ils y verſent des pluies quelquefois avantageuſes, quelquefois morfondantes & très-incommodes : elles ſont fréquentes entre les Tropiques, dans les parages entre les Philippines & les iſles Mariannes, ſur les côtes de Guinée :

on les trouve dans la grande mer du Sud, où elles fournissent de l'eau assez bonne pour en approvisionner les vaisseaux dans les voyages de long cours, en pleine mer & loin des terres; mais dans leur voisinage, à quelques degrés de la ligne, sur les côtes du Pérou, elles sont très-incommodes.

Peut-être attribuera-t-on plutôt la violence des tempêtes dont nous parlons, aux dispositions de l'air, aux vapeurs & aux exhalaisons dont il est alors chargé, qu'à la chûte même des nuées dont elles paroissent sortir ; attendu qu'elle est fort lente, & que ces nuées sont par elles-mêmes très-légeres : mais tombant de la plus grande hauteur, il est nécessaire qu'elles prennent insensiblement un plus grand degré de vîtesse, suivant les loix de la chûte de tous les corps graves en général. Ceux-ci ont une raison particuliere qui les détermine à descendre avec plus de rapidité, en ce que leurs parties supérieures venant à se dissoudre & se joindre aux parties inférieures, elles gravitent sur celles que la résistance de l'air retarde dans leur

chûte , les rendent plus pefantes &
plus capables d'agir fur l'atmofphère.
Quand même la defcente de ces nuées
feroit auffi lente qu'on la fuppofe,
elles ne laifferoient pas que d'exciter
un vent très-impétueux , eu égard à
l'étendue de l'atmofphère qu'elles
compriment , dont elles forcent l'air
à s'écouler , & fouvent à prendre un
mouvement de tourbillon , avant qu'il
puiffe s'échapper par une direction déterminée : ce qui arrive lorfque la
nuée eft concave & qu'elle s'abaiffe
plus à fes extrêmités qu'à fon centre.
Le peu de durée de ces fortes d'orages , prouve qu'ils ne doivent leur
exiftence qu'à l'action de la nuée fur
l'air : la nature des exhalaifons peut
en redoubler l'horreur , par les feux
qu'elles font briller dans l'obfcurité,
mais elles ont peu d'effet pour produire le mouvement général qui tourmente les vaiffeaux fur la mer, renverfe les édifices & dévafte les forêts
fur la terre.

Le Tiphon , dont le nom grec d'o-
rigine défigne l'action violente avec
laquelle il bat de tous les côtés un vaif-

feau où tout autre corps folide fur terre ou fur mer, eft un vent qui paffe rapidement d'un point de l'horifon à l'autre, de maniere que tous les vents femblent fe fuccéder avec une égale rapidité. Rien n'eft plus affreux que la fituation où fe trouvent alors les navigateurs ; les vents foufflent en même-temps de tous les côtés, ils ont un mouvement de tourbillon auquel rien ne peut réfifter. Le calme précéde ordinairement ces fortes de tempêtes, & la mer paroît auffi unie qu'une glace, mais peu après les vagues s'élèvent jufqu'aux nuées, & on éprouve que les vents fortent des nuages en différentes directions diagonales, qui fe croifent & fe réfléchiffent : ce qui augmente leur violence, & caufe le mouvement terrible qu'ils excitent dans la mer.

Ce vent dangereux fe fait fentir fouvent fur la mer Noire, dans l'Archipel de Grece, entre les côtes de la Cochinchine & celles du Japon : il commence à fouffler ordinairement de l'Oueft, & fait le tour du cercle en vingt heures & fouvent moins, avec la plus grande impétuofité. Il tour-

mente les vaisseaux de maniere à ôter
toute ressource aux pilotes les plus ex-
primentés : il rend la navigation difficile & les naufrages fréquens dans ces
mers , sur-tout en automne. Ces vents
ne sont pas moins à craindre dans les
mers Australes : voici ce que l'on en
lit dans les voyages de Guillaume
Schouten (*a*). « On avoit fait environ
» 2000 lieues du Texel au Cap : il en
» restoit 1600 jusqu'à Batavia. On
» porta au Sud, pour trouver les vents
» alisés de l'Ouest, que l'on rencontra
» entre le 34e & le 40e degré de lati-
» tude Australe. Alors le vaisseau cou-
» rant à l'Est, faisoit beaucoup de che-
» min ; les jours étoient de neuf heu-
» res & les nuits de quinze, tems de
» l'hiver dans ces parages ; le froid
» fort âpre, le ciel couvert d'épaisses
» nuées, d'où il sortoit quelquefois
» des vents impétueux, de la neige &
» de la grêle. Les vents, malgré leur
» force, étoient favorables : dans l'es-
» pace de vingt-quatre heures on fai-

____

(*a*) Histoire Générale des Voyages ,
Tome II.

» soit 40 ou 48 lieues. Vers la fin d'une
» nuit, les vents commencerent à souf-
» fler des quatre coins du monde, en
» se choquant avec une impétuosité
» terrible, ensuite ils descendoient en
» tourbillon, comme s'ils se fussent
» précipités du ciel, & les flots s'abais-
» soient sous leur poids. Quand ces
» ouragans ne viennent que d'une
» partie du monde, quelque violens
» qu'ils puissent être, on les nomme
» queues d'ouragans : alors au lieu d'a-
» baisser les flots & de causer la perte
» des vaisseaux, en les faisant pirouet-
» ter, ou en les enlevant dans l'air
» pour les faire retomber dans un dé-
» sordre horrible, ils élèvent les va-
» gues & les navires, jusqu'à faire
» croire qu'on va toucher au ciel.
» Mais ici les vents sauterent d'abord
» de Rhumb en Rhumb, & parcouru-
» rent toutes les pointes du compas;
» après quoi s'assemblant dans l'air,
» ils se précipiterent avec une furie
» qu'on ne peut décrire. Toutes les
» voiles qui se trouverent déployées
» furent aussi-tôt en pieces; la mer qui
» étoit auparavant fort agitée, devint

» unie ; & ce qui doit paroître éton-
» nant, le vaisseau n'en fut pas moins
» tourmenté par les violentes secousses
» qu'il recevoit hors des flots, où les
» vents faisoient le bruit du ton-
» nerre ».

Les suites de ces orages ne sont pas
moins dangereuses que leurs coups
sont effrayans : l'air dans ces momens
agit avec tant de force sur les tempérammens, qu'il y en a très-peu, sur-
tout de ceux qui sont obligés à des
travaux pénibles, qui n'en soient violemment incommodés. Tout l'équipage de Schouten, qui avoit déja beaucoup souffert, fut accablé de cette
cruelle fatigue, en peu de jours cinquante tomberent dans une fievre ar-
dente, qui fut suivie d'une espece de
contagion qui infecta bien-tôt tout le
vaisseau, & emporta plus de quarante
hommes dans l'espace de deux jours.
Les plus vigoureux en furent atteints :
ils entroient dans des transports qui
approchoient de ceux de la rage : on
leur voyoit sortir le pourpre avec le
bubon, le charbon & tous les symp-
tômes de la peste. Quelques-uns sai-

gnoient du nez, sans en recevoir aucun
soulagement : la fureur qui s'emparoit
d'une partie des malades, les portoit
jusqu'à vouloir se tuer eux-mêmes,
d'autres se jettoient à la mer, quand
ils pouvoient s'échapper.

Que ce tableau est effrayant ! Il ne
faut qu'avoir vu la mer en fureur pour
en concevoir la réalité ; mais quel doit
être l'état de ces navigateurs infortu-
nés qui, jettés par les vents dans des
mers inconnues, se trouvent assaillis
par ces violens orages ! Incertains s'ils
periront par le feu qui les environne,
ou dans le sein des flots dont ils sont le
jouet, toute la machine ne peut
qu'être dans une agitation horrible :
mille impressions différentes agissent
en même-temps sur tous les sens, &
produisent mille sensations nuisibles,
parce qu'elles sont toutes excessives.
L'ame la plus ferme ne peut plus rien
dans ce désordre extrême, elle ne peut
pas même s'occuper à mettre le calme
dans la foule d'idées qui se succédent
avec la même rapidité que les vents :
le danger & la mort se présentent avec
l'appareil le plus formidable. Des té-

nebres épaisses qui ne sont éclairées que par des feux effrayans qui se lancent du sein des nuages ; des flots écumans qui paroissent égaler en hauteur les montagnes les plus élevées ; un vaisseau qui roule d'abîmes en abîmes ; le bruit des vents, du tonnerre, de la mer même confondu avec les cris de l'équipage, qui songe peut-être moins à se défendre des coups de la tempête par des manœuvres habiles, qu'à saisir, à l'instant où le vaisseau se brisera, quelques débris, à l'aide desquels il pourra disputer à la mort la plus horrible, les restes d'une malheureuse vie : le désespoir semble dominer alors sur tous les autres sentimens ; si on espere, c'est contre toute espérance : on n'attend que le moment de périr. Faut-il s'étonner si, après ces crises affreuses, les maladies les plus cruelles emportent une grande partie de ceux qui ont été battus de la tempête ? Outre la fatigue outrée à laquelle ils ont été exposés, l'air, principe de la vie, porte dans toute l'organisation, les mêmes mouvemens furieux & convulsifs dont il est alors agité : les sels, les bitumes &

les soufres subtilisés, circulent avec le sang & les autres fluides, & produisent dans le corps humain, ces tempêtes, ces révolutions mortelles qui se manifestent sous la forme des maladies les plus violentes.

§. I I I.

Suite des Observations sur les Ouragans.

Les relations des navigateurs & les recueils d'observations, nous apprennent que les phénomenes de l'air sont variés à l'infini, & que les tourbillons & les tempêtes different tous les uns des autres, par quelques circonstances remarquables.

Il peut arriver que dans le plus fort de leur agitation, les vents trouvent en opposition d'autres vents qui contre-balancent de loin leur action : alors ils tournent autour d'un grand espace, au centre duquel il regne un calme entier, tandis qu'ils exercent leur violence à la circonférence du cercle qu'ils décrivent. Les vaisseaux

qui font au centre, ne courent aucun
rifque : mais ils ne peuvent fortir des
endroits où ils fe trouvent pris par ces
calmes. Ils font connus dans les mers
fous le nom de Tornados ; les plus
remarquables font auprès des côtes de
Guinée , à deux ou trois degrés de latitude Nord , ils occupent plus de trois
cents lieues de longueur fur une largeur égale. Cependant quand on apro-
che de l'Equateur , le vent tombe ordinairement tout-à-coup , & l'on n'a-
vance plus qu'à la faveur des grains
de vent que les Efpagnols nomment
Turbonadas : ce font comme des branches du grand tourbillon, qui fe détachent de la circonférence pour agir
feules. Ces tourbillons particuliers paroiffent fe former dans un inftant, &
font ordinairement accompagnés de
pluies, de tonneres & d'éclairs : il
eft rare qu'ils durent plus d'un demi
quart d'heure dans toute leur force,
mais ils mettent l'air & les flots dans
une agitation qui fait avancer le vaiffeau pendant une heure ou deux. Pour
profiter de cet avantage, il faut toujours fe tenir prêt à tendre ou amener

ner les voiles, selon le tems ; car il
survient quelquefois des coups de
vent si furieux, qu'ils pourroient dans
un instant, renverser le vaisseau ou le
desemparer, si l'on n'étoit pas sur ses
gardes. Ces coups de vent sont suivis
de calmes dont la durée est fort incertaine (*a*).

Un ouragan de terre que j'ai observé de très-près, à la fin d'Août
1765, dans la plaine entre Troies &
Bar-sur-Seine, pourra donner une idée
de ces ouragans de mer qui occupent
un si grand espace, ainsi que du calme
qui regne à leur centre, & de quelques-uns de leurs effets. Le calme avoit
été très-grand toute la matinée, &
le ciel assez serein quoique l'air fût
trop épais pour laisser briller le soleil de tout son éclat ; la chaleur du
jour précédent avoit été vive. Environ dix heures du matin les nuages
se rassemblerent, le vent incertain de
l'Est à l'Ouest par le Sud, augmenta
au plus haut point, & prit ensuite

(*a*) Lettre à la suite de la relation des
Missions du Paraguay. *Paris*, *1754*.

Tome VI.   T

un mouvement de tourbillon si violent
qu'il sembloit devoir tout renverser ;
on en sentoit la force d'autant mieux
que l'on s'approchoit davantage de la
circonférence. Cet ouragan tenoit un
assez grand espace de terrein qui me
parut circonscrit, d'un côté par le
cours de la Seine & la ville de Troies,
& de l'autre, par les collines qui sont
au couchant & au midi : le diamètre
du cercle n'avoit guère moins de quatre lieues. Après une heure environ
les nuages se séparèrent, formèrent
un cercle autour de l'horison dont le
centre étoit éclairé par le soleil, tandis que toute la circonférence étoit
obscurcie par les nuages & par le tourbillon de poussiere qui suivoit la direction du vent. Ce mouvement de
l'air dura dans sa grande violence
pendant une heure & demie ; il se
rallentit peu-à-peu, mais le tourbillon
de poussiere se soutint à la circonférence du cercle qu'il obscurcit beaucoup plus long-tems. Le calme se rétablit insensiblement, les nuages dis-
parurent, & le ciel devint serein sans
qu'il fût tombé une goutte de pluie,

Il en est donc des ouragans, comme des gouffres sur les fleuves : ceux-
ci ne sont que des tournoiemens d'eau
produits par des courants opposés
très-sensibles parce qu'ils sont circons-
crits par des bornes étroites, & que
l'on peut juger d'un même coup-d'œil
de tout l'effet de la cause de leur mouvement. Les autres sont des tournoiemens d'air produits par des vents contraires d'autant plus actifs qu'ils chargent l'air ou qu'ils le trouvent chargé d'une grande quantité d'exhalaisons, de vapeurs, ou de matieres terrestres atténuées, qui augmentent son
poids, accélerent la vîtesse des vents,
& rendent leur action plus forte.

Il semble que lorsque dans un climat on éprouve des vents extraordinaires, ils doivent occasionner en
quelques endroits des effets marqués
& souvent très-nuisibles : ils portent
dans certaines régions de l'air des exhalaisons & des vapeurs qui en changent la température : jamais les vents
ne sont plus terribles que lorsqu'après
avoir dominé long-tems, ils sont con-
trariés dans leur cours par un vent

oppofé. Ainfi un vent fort mais reglé, qui domine fur une large bande du globe, peut être, loin du lieu
où il regne, la caufe d'un ouragan
impétueux. En 1724, les vents de Sud-
Eft qui font affez rares dans le climat
de Paris & des Provinces voifines,
y regnerent plus qu'à l'ordinaire; les
vents de nord ne s'y firent fentir que
rarement & par intervalles éloignés;
ceux de Sud, Sud-Oueft, & Oueft
dominerent furtout dans le printems
& l'hiver, ce qui contribua à rendre
ces deux faifons fort douces: au Midi
de l'Europe ils étoient encore plus
conftans. Mais les vents de Nord ayant
pris le deffus dans nos Provinces, ex-
citerent par les obftacles qu'ils apporterent au cours du vent du Sud, le
furieux orage qui caufa, le 19 Novembre, de fi grandes pertes aux villes &
aux campagnes de Portugal par où il
paffa. Ce même jour, l'air étoit fort
tranquille à Paris & dans une partie
des Provinces de France, en tirant du
Nord au Sud: mais le 17 & le 18 de
ce mois le vent avoit été Eft-Nord-
Eft, le 20 & le 21, il devint Nord-

Est assez fort ; ainsi le vent qui regnoit dans nos climats, étoit tout-à-fait opposé à celui qui se faisoit sentir en Portugal ; & pendant qu'un ouragan terrible y exerçoit ses fureurs, nous jouissions d'un calme parfait ; ce qui devoit annoncer qu'il s'en falloit beaucoup que l'air fût aussi tranquille ailleurs. Ainsi les observations réunies & toute l'histoire de la nature nous persuadent que ce qu'il y a de moins dans un pays se trouve de plus dans un autre ; parce qu'il y a une somme générale de mouvemens différemment repartie & en divers tems : les climats les plus à plaindre sont ceux où cette somme générale excede.

Ces mouvemens impétueux de l'air, causent surtout des ravages affreux dans les Antilles. Nous en avons déjà parlé dans la théorie générale de l'air ; ce que nous ajouterons ici, relatif au sujet que nous traitons, fera encore mieux connoître les causes de ces terribles tempêtes, par leurs effets. Ce que l'on redoute davantage dans ces Isles, est une conspiration générale de tous les vents qui font le tour du

compas dans l'espace de 24 heures &
quelquefois en moins de tems; elle
arrive d'ordinaire aux mois de Juillet,
d'Août, de Septembre, & même en
Octobre, hors de-là il est rare qu'elle
y fasse sentir ses fureurs. Autrefois on
ne l'éprouvoit que de sept en sept ans
& même plus rarement, mais depuis
quelque tems, elle y est plus fréquente; plusieurs de ces orages se sont fait
sentir à la Guadeloupe & à Saint Do-
mingue dans une même année. Ils
sont précédés par quelques signes qui
les annoncent. Le tems est ordinairement fort beau; si l'on sent quelque
vent, c'est une brise légere & agréable
qui ne semble que rafraîchir l'air; la
mer est tout-à-fait calme & unie comme une glace. Pendant cette tranquillité apparente, on voit les oiseaux gui-
dés par un instinct naturel descendre
en troupes des montagnes où ils se
tiennent ordinairement, se retirer dans
les plaines les plus basses & au fond
des vallées, où ils se tapissent contre
terre pour être à l'abri des coups
redoutables des vents qui ne tarderont pas à s'élever. De fortes ondées

de pluie annoncent encore les ouragans, & on remarque que l'eau de
cette pluie eſt amere & ſalée comme
celle de la mer ; obſervation qui indique que la cauſe de ces tempêtes
eſt dans l'évaporation extraordinaire
qui ſe fait par le ſol des Iſles & du
ſein des mers qui les environnent.
Ces premiers ſignes qui ne ſont pas
toujours également ſenſibles, ſe mani-
feſtent ordinairement au Nord-Eſt,
quand il ſe trouve une montagne qui
termine l'horiſon de ce côté. Les nuages d'où la tempête doit ſortir, s'élevent orgueilleuſement & s'avancent
d'une telle vîteſſe, qu'ils ſemblent ſe
diſputer le prix de la courſe, juſqu'à
ce qu'ils ſoient confondus les uns
dans les autres ; alors leur mouvement devient égal : leurs bords ſont
de diverſes couleurs, on les voit étin-
celans comme le feu, pâles, d'un
jaune foncé ou couleur de cuivre,
tandis que le milieu de la nuée eſt
d'une ſombre noirceur. On ne ſçau-
roit exprimer l'horreur de ce ſpecta-
cle, dont l'imagination eſt d'autant
plus affectée, que l'on prévoit que le

T iv

plus grand désordre va le suivre in-
cessament.

Dans les Isles exposées à la fureur
de ces ouragans, les arbres les plus
forts sont brisés & déracinés, à peine
en reste-t-il le tronc dépouillé de ses
branches & de ses feuilles ; les forêts
entieres sont dévastées, les rochers
sont détachés du haut des montagnes
& précipités dans les vallées : les habitations sont renversées ; & les colons
qui sçavent que les maisons les plus
solides ne résistent pas à l'impétuosité de ces vents & aux mouvemens
qui agitent quelquefois les Isles jusque dans leurs fondemens, se retirent
dans le creux des rochers, ou se cou-
chent contre terre en pleine campagne, jusqu'à ce que la fureur de l'orage soit un peu calmée. Il ne reste
à la surface de la terre, ni herbe ni
verdure, ni aucune des productions
abondantes & riches dont elle étoit
chargée ; le dégât de la campagne est
général, surtout quand ces tempêtes
sont terminées par des pluies exceffi-
ves qui entraînent à la mer les herbes
& les plantes que les vents avoient

dispersées partout. Alors il ne reste
aucune espérance au malheureux ha-
bitant; le sol absolument dépouillé ne
lui présente plus que les horreurs de
la famine sous laquelle il gémira,
jusqu'à ce que dans une saison plus
favorable, ses travaux aient réparé
ces désastres. La mer n'est pas moins
agitée que la terre : les poissons les
plus forts jettés contre les rochers
périssent, ou ils sont étouffés par la
chaleur même des eaux & par l'abondance du soufre qui s'y répand soit
du bord des Isles, soit du fond même
de la mer. On a vû des vaisseaux
lancés loin des ports en terre ferme,
ou s'arrêter sur la pointe des rochers
qui bordoient la côte, & qui étoient
élevés de plus de douze pieds au-dessus des plus hautes marées, d'autres
sont submergés sur le champ ou emportés au loin en pleine mer. On a
vû plusieurs navires chargés de tabac,
à la rade de Saint Christophe, prêts
à faire voile, fracassés & coulés à
fond, le long de la côte, dont tout
le poisson fut empoisonné par le tabac

T v

qui fe répandit dans cette plage (*a*).

M. le Comte de Forbin (*T. 1.*) rapporte qu'en 1680 en arrivant au petit Goave dans l'Ifle de Saint-Domingue il trouva vingt-quatre navires marchands françois qui étoient à fec, à cinquante pas du rivage ; un ouragan les y avoit jettés : il avoit été fi violent qu'il n'y eut de toute cette flotte qu'une feule frégate du Roi, qui ayant de bons cables & de bonnes ancres, ne fut pas emportée comme les autres fur le rivage, mais qui après avoir été violemment battue de l'orage fut coulée à fond. Il dit encore que les ouragans font fi violents fur toutes ces côtes, qu'il remarqua que la plûpart des arbres en avoient été ébranchés, & les toits de plufieurs maifons bâties de pierre, emportés.

Nous avons déja parlé de l'ouragan qui dévafta la Martinique au mois

____

(*a*) *Voyez* l'Hiftoire Naturelle & Morale des Antilles, ch. 23 , Art. 3 , *in-4°. Roterdam*, *1658*, & les Voyages de Dampier ; Traité des Vents , ch. 6.

d'Août 1766 (*Tom. 1. disc. 2. §. 16.*) nous avons donné une idée de ceux qui se sont fait sentir à la Jamaïque en divers tems, ils n'ont point de tems fixés; mais ils se renouvellent fréquemment, & toujours avec les mêmes accidens & les mêmes désastres. Le 15 Octobre 1768, une de ces tempêtes furieuses s'éleva à la Havane dans l'Isle de Cuba, & dura depuis deux heures après midi jusqu'à quatre heures du matin : les constructions les plus solides ne résisterent pas à sa violence : 4048 maisons & 96 édifices principaux furent ruinés ; une quantité de grands arbres déracinés ; les deux tiers des fruits dans les sucreries & les autres plantations furent détruits : à Batavan où la tempête fut plus violente, la mer monta jusqu'à une lieue de distance de ses bords ordinaires ; 69 navires échouerent à la côte, où furent perdus, les uns submergés, les autres brisés par la violence de l'orage : il avoit commencé par le Sud de l'Isle, il finit par le Nord.

Les continents situés dans la Zone torride sont également exposés aux coups de ces ouragans si terribles; on les éprouve surtout dans le Pérou. La plaine d'Yaruqui a environ 6300 toises de long, elle est bornée à l'Orient par les hautes montagnes de Guamani & de Pambamarca, & à l'Occident par celle de Pichinca; les rayons du Soleil y étant réfléchis par le sol qui est fort sablonneux & par les deux Cordilieres voisines; l'air extrêmement raréfié ne pouvant pas s'en échapper librement, parce qu'il est retenu par l'air froid & plus dense de l'atmosphere supérieure, elle est sujette à de fréquens orages. Comme elle est tout-à-fait ouverte au Nord & au Sud, il s'y forme de si grands tourbillons que cet espace se trouve quelquefois rempli par des colonnes de sable élevées par le tournoiement rapide des rafales de vent qui se heurtent & qui souvent étouffent les hommes qui s'y trouvent exposés. Ces rafales ou coups de vent, si dangereux pour les vaisseaux qui rangent les côtes, lorsqu'ils sortent avec impétuosité d'entre les montagnes ou les isles qui les resserrent & les renversent souvent lorsqu'ils se trouvent sous voile à leur courant, ne sont pas moins à craindre sur terre où ils causent de très-grands désastres. (*Hist. gén. des Voyages, Tom. 13*).

L'entrée de la rade de Suhali, village sur les bords du golfe de Cambaie, où est le vrai port de Surate, qui en est à 4 lieues environ, n'est pas large ni fort étendue ; on y est à couvert de tous les vents, excepté du Sud-Ouest qui oblige de quitter cette côte dans un certain temps de l'année. Un ouragan terrible s'éleve & rend ce port inhabitable, il dure quelquefois douze à quinze jours avec des effets si effrayans, que tous ceux qui habitent les bords de la mer, sont contraints de chercher un asyle dans les murs de Surate.

Au cap de Bonne-Espérance, les vents de Sud-Est sont presque toujours si violens & si orageux qu'ils font voler des tourbillons de sable & de poussiere qui obscurcissent l'air, remplissent les rues & les maisons de la ville, en jettent dans les yeux de ceux qui sortent au point qu'ils en sont aveuglés, & ne peuvent se conduire. Souvent ils font changer de place & de forme les grosses dunes de sable qui ne sont pas couvertes de plantes & d'arbustes. Ils brisent quelquefois les arbres, & toujours les empêchent de s'élever. Lorsqu'ils sont isolés ou en avenue, ils sont courbés, & étendent leurs branches d'un même côté sous la direction de ce vent. (*Mém. de l'Acad. des Sciences*, 1751).

Les phénomènes dont nous venons de parler, assez fréquens dans les régions où ils se développent, n'ont rien d'aussi singulier que celui qui a été observé à la Louisianne au mois de Mars 1722, par un témoin intelligent & digne de foi, dont nous allons citer les propres termes. « Ce phénomène » effraya toute la province ; tous les » matins on entendoit un bruit sourd » quoique fort, depuis la mer aux » Illinois, qui montoit du côté de » l'Ouest ; l'après-midi on l'entendoit descendre du côté de l'Est, le » tout avec une vîtesse incroyable : » quoique le bruit parût appuyé sur » l'eau, elle ne frémissoit point, & on

» né sentoit pas plus de vent sur le
» fleuve qu'auparavant. Ce bruit n'é-
» toit que le prélude de la tempête la
» plus violente. Cet ouragan le plus
» furieux qui eût jamais paru dans la
» province, dura trois jours. Comme
» il montoit du Sud-Ouest au Nord-
» Ouest, il allongeoit tous les établis-
» semens qui étoient le long du fleuve:
» on s'en ressentoit plus ou moins fort
» suivant que l'on étoit plus ou moins
» éloigné : mais dans les endroits où
» passa l'ouragan, il renversa tout ce
» qui se rencontra dans son chemin
» qui étoit de la largeur d'un bon
» quart de lieue, ensorte que l'on eût
» pris pour une avenue faite exprès,
» l'endroit où il avoit passé, qui étoit
» totalement applati & avoit les côtés
» droits : les plus gros arbres étoient
» déracinés, & leurs branches brisées
» à platte terre de même que les ro-
» seaux des bords. Dans les prairies
» l'herbe qui n'avoit alors que six
» pouces de haut & qui est fort fine,
» fut foulée, flétrie, & collée à terre....
» Le fort de l'ouragan passa à une lieue
» de mon habitation, néanmoins ma

» maison, qui étoit de pieux bien en-
» foncés en terre, eût été renversée,
» si je ne l'eusse promptement ap-
» puyée avec un arbre, le gros bout
» en terre, & cloué à la maison avec
» une fiche de fer de 7 à 8 pouces de
» long. Plusieurs bâtimens de notre
» poste furent renversés ; mais nous fu-
» mes heureux dans cette colonie, que
» le fort de l'ouragan ne passa pas di-
» rectement sur aucun poste, & qu'il
» traversa obliquement le fleuve sur
» un pays totalement inhabité. Com-
» me cet ouragan venoit de la partie
» du Sud, il gonfla tellement la mer,
» que le fleuve refoula contre son cou-
» rant, jusqu'à monter à plus de 15
» pieds ». (*Hist. de la Louisianne*, *par*
M. le Page du Pratz, *Tom.* 1. Paris,
1758).

Il seroit peut-être difficile d'assigner
les causes précises de ce phénomène
désastreux, à moins que de l'avoir observé dans sa naissance & dans ses effets ; mais ce bruit qui l'avoit précédé
pendant huit jours, est un accident
particulier qui pouvoit en déterminer
l'origine, si on sçavoit quel étoit alors

l'état de l'air; si ce bruit étoit souter-
rain, ou si on l'entendoit à une certaine
hauteur de l'atmosphère. Quoi qu'il
en soit, on peut conjecturer par la
frayeur que ces accidens impriment
aux naturels du pays, & par la crainte
qu'ont les Natchès que les ouragans
n'éteignent le feu sacré & ne renversent son temple, qu'ils ont quelquefois éprouvé ces malheurs en semblables cas, & que la température de l'air
en étoit tellement altérée, qu'il s'en-
suivoit une mortalité générale dans la
nation; c'est ce que l'on peut conclure
de leurs terreurs au moindre ouragan
qui s'élève, & de leurs traditions ob-
scures dont nous avons parlé plus haut.
(*T. 2, disc. 3, §. 11 & 12*).

Ces sortes d'orages ne sont pas moins
à craindre en Europe que dans les régions situées dans la Zone torride, ou
dans le nouveau continent : il est très-
vraisemblable qu'ils sont produits par
les mêmes causes qui disposent l'air à
ces mouvemens tumultueux si nuisibles aux plantes & aux animaux. On
les éprouve dans toutes les saisons.
« Le premier jour de l'an 1515, au

» moment de la mort du bon Roi
» Louis XII, il y eut un ouragan fi
» furieux, que les vents renverferent
» plufieurs bâtimens à Paris ; & con-
» tre l'ordre de la faifon, on entendit
» en plufieurs endroits de la France
» gronder des tonnerres plus épouvan-
» tablement qu'au milieu de l'été, qui
» furent fuivis de prodigieux orages
» de grêle ». (*Mezerai*, *Hift. de Louis
XII*, fol. Paris, 1685).

En 1599, il s'éleva près de Bordeaux un vent fi violent & fi impétueux, qu'il rompit & déracina la plupart des grands arbres, fur-tout des
noyers dont les branches font plus
étendues & font plus de réfiftance ; il
en tranfporta quelques-uns à 500 pas
du lieu où ils étoient plantés ; il abat-
tit plufieurs clochers, quantité de
toits de maifons ; des perfonnes à che-
val furent emportées à plus de 60 pas.
Ce vent courut du Sud-Oueft au Nord-
Eft depuis le voifinage de Bordeaux
jufqu'au Vendômois & au Perche, tenant de large environ 6 ou 7 lieues ;
dans tout cet efpace de près de 80
lieues, on ne voyoit que fracas d'ar-

bres arrachés ou renversés & maisons endommagées.

Le 30 du mois de Janvier 1645, on écrivoit de la Rochelle : « Nous som-
» mes depuis deux jours dans une af-
» fliction sensible, au sujet de l'ex-
» traordinaire tourmente qui a com-
» mencé la nuit du samedi dernier 28,
» & qui continue encore : nous
» voyons de dessus notre muraille 30
» ou 35 navires échoués & brisés à
» la côte, la plupart Anglois, avec
» nombre de marchandises perdues.
» Un de ces navires de 200 tonneaux,
» a été porté jusqu'auprès d'un mou-
» lin à vent, qui est à douze pieds plus
» haut que le niveau ordinaire de la
» mer ; car l'orage n'a pas seulement
» été dans l'air, mais cette tempête a
» tellement ému & enflé la mer qu'el-
» le a passé bien au-dessus de ses bor-
» nes ordinaires ; si bien que le dom-
» mage & le dégât qu'elle a fait sur la
» terre, est sans comparaison plus
» grand que celui du naufrage des vais-
» seaux. Tout le sel qui étoit sur les
» marais bas a été emporté, les bleds
» des terres basses & des marais dessé-

» chés ont été inondés. Dans l'isle de
» Ré, la mer a passé d'un côté à l'au-
» tre par le travers, y a gâté nombre
» de vignes, noyé force bétail. De
» mémoire d'homme on n'avoit vu
» monter la mer si haut, elle est en-
» trée dans des endroits près d'une
» lieue avant dans la terre, si bien
» que ceux qui ont été aux Antilles
» disent que les ouragans qui y sont
» assez ordinaires, ne sont pas plus
» épouvantables qu'a été celui-ci. Le
» vent étoit Nord-Ouest, il s'est per-
» du aussi des navires Hollandois ri-
» chement chargés devant Ré, à Bor-
» deaux & à Bayonne ».

Le 19 du même mois, il y eut dans toute la Suisse un orage furieux par un vent d'Ouest qui renversa les arbres, les murs, les tours, fit remonter les eaux du Rhone à Genève: le mouvement de l'air étoit si violent, ses coups si terribles, qu'ils avoient sur les maisons les effets d'un tremblement de terre, dont on crut sentir les secousses.

Le 18 Mars 1756, il s'éleva à Clermont en Auvergne, après-midi, un vent violent, qui devint si terrible à cinq heures, qu'il renversa des maisons, arracha des arbres & causa beaucoup de dégât. Il ne fit sentir sa violence que dans un espace d'environ trois ou quatre lieues & ne dura que deux heures.

L'Europe a essuyé plusieurs de ces ouragans en 1767. Le 10 Juillet, un orage des plus violents détruisit en très-peu de temps tous les fruits de la campagne & des jardins. A Geinsenfeld, bourg de Baviere, à trois lieues d'Ingolstad, le vent étoit si furieux qu'il brisa ou déracina plusieurs milliers d'arbres, parmi lesquels on comptoit un grand nombre de tilleuls & de chênes de la plus grosse espece. On a remarqué qu'en 1763, on y avoit éprouvé le même jour un ouragan qui avoit fait les mêmes ravages. La température de l'air étoit probablement la même dans ces deux années: deux orages si désastreux, & à si peu de distance l'un de l'autre, doivent faire trembler à l'avenir les habitans de ce canton, lorsque le 10 de Juillet approche. Ces tempêtes n'ont cependant pas un retour périodique ; on a vu pendant long-temps d'autres jours qui sembloient leur être destinés, & qui ont cessé d'être funestes. J'ai observé que pendant une longue suite d'années on avoit des orages en Bourgogne le 28, le 29 ou le 30 Juin, depuis quelque temps on n'a rien souffert de semblable : ils chargeoient tellement la température de cette saison, que j'ai vu tomber de la neige & geler assez fort dans le même temps. Il est vrai qu'au-delà du mois de Juillet on ne les redoutoit plus. Dans ces derniers temps, sur-tout en 1768, ils ont été continués depuis les Alpes jusqu'au cercle polaire, bien avant dans le mois de Septembre ; ce que l'on peut remarquer comme un changement général de la température de toute cette partie de l'Europe.

La nuit du 17 au 18 Juillet 1767, une partie de l'Election de Chinon en Poitou, fut ravagée par un orage terrible, accompagné de tonnerre & de grêle ; le vent étoit de l'Est à l'Ouest, tous les villages situés dans cette ligne de Fontevrault à Huismes en souffrirent également, & dans l'espace d'une demi-heure qu'il dura, toutes les productions de la terre furent détruites sans ressource.

Le 20 du même mois, vers les cinq heures du soir, les environs de Condé en Hainault furent dévastés par un ouragan qui ne dura qu'un demi-quart-d'heure : le vent étoit si impétueux & si fort, qu'il y eut plusieurs maisons renversées. L'Eglise collégiale de Macoux fut ébranlée au point qu'une partie du pignon principal fut écroulé ; ces désastres se firent sentir jusqu'à Valenciennes, & les campagnes voisines furent ravagées par de la grosse grêle qui tomboit en même temps.

Le 4 Octobre, à Montmorillon, dans le haut Poitou, il y eut des coups de vents d'orage aussi violens & aussi dommageables que ceux dont nous venons de parler ; outre les édifices écroulés, les toits des maisons enlevés sur-tout le long de la riviere de Gardemple, les eaux éprouverent des coups de vent si impétueux, que les vagues furent enlevées à plus de quinze pieds de hauteur, avec un bruit considérable , & de maniere à laisser voir à découvert le fond de son lit. L'ouragan dans toute sa direction de Sud-Ouest à Nord-Est, arracha une grande quantité de gros arbres, & emporta les branches de ceux qui résisterent. Tous les noyers de la plaine de Civaux, sur le bord de la Vienne, furent déracinés & brisés.

Dès le 27 Février de cette année, il y eut à Postdam , dans le Brandebourg, un orage aussi violent qu'extraordinaire dans cette saison, accompagné de tonnerre & d'une grêle si forte, que les grains détruisirent plusieurs toits, briserent toutes les fenêtres qui y étoient exposées, & blesserent plusieurs personnes qui étoient alors dans les rues. Nous eûmes en même-temps en Bourgogne un orage semblable; la grêle fut moins désastreuse, mais le tonnerre fut très-violent, la foudre tua une femme qui gardoit le bétail à la campagne, & mit le feu dans une ferme. Tous ces orages sont accompagnés d'un mouvement extraordinaire dans l'air, de vents de tourbillon, dont les effets sont toujours relatifs à sa température & aux matieres dont il est chargé. Il ne faut même pas s'étonner de voir tomber de la grêle dans l'hiver : si le vent du Sud a regné pendant quelque tems, lorsque la terre est couverte de neige, il se fait une évaporation prompte & abondante, qui porte dans l'atmosphère la matiere dont se forme promptement cette grêle dans un air froid & condensé ; car la diminution du froid qui se fait sentir alors, ne s'étend qu'à une hauteur très-médiocre.

De temps en temps, sur-tout en été, à la suite des grandes secheresses, il s'éleve des vents impétueux, qui semblent annoncer des orages violens. Le mouvement de tourbillon que ces vents impriment à l'air, est encore accéléré par la masse des corps étrangers qu'ils entraînent dans leur cours, redoublent leurs efforts, & les rendent plus incommodes & plus dangereux. Ces vents ainsi modifiés, dévastent les campagnes, renversent les bâtimens rustiques, arrachent les arbres, attaquent vivement & quelquefois endommagent les édifices les plus solides. La plupart de ces vents paroiſſent avoir une direction diagonale de haut en bas , & ne ſont preſque toujours qu'un mouvement de l'air aſſez vivement comprimé entre deux nuages, pour qu'il faſſe effort pour s'en échapper, & qu'il parvienne à diviſer le nuage même qui s'oppoſe à ſon iſſue. Comme cet effort de l'air eſt moins actif & moins précipité que celui de l'exhalaiſon fulminante , lorſqu'elle eſt enflammée, le nuage ſe ſépare plutôt qu'il n'eſt briſé , & alors l'air faiſant éruption , agit avec une force étonnante ſur la partie de l'atmoſphère inférieure , expoſée à ſon action ; il lui communique le mouvement de tourbillon le plus vif , d'autant plus violent qu'il eſt chargé d'une plus grande quantité d'exhalaiſons très-raréfiées. Si on le ſent encore quelque temps après que l'éruption eſt finie , c'eſt que le poids des matieres dont il étoit chargé & ſon mélange avec un air plus tranquille , ne permettent pas à l'atmoſphère de reprendre tout de ſuite ſon état habituel de calme & de fluidité. Le peu d'eſpace que ces torrens impétueux tiennent d'ordinaire, la ligne étroite sur laquelle ils courent, sont la preuve de la théorie que nous en venons de donner. Souvent ces vents d'orage annoncent une pluie abondante qui les calme peu après qu'elle a commencé à tomber, en ce qu'étant spécifiquement plus pesante que l'air en mouvement, elle en arrête les effets, en détruit la cause, entraînant avec elle tous les corps étrangers dont il étoit chargé, condense les exhalaisons raréfiées, dont la prodigieuse expansion donnoit tant de célérité à son cours, & les rend à la terre d'où elles avoient été enlevées.

Souvent encore ces vents ne font suivis ni de pluies ni de tonnerres, ils n'excitent qu'un orage sec dont les effets pénetrent par-tout. Il laisse ses traces imprimées dans les endroits les mieux fermés, dans les boîtes même des montres que l'on a sur soi, où il fait entrer la poussiere & d'autres corps étrangers : les arbres sont déracinés dans l'instant, toutes les constructions élevées sont ébranlées & culbutées, les corps les plus lourds déplacés : des

nuages épais de pouſſiere répandent
dans l'atmoſphère une obſcurité générale : les colliſions des nuages, les
ſifflemens de l'air agité ſont ſi forts, ſi
tumultueux, qu'ils égalent le bruit d'un
tonnerre retentiſſant & continuel.
Tous les corps placés à la ſurface de
la terre ſont ſi vivement ébranlés,
qu'ils communiquent leur mouvement
à la terre elle même, qui ſemble trembler : ces phénomènes ſont effrayans
par la confuſion momentanée qu'ils
établiſſent par tout où ils ſe font ſentir.

Ces orages naiſſent à la ſuite des
grandes chaleurs, dans une ſaiſon ſé-
che, lorſque la terre brûlée par l'ardeur du ſoleil à une certaine profondeur, n'envoie à la moyenne région de
l'atmoſphère que peu de vapeurs mé-
langées d'exhalaiſons ardentes, avec
leſquelles elles fermentent promptement. C'eſt à la fin d'Août & en Septembre, plus que dans tout autre temps,
que ces mouvemens de l'air ſe font
ſentir dans nos climats, ſi la chaleur a
regné pendant quelque temps ſans interruption. Dans des régions plus

chaudes, on peut les éprouver plus tard encore & après l'équinoxe , lorsque les vents font d'ordinaire très-violens : l'espace qu'ils occupent , le désordre qu'ils répandent , ne permettent pas toujours de les observer avec soin & d'en reconnoître la cause dans leurs effets ; en voici cependant deux exemples assez détaillés , pour servir de preuve à ce que nous venons de dire.

Le 19 Octobre 1757 , vers les trois heures du matin , un tourbillon furieux vint du Sud du port de Malthe avec un très-grand bruit , sa direction étant presque du Midi au Nord. Il traversa le port , passa ensuite sur la baraque de Castille , sur l'extrêmité de la cité Valette & sur le fort Saint Elme ; il emporta , pendant une minute & demie qu'il dura , tout ce qu'il trouva sur son passage. Des vaisseaux furent démâtés : la barque du Roi , l'Hirondelle , perdit son mât d'artimon , avec cette circonstance remarquable que , ni son grand mât , ni même le bâton d'enseigne , ne furent endommagés ; ce qui fait croire que le diametre de ce

tourbillon, ou l'espace qu'il embraf-
foit, n'étoit pas fort confidérable. Plufieurs de ces murailles qui font élevées
fur les terraffes des maifons, pour les
féparer les unes des autres, furent
renverfées, & tuerent quelques perfonnes en tombant. Le haut du dôme
d'une Eglife fut enlevé, ainfi que plufieurs guérites d'une grande folidité.
Des parapets de maçonnerie de plus
de trois pieds d'épaiffeur, furent abat-
tus, quoiqu'à peine élevés de trois
pieds ; enfin ce tourbillon arracha en
deux endroits les pierres qui formoient
le pavé d'un baftion du fort Saint-Elme,
& laiffa deux efpaces découverts, qui
avoient l'un une toife en quarré, l'autre trois toifes de long fur deux de
large : cependant ces pierres avoient
huit à neuf pouces d'épais, un pied &
demi en quarré, & étoient d'autant
mieux cimentées, qu'elles couvroient
un magafin à bled fitué dans l'intérieur
de ce baftion. Mais un effet plus fingulier encore & vraiment extraordinaire,
c'eft le déplacement de plufieurs pieces
de canon & de mortiers fitués fur une
plateforme du même port : deux ca-

nons entr'autres de plus de 40 livres de balles, montés fur leurs affuts & placés à côté l'un de l'autre dans la même direction, furent trouvés retournés dans deux fens oppofés & rapprochés par le côté des culaffes. L'extrêmité de l'affut d'un de ces canons fe trouva à treize pieds de diftance de fa place ordinaire. Les mortiers furent emportés au-moins auffi loin & tournés pareillement dans des fens oppofés. Quelle doit être la vîteffe de l'air pour produire des effets auffi prodigieux? Ils nous paroîtroient incroyables, fi ceux de la poudre à canon ne nous avoient appris avec quelle violence ce fluide agit, lorfque fa condenfation ou fa vîteffe font portées à un certain degré.

Pendant ce tourbillon on entendit des tonnerres, mais ils étoient éloignés; cependant le Capitaine & l'équipage d'un bâtiment Anglois qui fut démâté, dirent que dans l'inftant que cela arriva, on y fentit beaucoup le foufre, quoiqu'il ne parût aucune marque de feu au tronçon des mâts. Le calme fuccéda tout-à-coup à ce

moment affreux, mais les éclairs ne
discontinuerent pas de toute la nuit,
& il plut beaucoup. On voit que la
premiere cause de ce mouvement terrible, étoit dans la quantité d'exhalaisons sulfureuses concentrées dans les
nuages & mêlées avec des vapeurs
aqueuses où elles dominoient encore,
quoique la tranquillité eût été rame-
née par la pluie qui avoit calmé l'agitation de l'air. L'histoire de Malthe
parle d'un semblable ouragan, arrivé
le 23 Octobre 1555, à sept heures du
soir. Il dura une demi-heure, renversa & submergea dans le port quatre
galeres de la religion qui étoient armées.

Malthe essuya le second ouragan
dix-sept jours après le premier, le 5
Novembre 1757, à huit heures &
demie du matin. Il vint du Sud-Ouest
& fut si terrible que, tandis que le vent
souffloit avec une impétuosité inouie,
le tonnerre tomboit de toutes parts,
& la pluie étoit si considérable que
l'on ne voyoit aucun objet à la distance
de cinq ou six toises. Cette tempête
dura environ un demi-quart d'heure,

& fut suivie l'inftant d'après d'un calme parfait. Alors on vit dans le port une multitude d'objets effrayans : la plupart des vaiffeaux hors de leur place, les uns avoient chaffé fur leurs ancres, les autres avoient leurs amarres rompues, d'autres étoient échoués : on vit des chaloupes & des barquettes coulées à fond & plufieurs matelots fubmergés ou fur le point de l'être. Ces deux ouragans arrivés à la fin d'Octobre & au commencement de Novembre, font de nouveaux faits à ajouter à ceux qui prouvent que les grands coups de vent ne fe font fentir que quelques femaines après les équinoxes. Ce temps paroît être réellement l'époque des tempêtes, & celui où on doit redoubler de précautions pour éviter à la mer & dans les ports leurs funeftes effets. (*Mémoires de l'Acad. des Sciences, an.* 1758).

Il femble que l'on ne doive attribuer ces grands mouvemens de l'air qu'au mélange des températures oppofées du froid & du chaud, du fec & de l'humide, qui combattent l'une contre l'autre, & qui entretiennent l'agita-

V v

tion, jufqu'à ce que l'une des deux ait pris le deffus. C'eft, comme nous l'avons dit ailleurs, les deux principes de condenfation & de raréfaction qui agiffent en même-temps & qui fe font un obftacle mutuel : les temps qui précédent ou fuivent de près les équinoxes, font pour cela les faifons des coups de vent irréguliers & dangereux : ils ne le font nulle part autant que dans le voifinage des terres aux deux extrêmités oppofées du globe en approchant des Poles, les tempêtes font alors fi terribles du côté du Pole Arctique, que quand même les glaces permettroient d'aborder ces mers dans les mois d'Avril ou d'Octobre, les vents feuls les rendroient impraticables. On n'eft pas allé auffi loin vers l'autre Pole ; mais comme on y trouve les glaces, les brumes & un froid prefque continuel à des latitudes beaucoup moins avancées, il n'eft pas étonnant que les coups de vent y foient auffi formidables. M. Anfon (*l. 1, ch. 8*) nous apprend, que ce qui contribue à rendre les tempêtes dangereufes dans les mers Auftrales entre le 55ᵉ & le

60.e degré de latitude, dans les parages voisins de la terre des Etats & de celle de Feu, c'est leur inégalité & les intervalles trompeurs qui les séparent. Les vents furieux y sont accompagnés de pluies froides & de neiges qui couvrent les agrès de glace & gelent les voiles : ce qui rend la manœuvre plus rude & plus difficile pour des gens qui sont engourdis de froid, & qui ont la plupart les pieds & les mains gelés : c'est ce qu'il éprouva au mois de Mars 1741. Il eut dans ces mers des tempêtes pendant plus de deux mois de suite. M. Biron dit qu'au détroit de Magellan, il eut des pluies continuelles, un temps froid & malsain, avec de violens coups de vent de Nord-Ouest pendant le mois de Mars, & qu'il quitta le triste climat & les mers orageuses de cette latitude Australe précisément après le temps de l'équinoxe d'automne, qui doit amener de dangereux ouragans.

§. IV.

Especes particulieres d'ouragans ; Tornados, Tiphons ou Dragons d'eau, Trombes de mer.

Ces vents impétueux, que les matelots Européens nomment ouragans, font connus dans les mers des Indes, en tirant de l'Oueft à l'Eft, fous le nom de Tiphon; ils exercent leur empire avec des ravages terribles, fur les côtes du Tonquin, de la Chine, du Japon & dans les mers voifines. Le temps de leur arrivée eft fort incertain. Le Tiphon ne s'éleve qu'une fois en cinq ou fix ans, & même en huit ou neuf; quoiqu'il ait d'autres noms dans les mers Orientales, fon effet eft toujours le même, & fe fait également redouter par les gens de mer. Les coups de vent appellés *Elephanta*, dans la baye de Bengale & à la côte de Coromandel, font auffi terribles que le Tiphon des mers de la Chine. On les y attend au-moins chaque année dans les mois de Juillet, d'Août ou de Septembre, & presque toujours vers la pleine ou la nouvelle lune, au Nord de la ligne & dans des latitudes assez éloignées les unes des autres, depuis le 6ᵉ jusqu'au-delà du 30ᵉ degré, avec les mêmes présages & caracteres, c'est-à-dire, les nuages diversifiés par une affreuse variété de couleurs, un vent de Nord-Est d'une force extraordinaire, auquel succéde un vent de Sud-Ouest aussi impétueux. La mousson d'Ouest se termine d'ordinaire dans les mers des Indes Orientales, par cet horrible ouragan qui en fait la derniere scène : cependant les navigateurs assurent que, quelques redoutables que soient ces tempêtes, elles le sont moins encore, & plus rares que celles qu'ils éprouvent en toutes saisons dans les latitudes voisines des cercles Polaires. (*Histoire générale des Voyages, T. 9.*)

Ailleurs ces mouvemens de l'air ont le nom de *Tornados*; Dampier dit qu'ils se font fait sentir ordinairement au commencement d'Avril, & que la côte d'Or en est rarement exempte jusqu'au commencement de Juillet;

il en arrive quelquefois trois ou quatre dans un jour, mais ils paſſent
d'abord, & il eſt rare qu'ils durent
deux heures : le tems de leur violence
n'eſt guere que d'un quart d'heure
ou d'une demi-heure. Ce tourbillon
eſt accompagné de terribles tonnerres, d'éclairs & de pluie, & le vent
eſt ſi furieux qu'il a quelquefois enlevé le plomb dont les maiſons ſont
couvertes, & en a fait des rouleaux
auſſi ſerrés que ceux que l'art peut
faire. C'eſt au Sud-Eſt que les *Tornados* ſont les plus violents : leur
nom indique une variété de vents
incertains qui luttent les uns contre
les autres (*Dampier. Traité des vents
chap. 5.*)

« Si les Tornados gagnent quelque-
» fois la mer, c'eſt rarement qu'ils en
» tirent leur origine : ils ſe forment
» de la terre en premier lieu, & cela
» d'une étrange maniere. J'ai vû ſou-
» vent une petite nuée s'élevant au-
» deſſus d'une montagne, groſſir ſi
» prodigieuſement qu'elle a cauſé
» deux ou trois jours de pluie conſé-
» cutifs : j'en ai fait l'obſervation non

» feulement dans les Indes Orienta-
» les & occidentales, mais auffi dans
» les mers du Nord & du Sud ».
(*Relation à la fuite des voyages de*
Dampier.) Ces fortes d'ouragans different dans leur origine, mais leurs
effets fe reffemblent beaucoup.

On a affigné une caufe plus précife
aux Tiphons, ils ne fortent pas des
nuages comme la plûpart des tempêtes dont nous avons parlé, ils ne font
pas produits par le feul tournoyement des vents, comme le plus grand
nombre des ouragans; mais ils femblent s'élever de la mer vers le ciel
avec une grande violence. Un Jéfuite
dont les obfervations font rapportées
dans les mémoires de l'Académie des
Sciences (*tom. 7. pag. 2. & 85.*),
dit qu'après ce qu'il a vû dans un
voyage de Siam à Macao, il ne peut
plus douter que les feux fouterrains
ne contribuent beaucoup à exciter
les exhalaifons dont fe forment certains grands coups de vent fort extraordinaires fur la mer de la Chine,
que l'on appelle Tiphons. Avant que
ces vents s'élevent, l'eau de la mer

ne manque jamais de bouillonner
d'une maniere fenfible ; & l'air eft
fi rempli d'exhalaifons fulfureufes,
que le ciel paroît couvert d'une efpece
de croute couleur de cuivre : cependant elles ne fe raffemblent pas en
nuage, car on voit à travers ces vapeurs le foleil & les étoiles dont à
la vérité l'éclat eft fort affoibli par leur
interpofition : quelquefois même elles
font fi épaiffes qu'elles augmentent de
beaucoup l'obfcurité. L'effervefcence
des mers expofées à l'action de ce
feu caché, eft fi grande qu'au milieu
même de l'hiver l'eau en eft tiede ;
on peut juger par là combien l'évaporation doit être forte : de là naiffent ces Tofangs ou ouragans fi communs en été fur les côtes de la Chine
& autour des Ifles du Japon : ils font
ordinairement précédés de quatre
heures, par un nuage épais du côté
du Nord-Eft, très-noir près de l'horifon, & couleur de cuivre foncé
au-deffus, qui s'éclaircit en montant
& devient enfin blanchâtre ; ce nuage
forme un coup d'œil lugubre &
effrayant. Lorfqu'il commence à fe

mouvoir, l'ouragan n'est pas loin : il vient du côté du Nord-Est par bouffées violentes qui durent douze heures & plus, sont accompagnées de tonnerres affreux, d'éclairs, & d'une pluie abondante : il est suivi d'un calme qui dure environ une heure, après quoi le vent se met au Sud-Ouest, & recommence à souffler avec plus de violence encore. On dit que cet ouragan est si affreux qu'il n'y a point de vaisseaux qui puissent y résister, surtout de ceux dont les Chinois se servent, dont la construction est si peu solide ; il y en a eu d'emportés jusqu'à un quart de mille dans les terres, où ces orages sont aussi redoutables que sur la mer.

On observe sur les différentes mers des colonnes d'eau ou de vapeurs qui ont beaucoup de rapport avec les tourbillons dont nous venons de parler. On les nomme Trombes ou Siphons : les unes paroissent s'élever de la mer aux nuages, les autres descendre des nuages à la mer. Elles se forment de la maniere suivante. L'eau commence par s'élever en bouillon-

nant au-deſſus de la ſuperficie de la
mer, à-peu-près à la hauteur d'un
pied : il en ſort enſuite une fumée
noire & épaiſſe, du milieu de laquelle
s'éleve un canal ou Siphon qui tend
droit au nuage qui eſt au-deſſus ; de
même que la fumée s'éleve en colonne
tant qu'elle eſt aſſez condenſée, &
que ſon mouvement d'origine eſt aſſez
fort pour vaincre la preſſion de
l'air ſupérieur, ou réſiſter à l'effet
du vent horiſontal. Quelquefois ces
Siphons tendent des nuées à la mer,
& ſemblent en pomper l'eau qu'ils
attirent à eux : alors ils doivent faciliter l'action des vents ſulfureux
qui s'échapent avec tant d'impétuoſité des terres ardentes du fond des
mers, qu'ils peuvent s'élever juſqu'aux nuées en ſuivant la direction
que leur trace la colonne de vapeurs
échauffées qui tient à la ſuperficie
de la mer & au nuage qui la couvre.

Tant que ces Siphons ſont remplis
d'eau, ils ſont d'une couleur brune
& obſcure ; à-peine les aperçoit-on
quand ils ſont vuides. Ces colonnes

fuivent le mouvement des nuées, &
tantôt font perpendiculaires, tantôt
obliques ou diagonales : elles ont plus
ou moins de volume à différentes
hauteurs fuivant l'action du vent fur
elles. Quand elles font prêtes à fe diffiper ou à s'élever, on les voit diminuer à leur partie inférieure, & quitter
enfin tout-à-fait la fuperficie de la mer.
Lorfqu'elles commencent à fe former,
on entend un bruit femblable à celui d'un torrent qui roule fes eaux
dans une vallée profonde ; il diminue
enfuite & n'eft plus qu'un bruit aigu,
une efpece de fifflement. Si les colonnes rencontrent dans leurs cours
quelques vaiffeaux , elles s'embarraffent dans les voiles & les agrès, les brifent , & les déchirent : elles peuvent
encore porter les bâtiments légers à
une très-grande hauteur, & les précipiter enfuite dans les abîmes de la
mer , ou les jetter fur les terres, ainfi
que Sébaftien Cabot prétend qu'il lui
arriva fur les côtes du Bréfil (*Hift.*
gén. des voyages Tom. 1.) : ou bien
elles y verfent une fi grande quantité
d'eau , qu'elles les fubmergent. Nous

verrons par la suite que la plûpart de ces malheurs sont moins à craindre, qu'ils ne l'ont paru à l'imagination effrayée des premiers navigateurs. Ceux qui y ont été exposés ont trouvé le moyen de s'y souftraire, quoiqu'en général ils regardent tous ces phénomenes comme dangereux.

Leurs effets variés, peut-être encore la maniere différente de les appercevoir leur a fait donner le nom de Trombes & de Siphons, dont on a prétendu que les uns venoient des nuées, & les autres s'élevoient des eaux de la mer. En comparant ces deux origines différentes, on voit que les trombes & les Siphons ont tant de ressemblance, que les deux causes supposées peuvent se réunir pour produire le même effet.

Ces colonnes de vapeurs & d'eau qui s'étendent des nuées à la superficie de la mer se forment de même que les vents de tourbillon, ou les ouragans dont nous avons parlé plus haut, & leurs modifications différentes, se rapportent aux mêmes causes. On ne peut pas douter que ces colonnes ne viennent des nuées, dès qu'on les y voit tenir conſtamment : quels que ſoient leur courbure, leur extenſion, leur changement de ſituation occaſionnés par les vents qui agiſſent ſur elles, elles ne quittent jamais les nuages où elles ſont attachées à un point fixe, tandis qu'elles parcourent de longues lignes à la ſurface de la mer, ou même la quittent tout-à-fait ; d'où l'on peut conclure que ces colonnes ſont formées par l'effluence des vapeurs qui font éruption hors du nuage. Auſſi quelques navigateurs les appellent canaux de nues qui ſe formant ſur mer reſſemblent par leur cauſe à ceux qu'on voit ſur terre, avec des effets différens. Le tourbillon qui eſt renfermé dans l'un & dans l'autre, fait plus de ravages ſur terre, où il laiſſe ſouvent d'affreuſes marques de ſon paſſage, au-lieu que ſur mer on n'en reconnoît aucune trace, à moins qu'il ne rencontre quelque vaiſſeau, ce qui arrive rarement.

Voici comment on explique la formation de ces canaux. « Une nuée

» peut en tombant sur une autre,
» former un véritable éolipile qui
» se faisant jour par la nuée inférieure,
» pousse contre la mer un tourbillon
» de vent capable d'exciter un bouil-
» lonnement sur l'eau. Ce tourbillon
» dont la chûte est perpendiculaire,
» produit deux effets différens : 1°. il
» enfonce les eaux, & par une com-
» pression violente il forme une espece
» de creux dans le centre du lieu où il
» tombe : 2°. il éleve par ce moyen
» les eaux au-dessus de leur niveau,
» & ces eaux par leur propre poids,
» ou le mouvement naturel de ten-
» dance à leur centre, cherchent à
» regagner l'espace qu'elles occu-
» poient. Mais comme ce mouvement
» leur fait rencontrer les filets de la
» vapeur qui descend de la nuée,
» elles glissent le long de ces filets,
» ou plutôt les heurtent, & par une
» force d'élasticité, elles s'élevent
» d'environ un pied au-dessus de la
» surface de la mer. Le corps de la
» vapeur qui descend de la nuée for-
» me la figure d'un canal qui semble
» sortir du milieu de cette vapeur

» même & remonter jusqu'à sa sour-
» ce ; elle est plus claire ou plus obs-
» cure suivant qu'elle est plus ou
» moins exposée aux rayons du soleil,
» & on peut la comparer à la fumée
» d'un feu noir & étouffé. Quel-
» ques-uns prétendent que l'eau de la
» mer monte par ce canal, comme
» le vin du fond d'une bouteille par
» un tuyau, c'est-à-dire que l'air
» extérieur comprimant l'eau qui est à
» l'extrémité inférieure du canal, la
» force à remonter jusqu'à la nuée
» par ce même canal dans lequel ils
» supposent que l'air est extrêmement
» raréfié ».

Jusqu'ici ce détail est exact & conforme à ce que disent tous les navigateurs, de la maniere dont ces Trombes ou Siphons se forment dans quelques mers ; mais ce qui suit ne l'est
plus autant, & aura besoin d'être rec-
tifié par les observations de voyageurs plus instruits & qui auront mieux
vû.

« Si cela étoit, (c'est-à-dire si l'eau
» montoit le long de ce canal) les
» gens de mer tireroient inutilement

» le canon pour diffiper les Trombes,
» & toute l'agitation de l'air ne fer-
» viroit à rien, comme on ne rompt
» point le fil d'un jet d'eau de quel-
» que maniere qu'on agite l'air : il y
» a donc plus de vraiffemblance à
» fuppofer que la matiere de ces
» Trombes n'eft qu'une vapeur qui
» s'échapant de la nuée avec vio-
» lence, forme l'image d'un corps
» continu jufqu'à la furface de la mer.
» On en doit conclure que l'effet de
» ce phénomène fur les vaiffeaux,
» ne fçauroit être de les fubmerger
» par l'eau qui tomberoit perpendi-
» culairement fur le tillac, mais feu-
» lement d'emporter quelques voiles
» ou quelques mâts; parce que la
» Trombe rencontrant ces corps fo-
» lides fur fa route, il en fort un
» tourbillon violent dont l'effet eft
» foudain, mais de peu de durée;
» il eft certain par conféquent que
» les gens de mer ont raifon d'agiter
» l'air par le bruit du canon, furtout
» fi la Trombe eft voifine ». (*v. le
voyage de la Barbinais le Gentil, dans
l'hift. gén. des voyages. t.* 11.)

Je

Je ne m'arrêterai pas à établir la différence qu'il y a entre les canaux de nues & les jets d'eau dont la matiere se renouvelle par un principe constant ; ce que je vais rapporter d'après un autre voyageur (*le p. Tachard, hist. gén. des voyages tom. 9.*) expliquera plus clairement en quoi le navigateur s'est trompé. Les Tiphons qu'il eut occasion d'observer entre la ligne & le tropique du Capricorne sont comme de longs tubes ou de longs cylindres formés de vapeurs épaisses qui touchent les nues d'une de leurs extrémités, & de l'autre la mer qui paroît bouillonner à l'entour. On voit d'abord un gros nuage noir dont il se sépare une partie, & comme c'est un vent impétueux qui pousse cette portion détachée, elle change insensiblement de figure, & prend celle d'une longue colonne qui descend jusqu'à la surface de la mer, demeurant d'autant plus en l'air que la violence du vent l'y retient, ou que les parties inférieures soutiennent celles qui sont dessus ; ainsi lorsqu'on vient à couper ce long tube d'eau par les vergues & les mâts d'un vaisseau qu'on ne peut quelque-fois empêcher d'entrer dedans, ou à interrompre le mouvement du vent en raréfiant l'air voisin par des dé-charges redoublées d'artillerie, l'eau n'étant plus soutenue tombe en très-grande abondance, & tout le dragon se dissipe aussi-tôt. Cette rencontre est fort dangereuse, non-seulement à cau-se de l'eau qui tombe dans le navi-re, mais encore par la violence su-bite & la pesanteur extraordinaire du tourbillon qui l'emporte & qui est capable de démâter & de faire périr les plus grands vaisseaux. Quoi-que de loin ces dragons d'eau ne paroissent pas avoir plus de six à sept pieds de diamètre, ils ont beaucoup plus d'étendue. Le P. Tachard en vit deux ou trois à la portée du pisto-let, ausquelles il trouva plus de cent pieds de circonférence. On peut comp-ter sur la vérité de cette observation, nous en raporterons d'autres qui la confirmeront & serviront à donner une juste idée de l'effet des Trom-bes & des Tiphons, & de la matiere dont ils sont formés. Aulieu de les comparer à un jet d'eau, on ne les doit regarder que comme de longs tuyaux remplis d'une quantité d'eau proportionnée à leur capacité, d'où elle s'échappe aussi-tôt qu'ils sont brisés, de quelque maniere que ce soit.

Il peut se faire qu'il y en ait qui ne soient remplis que d'air, & dont les coups sont moins dangereux; peut-être sont-ce les plus communs : tels doivent être d'autres phénomènes auxquels on a donné le nom de Siphons à cause de leur figure longue assez semblable à celle de certaines pompes. On les voit paroître sur-tout entre les Tropiques, au lever & au coucher du Soleil, vers l'endroit où cet astre est alors; ce sont des nuages longs & épais, environnés d'autres nuages clairs & trans-parens; ils ne tombent pas, mais ils se confondent avec les autres & se dissipent par dégrés : aulieu que les dragons sont poussés long-tems avec impétuosité par le vent, & sont tou-jours accompagnés de pluie & de

X ij

tourbillons qui font bouillonner la mer & la couvrent d'écume; ce que l'on ne doit attribuer qu'à la quantité de matiere fulfureufe qui entre dans leur compofition.

Quelques reflexions fur ces phénomènes finguliers en donneront une connoiffance encore plus exacte. Il eft probable que ces colonnes ou Tiphons ont, comme les autres ouragans, un mouvement de Tourbillon, autour de leur axe, qui porte les vapeurs du nuage à la fuperficie de la mer. Ce mouvement eft moins rapide au centre qu'à la circonférence, & dès-lors les eaux de la mer plus vivement preffées par ce mouvement circulaire, tendent naturellement à s'échapper en s'élevant vers l'axe; d'où réfultent l'agitation locale des flots, le bruit & le bouillonnement qui s'y font remarquer. Les vapeurs & les exhalaifons qui fortent des endroits où la mer eft en fermentation, & d'autant plus vivement agitée que la preffion de l'air y eft moindre, à caufe de fa grande raréfaction, unies à celles qui partent du bas de la

colonne, & aux suites de l'évaporation des plages voisines qui se portent naturellement de ce côté, se condensent ensemble & s'élevent sous la
forme d'une fumée souvent fort
épaisse. On a vû des Tiphons ou colonnes se former au haut de cette
fumée, & s'élever ensuite jusqu'au
point où s'arrêtoit le mouvement des
vapeurs qui descendoient des nuées :
la fumée & les vapeurs de la mer
condensées se joignoient alors avec
celles qui sortoient du nuage, & formoient une colonne visible plus ou
moins obscure suivant la quantité &
l'épaisseur des vapeurs, & l'état du
ciel obscur ou éclairé par le Soleil.

On conçoit encore comment on peut
voir en même tems & à peu de distance plusieurs de ces Trombes sur la mer.
Les vents y rassemblent successivement
plusieurs nuages qui agissent les uns
sur les autres, dont la pression détermine l'élévation des vapeurs de différents points de la surface de la mer,
qui leur répondent, sur un même centre d'où se fait l'éruption : il peut encore se faire que par une attraction

mutuelle, l'action des nuages feconde l'évaporation de la mer, qui devient plus abondante & plus précipitée en certaines parties, & que les vapeurs dont les nuées font formées, tendent à fe réunir à celles qui s'élèvent de la mer, en fe diffolvant par un effet de la difpofition particuliere qu'elles établiffent dans l'air.

Ces expériences & ces confidérations réunies doivent ôter tout ce qui auroit pu paroître de merveilleux à une premiere vue, dans la maniere dont les eaux de la mer s'élèvent dans les fiphons comme dans un canal folide : c'eft là fuite de tout mouvement de tourbillon, qui entraîne à fon centre les corps légers, ou ceux qui ne font pas affez lourds pour réfifter à fon action ; on peut fuppofer que les eaux de la mer font affez raréfiées pour ceder à ce mouvement & fuivre la direction qu'il leur imprime. Qu'alors les vaiffeaux légers foient emportés à quelque diftance ; il n'y a rien de plus étonnant, que de voir les toits des maifons enlevés, les grands arbres arrachés par des tourbillons ; ils tiennent plus au fol que les vaiffeaux à la fuperficie de la mer, leur réfiftance refpectivement à leur adhérence & à leur poids eft plus forte que celle qu'un petit vaiffeau peut oppofer au même mouvement de l'air. Quant à la quantité d'eau qui fuffit pour fub-merger un vaiffeau, on conçoit en-core comment elle s'éleve dans le fi-phon & s'y foutient jufqu'à ce qu'il foit rompu; car il peut arriver que le vaiffeau, emporté au milieu du tour-billon, donne dans l'axe même de la colonne, y excite un ébranlement qui fe communique jufqu'à la nuée à la-quelle elle tient, & en caufe la diffo-lution fubite, fous laquelle le vaiffeau eft accablé. L'impoffibilité de faire des obfervations exactes fur ces fortes de phénomènes, eft caufe que jamais on ne pourra avoir que des conjectures fur lefquelles on juge de leurs effets par une efpece d'analogie.

Les navigateurs aguerris qui les ont vus de près, mais qui n'en ont pas fenti les coups, les regardent comme des jeux de la nature plus effrayans qu'ils ne font formidables. Voici ce qu'en

X iv

rapporte Dampier .... « Après que nous
» eûmes passé les isles Célèbes, le vent
» tomba. Nous eûmes calme jusqu'a-
» près-midi, ensuite vint du Sud-Ouest
» un grain violent, & sur le soir nous
» vîmes deux ou trois cataractes d'eau
» (ou trombes, ainsi qu'on le verra par
» la description). La cataracte est une
» partie d'un nuage qui pend d'envi-
» ron une verge en bas ; ce qui vient,
» ce semble , de la partie plus noire
» de la nuée : elle pend ordinairement
» de biais , & quelquefois elle paroît
» au milieu comme une espece d'arc,
» ou pour mieux dire, de la figure que
» fait le bras quand on plie un peu le
» coude. Je n'en ai jamais vu aucune
» qui pendît perpendiculairement: elle
» est petite par le bout d'en bas, & ne
» paroît pas plus grosse que le bras,
» mais elle l'est plus du côté du nuage
» d'où elle procéde.

» Quand la surface de l'eau com-
» mence à travailler, on la voit écu-
» mer à environ cent pas de circonfé-
» rence, & se mouvoir doucement en
» rond jusqu'à ce que le mouvement
» s'augmente , ensuite elle s'éleve

» à environ cent pas de circuit, &
» forme une espece de colonne ; mais
» elle diminue peu-à-peu en montant,
» jusqu'à ce qu'elle ne soit parvenue
» à la petite partie de la cataracte,
» d'où elle s'étend jusqu'au bout d'en
» bas, qui est, ce semble, le canal
» par lequel l'eau monte & est transf-
» portée dans le nuage. Cela paroît vi-
» siblement, en ce que les nuages de-
» viennent plus gros & plus noirs : on
» les voit incontinent après se mettre
» en mouvement, quoi qu'avant cela ils
» n'en eussent aucun. La cataracte suit
» le nuage, & tire l'eau chemin faisant :
» c'est ce mouvement qui fait le vent.
» Cela dure l'espace de demi - heure
» plus ou moins jusqu'à ce que le nua-
» ge soit plein. Alors il creve, &
» toute l'eau qui étoit en bas & dans la
» partie pendante du nuage, retombe
» avec un grand bruit dans la mer,
» qu'elle met en mouvement ».

» Il y a fort à craindre pour un vais-
» seau de se trouver sous la cataracte,
» quand elle creve : aussi tâchions-
» nous de l'éviter, en nous en éloi-
» gnant autant qu'il étoit possible,

X v

» mais faute de vent qui nous pouſſât,
» nous avions ſouvent à en appréhen-
» der le coup ; car ordinairement il y
» a calme dans le même-temps que la
» cataracte travaille, ſi ce n'eſt préci-
» ſement à l'endroit où elle ſe fait ;
» ainſi quand on en voit venir une &
» qu'on ne ſçait comment l'éviter,
» on tâche de la rompre à coups de
» canons, mais je n'ai jamais entendu
» dire qu'on y ait réuſſi » .. Nous expliquerons dans un inſtant comment
la choſe eſt poſſible. Dampier rapporte enſuite ce qui arriva à un vaiſſeau Anglois ſur la côte de Guinée en
1674 ... « Etant à 7 ou 8 degrés de la-
» titude ſeptentrionale, on vit diver-
» ſes cataractes, l'une deſquelles ve-
» noit au vaiſſeau. Pour ſe tirer de ſon
» chemin, il prit le parti de ferler ſes
» voiles & d'attendre qu'elle eût paſ-
» ſé. Elle vint avec beaucoup de vî-
» teſſe & creva à peu de diſtance : le
» bruit fut grand & la mer s'éleva en
» rond comme ſi l'on y eût jetté quel-
» que choſe de très-gros & de lourd.
» La fureur du vent continua & prit le
» vaiſſeau à ſtribord avec tant de vio-

» lence, qu'il emporta d'un seul coup
» le beaupré & le mât d'avant, &
» pensa renverser le vaisseau, qui se
» releva d'abord : le vent fit le tour,
» & prenant le navire du côté opposé
» avec la même fureur que la premiere
» fois, peu s'en fallut encore qu'il ne
» le renversât. Il en fut quitte pour son
» mât de misène, qui fut emporté dès
» le pied comme l'avoient été les deux
» autres : le grand mât & son perro-
» quet ne furent point endommagés,
» car la fureur du vent qui ne fit que
» passer, n'alla pas jusqu'à eux.... Nous
» avons d'ordinaire, dit encore Dam-
» pier, grande peur de ces cataractes,
» cependant je n'ai jamais appris qu'el-
» les aient fait d'autre mal que celui
» dont je viens de parler. Elles pa-
» roissent assez terribles & d'autant
» plus qu'elles viennent sur vous du-
» rant le calme, & dans un temps où
» l'on ne peut s'ôter de leur chemin ;
» mais quoique j'en aie vu souvent &
» que j'en aie été enveloppé, la peur a
» toujours été plus grande que le mal ».
(*Voyage autour du Monde,* T. 2, *ch.*
16).

X vj

Thevenot, dans son voyage du Levant, après avoir donné une histoire
assez détaillée de ce qu'il vit ou crut
voir des trombes ou tiphons, dans la
mer des Indes, au voisinage des isles
d'Ormus, de Lareca & de Quesomo,
finit par dire qu'elles sont fort dangereuses ; « car si elles viennent sur un
» vaisseau, elles se mêlent dans les
» voiles, ensorte que quelquefois elles
» l'enlevent, & le laissant ensuite re-
» tomber, elles le coulent à fond.
» Cela arrive particulierement quand
» c'est un petit vaisseau ou une barque ;
» tout au-moins si elles n'enlèvent pas
» un vaisseau, elles rompent les voiles,
» & laissent tomber dedans toute l'eau
» qu'elles tiennent, ce qui les fait
» souvent couler à fond. Je ne doute
» point que ce ne soit par de sembla-
» bles accidens, que plusieurs des
» vaisseaux dont on n'a jamais eu de
» nouvelles, ont été perdus, puisqu'il
» n'y a que trop d'exemples de ceux
» que l'on a sçu de certitude avoir péri
» de cette maniere » .... Ce voyageur
a vecû dans un temps où ces phénomènes étoient moins connus, & plus

effrayans qu'ils ne le paroiſſent à préſent, que l'on ſçait mieux éviter leurs
dangers. Ces trombes n'ont pas toutes
le même effet, & un évenement particulier ne doit jamais ſervir à former
une propoſition générale, comme il eſt
arrivé à la plupart de ceux qui ont vu
quelques-unes de ces trombes, qu'ils
ont cru être toujours les mêmes : ils
ne les voyoient que groſſies par la
crainte & l'admiration.

D'autres voyageurs diſent que les
trombes qu'ils ont eu occaſion de voir,
leur ont paru autant de cylindres d'eau
qui tomboient des nuées, quoique
par la réflexion des colonnes qui deſ-
cendoient, ou par les gouttes d'eau
qui s'en détachoient, il ſemblât quelquefois, ſur-tout quand on en étoit à
quelque diſtance, que l'eau s'élevoit
de la mer en haut. Pour rendre raiſon
de ce phénomène, on peut ſuppoſer
que les nuées étant raſſemblées dans
un même endroit par des vents oppoſés, ils les obligent, en les preſſant
avec violence, de ſe condenſer & de
deſcendre en tourbillon. On voit des
trombes de cette eſpece auprès de

certaines côtes de la Méditerranée ;
lorsque le ciel eſt couvert & que les
vents ſoufflent en même-temps de pluſieurs côtés : elles ſont plus communes
près des Caps de Laodicée, de Greco
& du Carmel que dans les autres parties de cette mer. Les terres hautes
de ces rivages répouſſent les nuages à
la mer, & donnent lieu à la formation
de ces météores qui, là comme ailleurs, ſont autant de cylindres d'eau
qui tombent des nuées, quoiqu'il ſemble quelquefois, quand on eſt à quelque diſtance, que l'eau de la mer s'é-
leve en haut : ce qui n'eſt pas impoſſi-
ble. (*Voyez le Voyage de Shaw*, T. 2,
pag. 56).

Gemelli Carreri parle de ce phénomène, mais différemment modifié ; il
dit que le 3 Mai 1696, dans la route de
Canton aux Philippines, on vit du côté
de la mer une grande quantité d'eau
élevée dans l'air. Les Eſpagnols le
nomment *Manga* ; il differe de la trombe d'eau. « Quelques-uns prétendent
» qu'il ſe forme comme l'arc-en-ciel,
» mais ils ne veulent pas convenir qu'il
» eſt compoſé de plus groſſes gouttes

» d'eau que celles sur lesquelles paroît
» ce météore. Il devint comme le pré-
» sage d'une violente tempête, qui com-
» menca vers minuit & qui exposa la
» patache au dernier danger jusqu'au
» milieu du jour suivant » ... Ce phénomène ressemble assez à celui que vit
Dampier dans les mêmes mers ; il paroît seulement qu'il étoit éclairé par le
soleil dont la lumiere réfléchie produisoit des couleurs différentes , & qui
fut vu d'assez près pour distinguer du
corps de cette espece de trombe , les
gouttes qui s'en échappoient, & qui
donnoient lieu de croire que sa matiere , quoique la même que celle de
l'arc-en-ciel , étoit différemment modifiée. Quant à la tempête dont il fut
le présage , elle devoit être occasionnée par la raréfaction de cette même
matiere , qui donna lieu à des vents
locaux très-impétueux & fort communs dans ces mers.

Toutes ces observations réunies
n'empêchent pas, comme nous l'avons
déja dit , qu'on ne puisse assigner une
autre causes aux trombes, aux tiphons,
à ces especes d'ouragans, connus sous

différens noms , mais dont les effets femblables annoncent une même origine. Il paroît démontré que les eaux de la mer cachent des volcans ou d'autres principes d'effervefcence qui , par la violence de leur mouvement , en mettent certaines parties en raréfaction , & déterminent les vapeurs & les exhalaifons à s'élever du fond des mers avec impétuofité. Venant enfuite à s'échapper & à agir fur l'air , elles lui communiquent un mouvement de tourbillon , par le centre duquel non-feulement les eaux peuvent être portées à une certaine hauteur , mais par lequel les exhalaifons échauffées & les vapeurs qu'elles entraînent , trouvent un milieu facile pour s'élever d'un mouvement d'autant plus accéléré, qu'elles montent plus haut : ce qui fait qu'en peu de temps elles font portées en affez grande quantité dans la région moyenne de l'atmofphère , pour y former des nuages épais d'où la colonne paroît defcendre & le tourbillon partir.

L'illuftre Auteur de l'Anti-Lucrece a rapproché tous ces fentimens dans

la belle explication qu'il donne des trombes. (*L. 2 , Art. 6*). « Toutes
» les parties de ce vaste univers se com-
» priment réciproquement , & cette
» pression qu'éprouvent les corps , est
» l'unique cause de plusieurs effets qui
» nous surprennent .... Il arrive dans
» quelques mers que des vents opposés
» forment un rapide tourbillon qui ,
» saisissant de toutes parts un nuage ,
» l'enveloppent, arrêtent sa marche &
» le fixent sur la partie des ondes au-
» dessus de laquelle il passoit ; tout ce
» qui se trouve d'air entre deux est pom-
» pé dans un instant. Du sein de la mer
» s'éleve alors une colonne liquide
» dont la tête va se perdre dans les
» cieux. Ce fleuve perpendiculaire se
» promene sur les flots agités , & me-
» nace d'un nauffrage presque inévita-
» ble les vaisseaux qui se rencontrent
» sur sa route : il n'est pour eux qu'une
» ressource , c'est d'entrouvrir la co-
» lonne & d'y faire entrer prompte-
» ment l'air. Le canal étant rompu ,
» les eaux cessent de s'élever, & la
» masse énorme s'écoule avec un hor-
» rible fracas ».

§. V.

Trombes & Tiphons de terre.

Pourquoi ne voit-on pas aussi souvent sur terre que sur mer de ces especes de trombes qui tombent perpendiculairement des nuages ? Y en a-t-il effectivement beaucoup moins , ou n'est-on pas à portée de les observer aussi exactement & d'en rendre compte ? Nous allons répondre à ces différentes questions , & prouver par les observations , que l'on y en voit de temps en temps , & que l'on en remarqueroit davantage , si on ne les confondoit pas avec d'autres phénomènes.

Il est naturel qu'il s'en forme beaucoup plus sur mer que sur terre : la qualité des vapeurs & des exhalaisons qui s'élèvent de la mer , sont plus propres à former ces météores que celles qui s'élèvent de la terre. La mer fournit plus de vapeurs proprement dites , & on peut les regarder au-moins en proportion égale avec les exhalaisons salines , sulfureuses & bitumineu-

les qui s'en élevent avec elles. Ces
particules aqueuses & toutes les exhalaisons de la mer sont plus susceptibles
de raréfaction & de condensation, &
moins divisibles entre elles que les exhalaisons seches qui sortent de la terre.
Une fois rassemblées, elles peuvent
être agitées très-long-temps dans la région moyenne de l'atmosphère, sans
rencontrer aucun corps solide & élevé
tels que les montagnes, les forêts, les
grands édifices, & les autres inégalités
dont la surface de la terre est remplie.
Elles ne peuvent être dissoutes ou rassemblées en masse assez forte pour
vaincre la résistance qu'elles trouvent
dans l'atmosphère inférieure, que par
l'action des vents, qu'on sçait être plus
égale & plus constante sur la mer que
sur la terre. Ajoutons encore que les
trombes sont plus fréquentes en certaines mers que dans d'autres; qu'elles
sont propres à quelques parages, où
le concours des vents décide de l'état
de l'atmosphère; où l'évaporation se
fait d'une maniere qui contribue à les
former; où l'on peut supposer qu'il
s'éleve de la mer même des courans

de vapeurs raréfiées par une fermentation cachée, qui divisent l'air, & facilitent la formation & la chute des trombes.

Cependant quoique l'on n'en observe pas aussi souvent sur terre, ce n'est pas qu'elles n'existent ; mais on ne les apperçoit pas, dans les régions mêmes où elles sont les plus fréquentes : on ne peut conjecturer leur existence que par leurs effets. L'étendue de l'horison, bornée par des montagnes, des forêts ou d'autres inégalités, fait qu'on ne les voit pas : les vents & les nuages n'ont pas le champ libre sur la terre comme sur la mer. La plupart des nuées vont se briser contre les montagnes, ou souvent elles se dissolvent tout d'un coup, & ont l'effet des trombes les plus dangereuses. On ne peut guere attribuer à une autre cause les débordemens subits de quantité de rivieres qui coulent des montagnes, & qui, dans leur état ordinaire, ne sont que des ruisseaux souvent à sec ; ceux qui ont traversé la chaîne de l'Apennin, sçavent qu'il n'est pas rare d'y être arrêté par le cours impétueux de ces torrens,

grossis à leur source par quelques causes qui y versent une quantité énorme
d'eau , qui à la vérité s'écoule promptement. Nous avons rapporté à la
même cause l'inondation qui ruina en
partie la petite ville de Sirke en Lorraine , au mois de Juillet 1750. La plupart de ces phénomènes extraordinaires sont regardés comme de simples
orages ; cependant si on les observoit
plus exactement , on verroit que ce
sont de véritables trombes , d'où sortent ces torrens , qui ravagent dans un
instant les terres sur lesquelles ils se répandent.

Le 28 Mai 1741 , sur les frontieres
de Bourgogne , au Sud - Ouest , dans
la partie du Chalonnois qui touche au
Charollois , à cinq heures après-midi ,
le vent étant Sud , l'air chaud , & le
ciel couvert de nuages épais , que le
vent avoit rassemblés sur une côte élevée & couronnée de bois au Nord-
Ouest ; le tonnerre se fit entendre de
ce côté ; à peine tomba-t-il quelques
gouttes de pluie au Sud , à une demi-
lieue de l'endroit où les nuages paroissoient fixés , après un coup de ton-

nerre plus violent que les autres : cependant une heure après, un vallon où
couloit un ruisseau qui n'avoit d'ordinaire pas plus de six pouces d'eau de
hauteur sur un à deux pieds de largeur,
fut totalement rempli d'eau dans une
largeur de plus de 60 toises sur une
hauteur de 12 à 15 pieds. Cette inondation subite ne pouvoit certainement
être que l'effet d'une trombe qui avoit
crevé à une petite demi - lieue au
Nord sur le côteau, avec tant de violence, qu'elle avoit déraciné de très-
gros arbres, noyé les troupeaux, les
bergers, & même les chiens qui s'é-
toient trouvés exposés à sa chute, sans
pouvoir en éviter l'effet, quoiqu'ils
fussent sur des hauteurs, où naturellement ils ne devoient pas craindre d'ê-
tre submergés. La chute d'eau sur le
penchant de la côte avoit été si terrible, que les arbres & les buissons
avoient été en quelque sorte écrasés.
Sur le plein de la montagne la pluie
avoit été très légere ; mais toutes les
terres du côteau & une partie des arbres furent entraînées dans le vallon.
Ce fait dont j'ai été témoin oculaire,

& tous ceux que je vais rapporter, font autant de preuves que les trombes font affez fréquentes fur terre ; qu'il s'en forme fur les montagnes, fur les lacs & les rivieres, quelquefois même en plaine, quoique plus rarement ; que la matiere en eft différente, & qu'elles font fort diverfifiées dans leurs effets, qui font toujours à craindre par les défaftres qu'ils occafionnent, mais dont les caufes font naturelles & faciles à expliquer : il ne faut que fçavoir ouvrir les yeux fur les opérations de la nature.

Je ne fçais même fi on ne pourroit pas dire qu'il fe forme fur terre comme fur mer des efpeces de colonnes ou de tiphons qui s'élèvent de bas en haut, qui doivent être compofés d'exhalaifons feches & chaudes, agitées très-vivement, & pouffées par un air raréfié, qui fait éruption des cavités de la terre où il eft renfermé. Si ces efpeces de météores exiftent, ils font encore confondus avec les ouragans ordinaires. Tel devoit être ce phénomène dont parle M. de Buffon d'après Bellarmin : *de afcenfu mentis in deum.*

« J'ai vu, dit le sçavant Cardinal, je
» ne le croirois pas si je ne l'euſſe pas
» vu, une foſſe énorme creuſée par le
» vent, & toute la terre de cette foſſe
» emportée ſur un village, enſorte que
» l'endroit d'où la terre avoit été en-
» levée paroiſſoit un trou épouvanta-
» ble, & que le village fut entierement
» enterré ſous cette terre transpor-
» tée ». Quoique l'on ne parle ni du
mouvement que put avoir cette terre
ainſi diviſée, ni de la nature du vent
qui la tranſporta, & que l'on ſoit d'a-
bord porté à croire que le vent ſouffloit de bas en haut, & avoit commencé par ſoulever la terre perpendiculairement, qui enſuite avoit pris un
mouvement de direction vers un même point ſous le vent qui regnoit alors
dans cette contrée ; nous verrons dans
un moment qu'il ne faut pas ſe livrer
aux premieres apparences. Des phénomènes à-peu-près ſemblables, bien
vus & exactement détaillés, nous apprendront ce que nous devons en
croire.

Les Anciens n'ont pas connu ces
phénomènes, ils les ont confondus avec
les

les vents d'orage, dont ils diftinguoient trois efpeces différentes, ainfi que nous l'avons dit plus haut. Toutes les obfervations relatives aux trombes, aux fiphons & aux météores de ce genre, font dues aux Modernes, de même que les explications de la maniere dont ils fe forment. Ce n'eft pas que ceux-ci ne doivent rien pour cela aux Anciens : ils ont trouvé dans leur théorie des vents des principes & une méthode dont ils fe font utilement fervi pour arriver à la connoiffance de ces phénomènes. Il paroît que les premieres trombes de terre que l'on ait obfervées, font celles dont il eft fait mention dans un petit Ouvrage qui parut à la fin du dernier fiecle, fous le titre de *Conjectures phyfiques fur deux colonnes de nues.*

La premiere fut remarquée auprès de Rheims, le 10 Août 1680. L'obfervateur intelligent qui la vit, en parle ainfi. Il étoit cinq heures & demie du foir, lorfqu'il fe mit à la fenêtre d'une maifon fituée fur les hauteurs voifines de Rheims, dont la vue s'étend fur l'horifon à plus de douze lieues. Le

ciel n'étoit chargé que de quelques petits nuages rares, assez élevés, & qui
n'ôtoient rien à l'éclat des rayons du
soleil. Il apperçut alors à une lieue de
distance, une espece de grande four-
naise d'où sortoit une pyramide de
feu de couleur orangée. Il s'élevoit du
haut une colonne perpendiculaire à
l'horison qui, diminuant insensiblement de grosseur, s'étendoit jusqu'au
nuage vertical à la pyramide, où l'on
remarquoit une espece d'architrave
par laquelle la colonne se rejoignoit
au nuage, ou plutôt il sembloit que
c'étoit une partie du nuage qui s'étoit
abaissé sous cette forme & s'unissoit à
la colonne. Les flammes de la pyramide paroissoient mêlées de beaucoup
de fumée, & cependant étoient assez
brillantes. L'éclat de la colonne étoit
plus vif que celui de la pyramide, &
sa couleur étoit la même que celle
du nuage d'un bleu clair qui devenoit
blanc, ou tout-à-fait lumineux par ses
bords ; toute cette partie étoit pleine-
ment éclairée par le soleil & fort bril-
lante. A cette distance le diametre de
la colonne à sa base ne paroissoit pas

avoir plus de deux pieds. Toute cette masse étoit emportée du Nord au Midi, & dans une demi-heure parcourut un espace de trois lieues, après quoi il s'éleva un tourbillon dans lequel tout disparut. Dans cette route la pyramide paroissoit tantôt plus épaisse, tantôt moins ; quelquefois même on la perdoit de vue.

Le lendemain l'observateur se transporta à l'endroit où il avoit apperçû le météore, pour examiner quel effet il avoit eu : il apprit de ceux qui l'avoient vû de plus près, que le diamètre de la colonne leur avoit semblé être de six pieds, qu'elle avoit produit un ouragan impétueux dont le mouvement de tourbillon étoit annoncé par son bruit horrible, & la violence avec laquelle il attaquoit tous les corps qu'il rencontroit. Il portoit à une grande hauteur les corps mobiles, ébranloit & renversoit les plus solides, il enlevoit les gerbes d'avoine qui étoient dans les champs sur son passage plus haut que les maisons les plus élevées, & les dispersoit ; il avoit emporté le toit d'une

ferme qui s'étoit trouvée fous fa direction. Tous ces faits furent vérifiés,
& l'obfervateur remarqua encore,
que dans l'efpace d'une demi - lieue
où il s'appliqua à confidérer les traces de ce tourbillon, il avoit tenu à
fa bafe une largeur de cent pieds,
dans laquelle les terres nouvellement
labourées étoient battues, unies comme fi on y eût paffé le cylindre, &
toutes les mottes brifées ou répandues dans l'inégalité des terres qui
reffembloient à l'aire d'une grange bien
balayée, tant elles étoient exactement applanies & mifes au même niveau. Il ne tomba pas une goutte
de pluie, & le météore étoit abfo-
lument fec, ainfi qu'il étoit aifé de
s'en apercevoir à l'infpection des lieux
où il avoit paffé.

Rappellons ici ce que nous avons
dit plus haut fur la maniere dont les
ouragans fe forment & fur celle dont
ils agiffent, & bientôt nous aurons
trouvé la véritable origine de ce météore fingulier, & ce qu'il peut avoir
de différent des Trombes de mer &
des autres phénomènes femblables.

L'air ou les vapeurs & les exhalaisons étant renfermés entre deux nuages,
il faut que l'un des deux se crève,
pour laisser une issue libre à ces matieres en fermentation qui font effort
pour s'échapper & s'étendre. Si la
résistance des deux nuages est égale
dans toutes leurs parties, celui qui
est au-dessous se brisera le plus aisément. La même chose peut arriver
dans un nuage seul que l'on concevra comme un balon, ou un éolipile
fermé, rempli de matieres très raréfiées : c'est-là où il faut chercher l'origine de toutes les tempêtes aériennes, quoique leurs modifications
soient très-variées. Ainsi dans ce phénomène, comme dans plusieurs de
ceux dont nous avons déja parlé,
la direction du vent ou le cours des
vapeurs raréfiés étant perpendiculaire
du nuage à la terre ; dans le premier
moment de l'éruption les vapeurs agissant avec violence sur l'air inférieur,
elles en font repoussées avec autant
de force, ce qui les resserre sur le
centre de leur tourbillon & cause
l'allongement de la colonne. Mais

Y iij

comme à mesure qu'elles s'éloignent du nuage, elles perdent en agiſſant ſur l'atmoſphère de la force & de la rapidité de leur mouvement, elles s'étendent ſous un plus grand volume, & dès-lors il n'eſt pas étonnant que la colonne paroiſſe & ſoit en effet plus large à ſon ſommet qu'à ſa baſe.

Ces vapeurs & ces exhalaiſons prennent la forme cylindrique par l'ouverture du nuage d'où elles ſortent, c'eſt pour elle une eſpece de filiere ; elles la conſervent tant par la réſiſtance de l'air extérieur qui les preſſe également de tous côtés que par leur mouvement propre qui eſt circulaire. On ne peut douter de la forme de l'ouverture par où elles font éruption, c'eſt la matiere même qui la lui donne lorſqu'elle creve le nuage en s'échappant : elle emporte par la rapidité avec laquelle elle ſort toutes les inégalités qui s'y trouvent ; elles s'abbaiſſent & forment par les côtés ces maſſes de figures différentes que nous avons comparées plus haut à une architrave. Il faut encore ſe rappeller ce que nous avons dit de la figure

des nuages, de la flexibilité des matieres
dont ils font tiffus, de la difpofition
qu'elles ont à s'étendre & à céder dans
l'endroit le plus foible : c'eft de la rupture qui s'y fait que les vapeurs & les
exhalaifons raréfiées fortent comme
du trou d'un vafte éolipile, & fe forment en colonnes perpendiculaires.
Un courant auffi impétueux de matières inflammables, & quelquefois ardentes en partie, fortant d'un vafte ré-
fervoir par une ouverture affez étroite,
que l'on peut comparer à un enton-
noir large par le haut, fort refferré
par le bas, eft forcé à raifon de fa configuration d'origine, à prendre une
direction contraire à celle qu'il avoit
naturellement, tant à caufe de l'action
des particules de la matiere les unes
fur les autres, que de la réfiftance de
l'air ambiant qui les repouffe, non fur
leur centre à caufe de la matiere qui
s'y meut, ni de haut en bas, parce que
la maffe de l'atmofphère y fait obftacle ; mais comme fon mouvement ne
peut pas être anéanti, il fe continue
en direction circulaire à laquelle il ne
trouve prefque aucun empêchement.

Y iv

C'eſt ainſi que ſe modifient ces courants de vapeurs, de leur circonférence la plus étendue à leur centre, c'eſt ce qui leur donne la forme ſous laquelle ils ſe montrent à nos yeux. Ils ont deux déterminations de mouvement, l'une directe de haut en bas, & l'autre horiſontale : des deux ſe forme la direction ſpirale dans laquelle ils s'étendent de leur ſommet à leur baſe. Il réſulte de-là qu'il reſte au centre même de la colonne, une eſpece de vuide où ſe trouve la matiere la plus raréfiée, dans lequel les corps étrangers ſont portés à une certaine hauteur par l'impulſion même de la matiere ſortie du nuage, qui ayant perdu ſon premier mouvement à la baſe de la colonne, ſouleve les corps & les détermine à ſuivre la direction que prend l'air renfermé au centre, de bas en haut, dans toute la partie la plus épaiſſe de la colonne, dans cette eſpece de pyramide ſur laquelle aboutiſſoit le phénomène vu dans les plaines de Champagne.

L'air qui entoure ces météores extraordinaires prenant le même mou-

vement de tourbillon, ne peut qu'augmenter celui de la matiere fortie du
nuage; l'intenfité de fon action & fa
violence croiffent à proportion de la
réfiftance qu'il trouve, & de l'effort
qu'il fait pour la vaincre. Ce font ces
deux forces combinées qui enlevent
les pouffieres, les pailles, les gerbes
même, enfin les toits des maifons &
les arbres qui fe trouvent enveloppés
à l'axe du tourbillon dont le mouvement impétueux les emporte, comme
nous avons vu qu'il étoit poffible qu'un
vaiffeau fût enlevé par la trombe de
mer, dont le méchanifme eft le même.

Déja on voit la raifon de la plupart
des accidens produits par la colonne
de Rheims, qui font les mêmes que
les effets des autres ouragans : il refte
à expliquer pourquoi elle fe terminoit en figure pyramidale; ce qui venoit de l'inégalité de difpofition de fes
parties différentes, & de la réfiftance
de l'air extérieur dans l'efpace que la
matiere raréfiée parcourt immédiatement après fon éruption hors du nuage. Son mouvement fpiral approche
alors plus de la ligne droite que de la

Y v

ligne circulaire : au contraire la spirale se prolongeant davantage en s'approchant de la terre, prend une direction presque circulaire ; dès-lors le tourbillon s'éloignant de son centre, occupe plus d'espace & absorbe dans son mouvement plus de corps étrangers qu'il enleve ; il prend à sa base un mouvement apparent plus étendu, qui va en diminuant à mesure que la pyramide s'éleve. Les corps mobiles & légers emportés dans le mouvement du tourbillon, & qui le rendent sensible, ne parviennent qu'à une certaine hauteur, à l'endroit où les vapeurs & les exhalaisons, après avoir parcouru hors du nuage quelque espace d'un mouvement rapide & presque perpendiculaire, se rallentissent & courent sur une ligne spirale qui à la fin devient circulaire, & se porte de l'axe de la colonne à la circonférence, dans une étendue d'autant plus marquée que le mouvement s'affoiblit davantage au centre pour devenir plus impétueux aux extrémités du cercle où est toute sa force. Les corps de quelque grandeur doivent être portés plus haut que

les petits ; ils conservent plus long-
temps l'impression du mouvement
qu'ils ont reçu , il les détermine à
s'élever par le centre où ils trouvent
moins de résistance qu'aux extrémités,
où le mouvement circulaire n'arrête
que les corps les plus légers que l'on
y voit former autant de petits tourbillons à mesure qu'ils y tombent. Ils
diminueroient & retarderoient bien-
tôt son cours, s'ils conservoient une
direction particuliere qui ne fût pas ab-
sorbée presque aussitôt par la direction
principale. Ainsi dans le météore dont
nous parlons, on vit les gerbes d'a-
voine enlevées plus haut & jettées
plus loin que les pailles ou les poussieres
qui suivirent le tourbillon, ou s'étendirent peu au-delà de la ligne qu'il
parcourut.

Quant aux autres singularités de ce
phénomène , telles que les couleurs
différentes de la pyramide & de la colonne, & les apparences de flamme ,
voici comment on peut les expliquer.
La couleur orangée ne devoit être occasionnée que par la réflexion des
rayons du soleil tombant sur les parti-

cules de pouffiere qui en modifioient
ainfi la lumiere qu'elles abforboient
en partie. Comme ces globules de
pouffiere, agités tantôt d'un côté tantôt de l'autre, interrompoient la réflexion, & fembloient établir un mouvement d'ondulation tel qu'on le remarque dans la flamme, & préfen-
toient des parties tantôt brillantes tantôt obfcures, cet accident donnoit de
loin les apparences de la flamme à
cette pouffiere ainfi mue.

Les teintes bleues & blanches de la
colonne étoient également produites
par les réflexions multipliées & les ré-
fractions des rayons du foleil tombant
fur des vapeurs qui n'étoient pas encore tout-à-fait atténuées, dont la
condenfation empêchoit qu'elles ne
fuffent pénétrées davantage par la lumiere. Il pouvoit encore fe faire que
quelques exhalaifons enflammées, mêlées en petite quantité aux vapeurs,
caufaffent cet accident : alors la couleur de la flamme auroit indiqué la
qualité des matieres dont la colonne
étoit formée, elles fe feroient allu-
mées dans le mouvement impétueux

de l'éruption, ce qui peut arriver :
car plusieurs trombes à ce moment,
sont accompagnées du bruit du tonnerre & de la chûte de la foudre ;
quoique dans les circonstances dont il
s'agit, il semble que les couleurs variées de la colonne, n'aient dû être
rapportées qu'à l'incidence des rayons
du soleil.

Les variations d'apparence & de
masse de la colonne étoient occasionnées par les inégalités & les différences du terrein qui leur servoit de base.
Dans les lieux où le sol étoit couvert de poussiere & de corps légers
ou mobiles, la pyramide s'élevoit
plus haut & sembloit avoir plus de
consistance ; sur les prairies, les bruyeres & les buissons dont elle ne pouvoit rien enlever, elle disparoissoit :
quant à son mouvement du Nord au
Sud, il étoit déterminé par celui du
vent qui dominoit alors.

La durée de ce phénomène doit
moins être estimée relativement à la
quantité de matiere contenue dans le
nuage d'où elle sortoit, & à l'impétuosité de son éruption, qu'à son dé-

gré de raréfaction extrême, capable
de fournir longtems à un écoulement
en apparence très-précipité. Cette
colonne fut vûe dans l'espace qu'elle
parcourut à-peu-près au même état,
sans augmenter de volume, quoique
l'écoulement de la matiere dût être
le même, à en juger par ses effets:
la raison en est que dans le mouvement circulaire qui se fait de l'axe
à la circonférence, il se perd une
certaine quantité de matiere dans l'air
ambiant, ce qui fait que tant que les
choses se soutiennent au même état,
la colonne n'augmente pas de volume
quoique l'éruption à laquelle elle doit
son existence, soit égale. Si elle devient plus considérable, le phénomène disparoît bientôt, & le nuage
se dissolvant en entier, produit un
orage impétueux qui dure très-peu,
& se consomme dans l'endroit où il
éclatte.

On peut juger de la force des vapeurs ainsi réunies par leurs effets
sur tous les corps qui se trouvent
exposés à leur choc: elles les renversent, les arrachent, les brisent, ce

que ne fait jamais l'air dans son mouvement ordinaire, quelque violent
qu'on le suppose, mais ce qui arrive
toujours, lorsque son ressort est prodigieusement tendu par l'action des
matieres étrangeres, mêlées dans sa
masse, ainsi que nous l'avons expliqué en parlant de la force des vents
en général.

§. VI.

Autres especes de Trombes de terre.

Les mémoires de l'Académie des
Sciences (An. 1727,) rapportent
que le 21 Août à cinq heures un quart
du soir, il parut entre Puisserguier
& Capestan près de Béziers, un météore assez semblable pour sa forme
& ses effets à celui dont nous venons
de parler ; c'étoit une colonne obscure qui descendoit d'une nuée jusqu'à
terre, diminuoit toujours de largeur
en s'abaissant & se terminoit en pointe. On la voyoit à deux lieues de
la ville, l'air étoit alors fort calme
à Beziers ; on avoit entendu auparavant quelques coups de tonnerre du

côté de l'Occident. Le ciel s'obfcur-
cit d'une maniere extraordinaire au-
deffus de Capeftan ; le vent y fut impétueux, & la colonne fubfiftant toujours en forme de cône renverfé,
étoit d'une couleur cendrée tirant fur
le violet. Elle obéiffoit au vent qui
fouffloit de l'Eft au Sud-Oueft, ac-
compagnée d'une fumée fort épaiffe,
& d'un bruit pareil à celui de la
mer agitée, arrachant quantité de
rejettons d'oliviers, déracinant les arbres & marquant fon chemin par une
large trace bien battue où trois car-
roffes de front auroient paffé. Il parut une autre colonne de la même
figure, mais qui fe joignit bientôt à
la premiere, & après que le tout
eût difparu, il tomba une grande quantité de grêle.

Suivant le rapport qui en fut
fait à l'Académie, il paroît que cette
Trombe n'étoit qu'un vent épaiffi &
rendu vifible par la pouffiere & les
vapeurs condenfées qu'il entraînoit.

Les différences qui font entre cette
Trombe & celle vue en Champagne,
furent occafionnées par l'état du ciel,

qui dans la premiere, étoit serein & brillant, le Soleil ayant tout son éclat qui contribuoit à rendre la colonne de Rheims plus visible, & y produisoit ces accidens de lumiere dont nous avons rendu compte. Dans celle du Languedoc, l'air étoit couvert de nuages si épais, que cette trombe qui paroissoit se terminer en pointe avoit cependant une largeur assez considérable, ainsi que nous venons de le dire. Mais les deux colonnes vues en même tems séparées & ensuite réunies, ne font-elles pas une image de ce qui se passe dans les mers des Indes, lorsqu'on voit plusieurs Trombes ensemble courir sur la surface des eaux, & se réunir? Les unes & les autres ne se forment-elles pas de même?

Pour expliquer ce phénomène, on peut, dit l'Historiographe de l'Académie (an. 1727, pag. 4.), supposer des tourbillons qui doivent se former dans l'air, comme il s'en forme dans les eaux. Que l'on imagine dans la mer deux courans paralleles de même direction & assez peu éloignés; l'eau qui est entre eux, est par elle-

même sans mouvement, mais les parties les plus proches de part & d'autre des deux courants, ne peuvent
s'empêcher d'en prendre par la rencontre & la collision des courants:
le mouvement qu'elles prennent est
déterminé à se faire en rond, comme celui d'une roue horisontale en
repos, frappée selon une tangente.
On conçoit sans peine que ce mouvement répond à celui des courants,
& qu'il se communique de proche en
proche à toute l'eau auparavant tranquille; elle se meut donc en tourbillon. Il ne faut pas seulement imaginer ce tourbillon à sa surface supérieure, mais dans toute sa profondeur relative à l'épaisseur des deux
courants qui la renferment: l'eau de
la surface supérieure, qui n'est chargée de rien, a plus de facilité à tourbillonner, que l'eau inférieure chargée de la supérieure: de-là le tourbillon total doit prendre la figure d'un
cône renversé. Si l'on ne suppose
qu'un courant, il ne laissera pas de
faire tourbillonner dans toute sa profondeur une partie de l'eau tranquille

qu'il rencontrera, mais en moindre quantité & avec moins de vîtesse que s'il y avoit deux courants.

Cela s'applique aifément au phé-nomène que nous expliquons, il y avoit un calme à Beziers, & un grand vent à Capeftan; un courant impétueux dans l'atmofphère, en alloit choquer violemment une autre partie tranquille, & faifoit tourbillon-ner ce qu'il en détachoit. La grande obfcurité du ciel à Capeftan, marque une grande condenfation des nuages caufée par ce vent, dont le choc en faifoit fortir des vapeurs aqueufes très-atténuées, qui fe mêlant à l'air tourbillonnant, produifoient par leur quantité une fumée épaiffe, & un bruit fenfible par leur extrême agita-tion. Quant aux couleurs variées & fombres de la colonne, elles étoient occafionnées par le peu de lumiere qu'elle réfléchiffoit, & par l'obfcuri-té qui régnoit dans cet endroit: la figure du tourbillon d'air & de vapeurs devoit donc être la même que celle du tourbillon d'eau formé dans la mer, étant supposé produit par le même méchanisme.

Il y a douze ou quinze ans qu'un phénomène de ce genre causa quelques ravages en Bourgogne : il s'y montra sous une forme différente, au moins à ce que l'on m'en a rapporté. Au mois de Juillet une nuée extrêmement épaisse & fort basse poussée par un vent de Nord, couvrit la surface du sol sur lequel est placé le bourg de Mirebeau, elle eut des effets singuliers qui s'étendirent dans la longueur d'une lieue, sur une demi-lieue de largeur. Différens tourbillons se formerent en même tems dans cette masse noire chargée de vapeurs épaisses & très-condensées : il en sortit de la grêle, le tonnerre s'y fit entendre ; les hayes vives, & la plus grande partie des arbres des vergers furent renversés, ou déracinés & couchés horisontalement : l'eau de la petite rivière de Mirebeau fut transportée à plus de soixante pas de son lit qui resta à sec pendant ce tems ; deux hommes

qui fe trouverent enveloppés par un
des tourbillons, furent portés affez
loin, fans qu'il leur en arrivât rien de fâcheux que la furprife & fans doute
la frayeur dont ils furent faifis. Dans
le même tems un jeune pâtre fut enlevé plus haut & rejetté au bord de
la riviere, fans que fa chûte fût violente, le tourbillon qui l'avoit emporté le pofa à l'endroit où il ceffa
d'agir. Dans les bois compris dans
cette étendue, on fuivoit la trace des
tourbillons par les arbres tordus ou
arrachés fur différentes lignes. Les
moutons qui fe trouverent aux
champs, furent enlevés en partie &
portés affez loin, quelques-uns furent
tués; les toits de plufieurs fermes
furent renverfés : enfin ce phénomène
fingulier caufa en moins d'une demi-
heure de tems, tout le dégât dont
nous venons de parler. Il ne paffa
pas plus loin, fa matiere s'épuifa
dans cet efpace de tems, & fur
cette étendue de terrein. Il y fut fixé par un vent de Midi & des
nuages plus élevés qui alloient en
même-tems en direction contraire &

affez rapidement pour que la matiere de ces corps différens ne pût pas fe mêler. Une évaporation extraordinaire & très-abondante, qui pouvoit fortir des terres humides & marécageufes qui forment cette plaine, des bois qui y font répandus, & des amas d'eau que l'on y trouve, & peut-être des fermentations locales, pouvoient avoir occafionné ce phénomène fi violent. S'il avoit été poffible de le prévoir, & d'obferver l'état de l'air lorfqu'il fe formoit, peut-être en auroit-on remarqué la caufe : mais dans la confufion horrible où toute la région inférieure de l'atmofphére dut fe trouver dans ce tems; la fureur des tourbillons, & l'obfcurité qui les accompagnoit, ne permettoient pas de faire des obfervations, chacun ne cherchoit qu'à fe garantir de la violence de l'orage.

Pendant l'été de 1762, on reconnut à fes effets une Trombe de terre à-peu-près femblable à celles dont nous venons de parler : elle parcourut le territoire d'une partie des frontieres de Bourgogne & de Franche-

Comté, sur les bords du Doux, du côté du village de Ciel : on ne m'en a parlé que comme d'un ouragan très-impétueux remarquable en ce qu'il ne s'étendoit que sur une ligne fort étroite. On ramenoit de l'abreuvoir une file de chevaux attachés à la queue les uns des autres ; un d'eux, qui étoit au moment de rentrer dans l'écurie, fut enlevé avec tant de force & de promptitude qu'il arracha la queue de celui auquel il étoit attaché, & qui rentroit immédiatement dans l'écurie ; il fut emporté à quelques pas de là où on le trouva mort. Je n'ai pas pû avoir des détails plus circonstanciés sur ce phénomène, que l'on peut conjecturer avoir été une vraie Trombe de terre.

La nature variée dans ses opérations nous présente sur terre d'autres phénomènes de ce genre, sous des modifications qui les rapprochent de la nature & des effets des trombes de mer ; les uns fixés à un point d'où ils ne s'écartent pas, les autres qui cédent à l'impression des vents, tenant en même-temps aux nuages & à la terre ou aux eaux qui leur servent de base.

En 1687 , le 15 Août , à quatre heures environ après-midi , à la suite d'un bruit de tonnerre qui avoit duré environ une heure , la foudre tomba avec un fracas horrible en Brie, sur un bois taillis , au-dessus duquel parut aussi-tôt une colonne , de la couleur des nuées les plus épaisses. Elle s'étendoit d'une de ces nuées jusqu'à la terre ; elle étoit unie , mais de grosseur inégale : sa circonférence par le haut paroissoit être d'environ cinquante pieds & par le bas seulement de huit ; elle tournoit rapidement sur son axe , & sa matiere sembloit être la même que celle de la nuée d'où elle sortoit. Elle se montra dans le même état pendant un demi quart d'heure , après quoi le mouvement de tourbillon s'affoiblissant par degrés , la colonne se racourcissant par le bas, s'élargit par le haut , parut remonter & peu après se réunir à la nuée qui étoit au-dessus , dans laquelle elle se confondit. L'air étoit obscurci de tous côtés par des nuages épais,& il ne plut point pendant tout ce jour.

Ij

Il y a des différences entre ce phénomène & ceux dont nous venons de
parler, cependant la connoiffance des
uns fervira à rendre raifon de l'autre.
Il paroît que dans l'inftant que la foudre fortit du nuage, toutes les exhalaifons enflammées qu'il contenoit firent en même-temps éruption par une
ouverture fort large qu'elles fe prati-
querent, ainfi que l'indiquoit le bruit
prodigieux que l'on entendit alors.
Comme ce qui reftoit d'exhalaifons
dans cette nuée, après la fulmination,
étoit en petit volume & peu échauffé,
le principe de raréfaction n'agiffant
prefque plus, le mouvement des vapeurs qui fortoient par l'ouverture ne
pouvoit que devenir fort lent, ce qui
étoit caufe du peu d'étendue de la colonne, qui alloit à péine jufqu'à terre,
quoique le nuage d'où elle partoit fût
affez bas : la lenteur de fon mouvement étoit encore occafionnée, parce
que les vapeurs s'échappant fans direction fixe, autant par les côtés que par
la ligne perpendiculaire, où étoit le
centre & la plus grande force de l'é-
ruption, la colonne groffiffoit d'autant

par la partie qui tenoit au nuage, &
le mouvement de la matiere divisé,
ne pouvoit devenir que plus foible à
mesure qu'il s'éloignoit de son origine.

La matiere dont la premiere éruption avoit formé cette colonne, venant bien-tôt à manquer, l'impulsion
de haut en bas se ralentit, & le mouvement direct ne s'opposant plus à
l'expansion des vapeurs par les côtés,
la colonne s'étendit autour du nuage à
mesure qu'elle se racourcit, & se re-
tira en haut. Quant à ce qu'elle parut
être repompée dans le nuage, il peut
y avoir eu illusion d'optique ; car l'é-
coulement de la matiere ayant cessé,
les vapeurs qui entretenoient le mouvement de tourbillon dans la colonne
ont pu se dissiper promptement dans
l'air ambiant, sans que l'on s'en soit
apperçu, à cause de l'obscurité générale, occasionnée par les nuages dont
le ciel étoit alors couvert. En ce cas
il n'en dut rien remonter, à moins que
l'on n'aime mieux supposer que le
principe d'effervescence & de raréfaction ayant cessé tout d'un coup d'agir

dans le nuage d'où la colonne étoit sortie, il s'y trouva un grand vuide dans lequel refluerent ces vapeurs pendantes du nuage, poussées de bas en haut par l'action de l'air inférieur plus condensé, dont l'impulsion devoit se porter jusque sur ce nuage, qui n'étoit pas fort élevé : ainsi il auroit absorbé de nouveau la matiere qu'il avoit fournie pour former cette trombe, qui se soutint si peu de temps.

Au mois d'Octobre 1741, on vit sur le lac de Genève, à une portée de mousquet de ses bords, un phénomène fort ressemblant à celui dont nous venons de parler. C'étoit une colonne dont la partie supérieure aboutissoit à un nuage assez noir, & dont la partie inférieure, qui étoit plus étroite, se terminoit un peu au-dessus de l'eau. Ce météore ne dura que quelques minutes, & dans le moment qu'il se dissipa, on apperçut une vapeur épaisse qui montoit de l'endroit où il avoit paru ; les eaux du lac bouillonnoient & sembloient faire effort pour s'élever. L'air étoit fort calme lorsque cette trombe parut, & après qu'elle fut dissipée, il

n'y eut ni vent ni pluie. Il avoit plu
& fait beaucoup de vent la veille, mais
il avoit ceffé le matin, & le ciel de-
meuroit feulement chargé de quelques
nuages.

Si cette trombe ou colonne partoit
du nuage, elle reffemble beaucoup à
celle dont nous venons de parler; les
caufes de fon origine & de fa diffolu-
tion paroiffent tout-à-fait femblables;
cependant, à en juger par le rapport
qui en fut fait à l'Académie, ne pour-
roit-on pas dire que ce météore étoit
de la même efpece que les fiphons des
mers de la Chine, & occafionné par
quelque feu fouterrain qui avoit caufé
une grande fermentation dans les eaux
du lac, & une raréfaction confidérable ? La forme de cette trombe femble
l'indiquer ; plus étroite à fa bafe qu'à
fon fommet, elle alloit en s'élargiffant
de bas en haut : c'eft ainfi que s'élèvent toutes les vapeurs en fermentation, condenfées par un air extérieur
plus froid & plus épais. Le nuage noir
que l'on voyoit au-deffus n'étoit que
l'expanfion de la matiere que contenoit la colonne du tiphon : la fumée

du Vésuve s'éleve de cette maniere,
lorſque la fermentation eſt très-vio-
lente dans ſon foyer ; elle ſort de l'ouverture ſupérieure de la montagne , &
conſerve la forme reſſerrée que lui donne l'air qui la preſſe de tous les côtés,
juſqu'à une certaine élévation, qu'elle
s'étend à ſon ſommet comme un arbre
dont les branches ſe portent de tous
les côtés du centre à la circonférence ;
elle céde enſuite à l'action du vent dominant, qui la dirige toute du même
côté, ſans pour cela occaſionner aucun
mouvement extraordinaire dans l'air,
ni en troubler le calme s'il y eſt établi.
La même choſe arriva dans le temps
que l'on apperçut la trombe dont nous
parlons ſur le lac de Genève. Des perſonnes du pays aſſurent que l'on ſent
quelquefois ſur ce lac des vents ſou-
terrains qui en ſoulevent les eaux,
circonſtances qui indiquent ſous ſon
baſſin des amas de matieres bitumineu-
ſes & inflammables qui pourroient y
avoir produit ce phénomène ſingulier.

Il paroît encore que tous ces météores divers tiennent des qualités de
l'air dans lequel ils ſe forment , quoi-

que les matieres en soient différentes :
les mêmes vapeurs raréfiées sont beaucoup plus ardentes dans la Zone torride & sur les sables brûlans de l'A-
frique que dans nos climats tempérés,
souvent plus humides que secs. M.
Adanson , dans son voyage au Sé-
négal, vit un phénomène singulier vers
la fin d'un orage , en passant le fleuve
de Gambie ; c'étoit une espece de
trombe , semblable à une colonne de
fumée qui tournoit sur elle - même.
« Cette colonne, dit-il, avoit 10 ou
» 12 pieds de largeur sur environ 250
» de hauteur : elle étoit appuyée sur
» l'eau par sa base , & le vent d'Est la
» portoit vers nous. Aussi-tôt que les
» Negres l'eurent apperçue , ils force-
» rent de rames pour l'éviter : ils con-
» noissoient mieux que moi le danger
» auquel nous eussions été exposés , si
» ce tourbillon eût passé sur nous ; car
» ils sçavoient que son effet le plus or-
» dinaire est d'étouffer par sa chaleur
» ceux qui en sont enveloppés , &
» quelquefois d'enflammer leurs mai-
» sons de paille : ils avoient plusieurs
» exemples de gens à qui un sembla-

» ble accident avoit coûté la vie : ils
» furent assez heureux pour la laisser à
» plus de dix-huit toises derriere là cha-
» loupe , & se féliciterent d'avoir
» échappé si à propos à ce torrent de
» feu , que la lumiere du jour ne laissoit
» voir que comme une épaisse fu-
» mée. Sa chaleur à cette distance de
» plus de 100 pieds étoit très-vive , &
» telle qu'elle tira de mes habits tout
» mouillés , de la fumée, quoiqu'elle
» n'eût pas le temps de les secher.
» L'air libre avoit alors 25 degrés de
» chaleur , & je pense que la colonne
» devoit en avoir au-moins 50 pour
» rendre sensible l'humidité qu'elle at-
» tiroit ; elle nous laissa aussi une odeur
» très-forte , plus nitreuse que sulfu-
» reuse , qui nous infecta long-temps ,
» & dont la premiere impression se fit
» sentir par un léger picotement dans
» le nez. Cette impression occasionna
» dans quelques-uns l'éternument, &
» en moi une pesanteur & une difficul-
» té dans la respiration ».

Il ne faut que se rappeller ici ce que
nous avons dit dans la Théorie générale de l'air sur le climat de l'Afrique,

où les effets de la chaleur font toujours extrêmes, pour juger de l'action de ce météore, qui ne pouvoit y être que fort dangereufe : il paroît même que ces phénomènes y font plus fréquens qu'ailleurs, & qu'ils fe forment auffi fouvent fur terre que fur les mers voifines, puifque les Negres les connoiffent affez pour les craindre & fçavoir s'en garantir. Eu égard à la différence des températures & des climats, cette colonne devoit avoir beaucoup de rapport avec celle vue de Rheims en 1680, & celle qui fut obfervée en Languedoc en 1727. Celle de Rheims étoit auffi échauffée qu'elle pût l'être, à en juger par l'aridité générale qu'elle répandit par-tout où elle paffa : en Afrique elle auroit tout enflammé.

Les trombes de terre ne font donc pas auffi rares qu'on le croit : les inégalités du globe empêchent qu'on ne les apperçoive de loin, fi ce n'eft dans des plaines fort étendues, où on peut les obferver librement. Mais remarque-t-on celles qui fe forment pendant la nuit, ou dans les montagnes couvertes de forêts, où l'évaporation eft

plus forte & plus abondante, fur lefquelles les nuages s'arrêtent? celles qui
paroiſſent à la fuite des orages & dont
les effets ſont confondus avec ceux des
ouragans ordinaires ? ce qui doit être
plus commun en été qu'on ne le penſe,
lorſque des vents contraires, fréquens
en cette ſaiſon, ſoufflent contre quelques maſſes de nuages condenſés &
prêts à ſe réſoudre en pluie ; en les
reſſerrant ils donnent plus d'activité
aux cauſes de raréfaction dont ils ſont
pénetrés, & les exhalaiſons atténuées
par la chaleur entraînent, en s'échappant, la plus grande partie de la matiere du nuage dont elles accélérent la
diſſolution : ce qui produit ces eſpeces
de cylindres d'eau, continués depuis
les nuages d'où ils tombent juſqu'à la
ſurface de la mer & ou de la terre. On
conçoit aiſément comment l'action des
vents qui les preſſent également de
tous les côtés, doit leur conſerver la
forme cylindrique; & quoique ſouvent
l'on ne ſoit pas à portée d'obſerver ces
météores, on doit en juger par leurs
effets & par la quantité d'eau extraordinaire qui ſe répand tout d'un coup.

fur les terres voifines des lieux où ils
font tombés.

Il peut y avoir encore des trombes
d'une autre efpece dont la matiere fera
l'air ou l'eau prodigieufement raréfiés : ces matieres extraordinairement
échauffées dans les cavités de la terre,
peuvent s'en échapper avec violence
& s'élever affez haut dans l'atmofphère pour y former des météores tels
que ceux dont nous venons de parler.
On fçait que l'eau s'étend huit mille
fois au-delà de fon volume ordinaire :
l'air eft fufceptible d'une dilatation
proportionnée : l'une ou l'autre des
deux fubftances ainfi modifiées, &
violemment agitées par la force de l'effervefcence, ne peuvent-elles pas fe
faire route à travers une maffe d'eau
confidérée dans fon état ordinaire, &
s'élever fouvent affez haut dans l'air,
avec lequel elles fe trouvent d'une pefanteur égale, ou même fpécifique-
ment plus légere ? L'éolipile bien
échauffé, mis dans un grand vaiffeau
plein d'eau froide, n'y forme-t-il pas
une trombe ? Qu'un agent quelconque
échauffe vivement l'eau qui porte fur

un vafe rempli d'air, ou que l'on y
verfe une quantité fuffifante d'eau
bouillante ; cet air ne fe raréfiera-t-il
pas au point de prendre un cours rapide au travers de cette eau, & d'y
former une trombe ou un fiphon tumultueux, un ouragan tel qu'il fe remarque dans les mers de la Chine &
du Japon, peut-être une colonne femblable à celle que M. Adanfon vit fur
le fleuve de Gambie ?

Quoique nous ayons raffemblé plufieurs faits qui peuvent conduire à
une explication de ces phénomènes,
nous convenons qu'il en refte encore
beaucoup à acquérir, & nous ajouterons ici d'après un célebre Auteur,
« qu'il paroît qu'il y a fous les eaux de
» la mer des terreins mêlés de foufre,
» de bitumes & de minéraux ; que ces
» matieres venant à s'enflammer, pro-
» duifent une grande quantité d'air
» comme en produit la poudre à ca-
» non ; que cette quantité d'air nou-
» vellement généré & prodigieufement
» raréfié, s'échappe & monte avec ra-
» pidité : ce qui doit foulever l'eau &
» peut produire ces trombes qui s'élè-

Z vj

» vent de la mer vers le ciel, & de
» même, si par l'inflammation des ma-
» tieres sulfureuses que contient un
» nuage, il se forme un courant d'air
» qui descende perpendiculairement
» du nuage vers la mer, toutes les par-
» ties aqueuses que contient le nuage
» peuvent suivre le courant d'air, &
» former une trombe qui tombe sur
» la mer ou sur la terre ». (*Hist. Nat.*
du Cabinet du Roi, éd. in-12, *Tom. 2,*
pag. 287). Cette explication ne doit
point exclure le tournoyement ou le
conflict des vents, la compression des
nuages qui secondent l'éruption des
vapeurs souterraines, & facilitent le
développement de leurs effets, soit du
fond des mers, soit à la surface des
continents; & l'on a raison de dire,
après les observations que nous avons
rapportées, que les ouragans que l'on
regarde comme la cause de ces phénomènes, n'en sont qu'une suite accidentelle. Lorsque la matiere raréfiée,
concentrée par le mouvement de tourbillon de la colonne autour de son axe
vient à s'échapper & à se répandre
dans l'air, le météore disparoît aussi-

tôt ; la confusion d'un mouvement impétueux se répand dans toute la partie
de l'atmosphère où les exhalaisons &
les vapeurs de la colonne se mêlent
avec l'air, & forment autant de tourbillons qu'il y a de points par où elles
s'écoulent, qui, venant à agir les uns
sur les autres, causent le désordre &
le fracas qui accompagnent les ouragans.

Fin du sixieme Volume.

TABLE
DES MATIERES

du Tome sixieme.

A.

ABRUSSE, peuples (de l') durs & remuans, 384
Air calme, à quoi on peut comparer le mouvement qui s'y conserve, 5. -- cours déterminé & naturel de l'air, 6, 42. -- son état
dans les terres polaires par rapport aux
vents, 34 & *suiv.* -- air plus condensé qui
coule sur l'air plus raréfié, cause de vent,
43. -- état de l'air sous la ligne, & entre les
tropiques, 46. -- son cours fixe des poles à
la ligne, 49. -- son mouvement ordinaire
dans la chaleur du jour, 70. -- air, comment
on peut le concevoir modifié par les vents,
318. -- description de l'état de l'air dans l'a-
gitation, 320. -- causes de ses mouvemens
extraordinaires, 465
Atmosphère inférieure des terres polaires,
comment modifiée, 38. -- sa hauteur reste
toujours la même, 68
Australes (mers), ce qui y rend les tempêtes
dangereuses, 466

B.

Babel - Mandel (détroit de), dangers de sa
navigation ,   214
Bréfil (côtes du) ; vents que l'on y trouve &
leurs caufes ,   201
Brouillards fur les côtes annoncent une navigation favorable ,   247

C.

Calmes de mer ou bonaces, 262. -- régions où
on les rencontre , 263. -- explication de
leurs caufes, 265 , & fuiv. -- tempêtes qui
les terminent ,   269
Canaux de nues ou trombes ; leur formation
& leur matiere, 477. -- obfervations à ce
fujet ,   478 & fuiv.
Cap de Bonne-Efpérance ; vents qui y dominent, & le long de la côte orientale de l'A-
frique ,   211
Carthagene (côte de), vent qui lui eft particulier ,   199
Chaleur, fon action ; caufe ou occafion des
vents ,   25 , 32
Cylindres d'eau, colonnes ou trombes de mer,
leurs variétés ,   492 & fuiv.

E.

Eaux, pourquoi elles fe corrompent ,   366
Ecnephias ou vent qui brife les nuages ,   418
Elephanta , tempête de Bengale ,   468

Exhalaisons en effervescence causent des mouvemens dans l'air, 537
Exhidrias ou vent d'orage qui verse de l'eau
en abondance, 419
Expansion de l'eau & des vapeurs, à quel degré elle peut être portée, 408

G.

Golfes de Darien & du Mexique, leurs vents
irréguliers, 197

I.

Illinois, sauvages agriculteurs, 383
Inondation de Sirke en Lorraine en 1750, 420
Iroquois, sauvages fiers & intolérans, 381

L.

Lune (la) peut-elle être regardée comme
cause des vents, 30. -- influe-t-elle sur le
mouvement de l'air, 294

M.

Magellan, (détroit de), son passage, 190
Marses, anciens peuples de l'Italie, 385
Mers arctiques & australes, quand elles sont te-
nables, 48
Mer rouge, vents forcés qui regnent à son en-
trée, 213
Mines de Cracovie, vents que l'on y éprouve,
314
Moussons, ou vents alifés, des différentes

mers, 160. -- combien il importe de les connoître, 161. -- caufes qu'on peut leur affigner, 164. -- temps auquel foufflent les
mouffons, 167. -- leurs variations dans les
différentes mers, 193, 217. -- dans quels
parages mieux établis, 219. -- caufes de
leurs variations dans l'état des terres voifines, 244. -- temps auxquels ils s'élevent
dans les différentes mers, & comment on
fait route,   272 & fuiv.
Mouvement de la terre, comment on doit le
confidérer par rapport aux vents,   107

N.

Natchez, terreur que leur caufent les ouragans,   449
Nuages, vents qu'ils peuvent produire fur quelques mers, 57. -- vents accidentels & locaux qu'ils occafionnent, 83. -- tempêtes qui
peuvent en réfulter, 85. -- modifications
qu'ils donnent à l'air dans le temps des orages,   400

O.

Œil-de-beuf, nuage & ouragan du cap de
Bonne-Efpérance; fa defcription, 87 & 91
Ophir (pays d') où fitué, navigation qui s'y
faifoit du temps de Salomon,   216
Orages & vents, leur matiere confidérée en
différentes régions, & leurs rapports, 96
& fuiv. -- remarquables à l'ifle de Malte,
461. -- orage remarquable de 1769,   402
Orientaux & peuples du Midi, leur difpofi-

tion habituelle, 374

Ouragans impétueux & presque continuels des mers glaciales, 53. -- produits par le choc des vents, 58. -- ouragan périodique du Japon, 105

Ouragans produits par des vents opposés, 400. -- par les vapeurs & les exhalaisons raréfiées, 405. -- ouragan de terre de 1765, 433. -- de Portugal, & ses désastres, 436. -- ouragans communs dans les Antilles ; ce qu'ils annoncent, 438. -- désordres qu'ils causent, 440. -- ouragan de l'isle de Cuba en 1768, 443. -- du Pérou, 444. -- extraordinaire de la Louisiane, 446

Ouragans à Paris, Bordeaux, la Rochelle, en Suisse, en Auvergne, en Baviere, à Postdam, &c. 450 & *suiv.*

P.

Panama (golfe de) & côtes du Pérou ; vents irréguliers qui y regnent, 208

Passage par le nord-ouest de l'Amérique, dans la mer du sud, ses avantages, 188

Peuples du Nord, qualités du corps & de l'esprit, 380. -- des régions tempérées, leurs avantages sur les autres, 382

Phénomenes des vents & de la mer, 393

Pontias, vent du Dauphiné, son origine, 291

Prester, vent impétueux & inflammable, 417

R.

Régions les plus saines à habiter, 367

Rotation de la terre, comment elle contribue
au vent général,   45.

S.

Saisons, leurs intempéries en Europe,   361
Soleil, son action sur l'air & l'atmosphère, 52
-- heures du jour auxquelles il a plus d'effet
sur la terre & sur l'air,   61 & *suiv.*

T.

Tartares Tongous, leur caractere ,   383
Tempêtes & vents des mers entre l'Afrique &
l'Amérique ,   88
Tempêtes & vents d'orage expliqués suivant
les anciens , 412. -- tempêtes & pluies ,
causes qu'on peut leur assigner, 423. -- tempête terrible & ses suites , description ,   426
Terrenos ou vents brûlans des Indes ,   252
Théorie des vents , difficile à établir , & pourquoi ,   353
Tiphon ou vent qui frappe de tous les côtés ,
424. -- dangereux sur la mer Noire , 428.
-- ses effets dans les différentes mers , 426,
468. -- ses causes ,   471
Tiphons , leurs apparences sur les mers des
Indes , & comment on peut les rompre , 481
Tornados ou vents de tempête ,   469
Trombes de mer , maniere dont elles se forment , 473 & *suiv.* Pourquoi on leur a donné ce nom ,   476
Trombes vues ensemble , maniere dont elles
se forment , 485. -- observations sur leurs

formes & leurs effets, 486

Trombes de terre, pourquoi on en obferve peu, 498. -- obfervées en différens endroits, 501 & *fuiv.*

Trombes de terre vue de Rheims, 505. -- explication de fes caufes, de la maniere dont elle s'étoit formée, de fes couleurs, fes effets, 508 & *fuiv.*

Trombe de terre vue en Languedoc, 519. -- fes différences particulieres, 520. -- maniere dont elle a pu fe former, 521. -- trombes de terre, obfervée en Bourgogne, 524. -- en Brie, 528

Trombe vue fur le lac de Genève, 531

Trombes tiennent des qualités de l'air dans lequel elles fe forment, 533

Trombes de terre plus communes qu'elles ne le paroiffent, 536

Tourbillons d'air ou vents de tourbillon, leur action générale, 395. -- leurs caufes expliquées, 397 & *fuiv.*

Turbonadas ou vents de tourbillon au Malabar, 432

V.

Vapeurs, à quel degré d'expanfion elles peuvent être portées, 73 & *fuiv.* Comment elles doivent produire les vents, 77 & *fuiv.*

Vents les plus incertains & les plus irréguliers des météores, 2. -- ce qu'ils font, première idée, 4. -- leur matiere & origine, 10. -- ce qu'en ont dit les anciens, 11 & *fuiv.* -- maniere dont ils fe forment, 18. -- comparaifon tirée de l'éolipile, 19. -- preuve par quelques faits particuliers,   ,   21

Vents, leur origine & leurs caufes différentes, 24. -- difficiles à affigner, & pourquoi, 26. -- plus forts au printemps & en automne qu'en été, 27. -- affujettis à un cours réglé, 28. -- vents de nord, ce qui les empêche de régner toujours,   39

Vent général d'orient en occident, comment entretenu, 44: -- fon cours relatif à celui du foleil, 66. -- vents chauds d'hiver & leurs caufes, 50. -- vents principaux, lieu de leur origine,   56 & 72

Vents de fud, pourquoi fréquens dans nos climats, 110. -- vents caufes générales de leur production, 111 & *fuiv*. -- leur matiere partout la même, 118. -- leurs avantages pour la falubrité de l'atmofphère, 120. -- leurs différences refpectives, 123. -- comment d'abord divifés, 124. -- leur divifion actuelle, & leurs noms flamands, italiens & latins, 128. -- premiere idée de leurs efpeces différentes,   129

Vent alifé général d'orient en occident, 133. -- variations qu'il éprouve, 134. -- où il eft le plus conftant, 137. -- avantages de ce vent pour la navigation, 140. -- fes interruptions dans l'Archipel oriental, 144. -- obfervations à ce fujet, 145. -- vents qui réfultent par réflexion du vent général alifé, & par la hauteur des terres, 148. -- variations qui en font la fuite dans le cours de l'air & des eaux,   150

Vents pérennes ne regnent qu'en pleine mer,   155

Vents par lesquels on fait route des ports de France à l'Amérique, 156

Vents alifés ou mouffons de la mer atlantique & de l'éthiopique, 171 & *fuiv.* -- comment on s'en fert pour faire route, *ibid.* -- caufes générales des mouvemens variés de l'air dans ces mers, 180

Vents alifés de l'océan indien & de la mer du fud, 182 & *fuiv.* -- erreur des navigateurs au fujet des vents alifés, 206

Vents brûlans de la mer Rouge, 215

Vent de fud-eft, fes variations au cap de Bonne-Efpérance, 236. fon origine, 238

Vents alternatifs de terre & de mer, 240. A quel temps ils fe levent, 241 & *fuiv.* Leur agrément, leur utilité & leurs caufes, 249. -- contrarient la navigation des côtes, idée finguliere des matelots à ce fujet, 247

Vents d'orage & brulans à la côte de Coromandel, 251. -- au Malabar, 253. -- fur les côtes de l'Arabie, & en Egypte, 254

Vents exceffivement chauds, caufes de mort, 255

Vents de mer plus tempérés que ceux de terre, 257

Vents périodiques de terre & leurs caufes, 270. -- de nord-eft annuels, ou vents éthéfiens généraux des Grecs, 275, 280 & 283. ornithiens du nord au fud, quand ils foufflent, & leurs véritables caufes, 276

Vents réglés du voifinage des poles, 286. -- caufe de leur irrégularité fur les continens, & en Europe, 288. -- leurs variétés dans les différentes régions de la terre, 292.

— vents particuliers à quelques côtes d'Asie
& d'Amérique, 295
Vents particuliers à quelques terres & isles,
300. — locaux ou topiques en France, 303.
— libres & irréguliers de Marseille au levant,
306. — dans l'Archipel de Grece , 307.
— heures & temps auxquels ils dominent,
308. — leurs caufes particulieres , 310.
— Vents de la province de Cachemire, 312.
— accidentels & leurs caufes, 313. — de
réflexion plus vifs que les vents directs, 316
Vents, comment on peut concevoir leurs forces, 324. Effets redoublés par leur vîtesse ,
326. Comment ils modifient les corps différens, 328. — plus impétueux au printemps
& en automne, que dans les autres faifons,
329. — hauteur à laquelle ils s'élevent, 331.
— obfervations à ce fujet, 332. — caufes de
leurs vîtesse & durée, 338. — inégalités de
leur mouvement, 343. — concours de plufieurs vents, orages qu'ils excitent, 345
Vents de mer foufflent avec plus de continuité
que les vents de terre, 346
Vents chauds & brûlans, leurs caufes à différentes latitudes, 349. — vents froids, comment
ils agiffent fur les corps, 352. — vents fecs,
effets, 355. — Leurs obfervations, 357. — humides, & leurs caufes, 358. — caufes accidentelles de leur falubrité, ou intempérie, 364
Vents généraux du midi, leurs effets fur l'air,
les corps & les tempérammens, 368. — du
nord, fes qualités, 376. — d'orient & d'occident, 386
Vents froids & fecs, leurs effets fur différens

peuples, 385. -- résultat de leurs effets en différens pays, 390

Vents d'orage du cap de Bonne-Espérance, 445

Vents qui suivent les grandes sécheresses, leur violence, 457

Vents souterrains du lac de Genève, 533

Volcans, donnent à l'air des mouvemens extraordinaires, 105. -- cachés sous les eaux, excitent des trombes ou des tiphons, 496

Fin de la Table des Matieres.

De l'Imprimerie de LE BRETON, premier Imprimeur ordinaire du ROI.

www.ingramcontent.com/pod-product-compliance
Lightning Source LLC
Chambersburg PA
CBHW050656070726

47595CB00014B/51